기출문제
모의고사

서울 · 경기 · 인천

'답'만 외우는 택시운전 자격시험

기출복원문제 + 모의고사 6회

Preface
머리말

택시운전자격은 일반택시운송사업, 개인택시운송사업 및 수요응답형 여객자동차운송사업(승용자동차를 사용하는 경우만 해당)에 종사하고자 하는 사람이 반드시 취득해야 하는 국가자격이다. 승객에게는 양질의 서비스 제공과 원활한 운송을 하고 택시운송사업의 건전하고 종합적인 발전을 도모하기 위해 2021년 1월부터는 개인택시 운전자의 고령화 해소와 청장년층의 택시업계 진입이 용이해지도록 여객자동차 운수사업법이 개정되었다. 이전까지는 사업용 자동차 5년 운전과 무사고 경력이 있어야만 도전할 수 있었던 개인택시면허를 자가용 운전자도 5년 무사고 경력과 교통안전교육을 이수만 하면 개인택시면허 양수가 가능해졌다.

(주)시대고시기획은 그동안 운전면허, 화물운송종사자격, 버스운전자격, 기능강사, 기능검정원 등 다양한 운전자격 관련 도서를 출판하였다. 이를 통해 얻은 문제 출제의 노하우로 이 책을 기획하여 출간하였다.

도서의 특징

❶ 자주 출제되는 기출문제의 키워드를 분석하여 정리한 빨간키를 통해 시험에 완벽하게 대비할 수 있다.

❷ 정답이 한눈에 보이는 기출복원문제 3회분과 해설 없이 풀어보는 모의고사 3회분으로 구성하여 필기시험을 준비하는 데 부족함이 없도록 하였다.

❸ 명쾌한 풀이와 관련 이론까지 꼼꼼하게 정리한 상세한 해설을 통해 문제의 핵심을 파악할 수 있다.

이 책이 택시운전자격을 준비하는 수험생들에게 합격의 안내자로서 많은 도움이 되기를 바라면서 수험생 모두에게 합격의 영광이 함께하기를 기원하는 바이다.

편저자 씀

자격시험 안내

개 요

택시운전자격은 일반택시운송사업, 개인택시운송사업 및 수요응답형 여객자동차운송사업(승용자동차를 사용하는 경우만 해당)에 종사하고자 하는 사람이 반드시 취득해야 하는 국가자격으로서, 한국교통안전공단이 주관하여 시행하는 택시운전 자격시험에 응시, 합격하여야만 유효하게 자격을 수여받으실 수 있습니다.

취득절차

[자격취득절차 체계도]

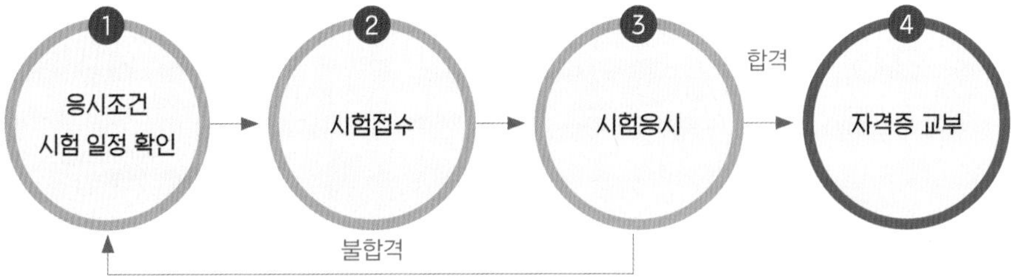

❶ 시행처 : TS한국교통안전공단(www.kotsa.or.kr)

❷ 응시조건

㉠ 운전면허 소지자 : 제1종 또는 제2종 보통 이상 운전면허를 소지한 사람

㉡ 연령 : 만 20세 이상

㉢ 운전경력 : 2종 보통 이상의 운전경력 1년 이상(운전면허 보유기간을 기준으로 하며, 2종 소형, 원동기면허 보유기간과 취소 정지기간은 제외됨)

㉣ 운전적성정밀검사 기준에 적합 판정을 받은 사람

- 검사예약 방법 : 인터넷 예약, 전화 예약 2가지 방법 중 하나를 택하여 사전예약 실시, 사전예약으로 날짜와 장소를 예약 후 해당 일에 지역의 검사장을 방문하여 검사 실시
- 자격시험 원서접수 시 운전적성정밀검사를 받은 경우에만 원서접수 가능

㉤ 여객자동차 운수사업법 제24조제3항 및 제4항의 결격사유에 해당하지 않는 사람

㉥ 택시운전자격이 취소된 날로부터 1년이 지나지 아니한 사람은 응시 불가(정기적성검사 미필로 인한 면허취소 제외)

❸ 시험접수 및 시험안내

㉠ CBT 필기시험 과목 및 범위

구 분	교통 및 여객자동차 운수사업 법규	안전운행요령	운송서비스	지 리
문항수	20문항	20문항	20문항	20문항
시험시간	일반전형 80분			
합격기준	총점 100점 중 60점(총 80문제 중 48문제) 이상 획득 시 합격			

㉡ 시험접수

- 인터넷 접수 : TS국가자격시험 홈페이지(lic2.kotsa.or.kr)에서 신청 · 조회 → 택시운전 → 예약접수 → 원서접수
- 방문 접수 : 전국 18개 시험장 방문

※ 현장 방문 접수 시에는 응시 인원마감 등으로 시험 접수가 불가할 수도 있사오니 가급적 인터넷으로 시험 접수 현황을 확인하시고 방문해주시기 바랍니다.

㉢ 시험응시 : 각 지역본부 시험장(시험시작 20분 전까지 입실)

※ 상설시험장의 경우, 지역 특성을 고려하여 시험 시행 횟수는 조정 가능(소속별 자율 시행)

※ 1회차 09:20~10:40, 2회차 11:00~12:20, 3회차 14:00~15:20, 4회차 16:00~17:20

❹ 준비물

㉠ 시험응시 수수료 : 11,500원

㉡ 운전면허증, 6개월 이내 촬영한 3.5×4.5cm 컬러사진(미제출자에 한함)

❺ 합격자 발표 : 시험 종료 후 시험 시행 장소에서 합격자 발표

❻ 자격증 교부

㉠ 신청대상 : 택시운전 자격시험 필기시험에 합격한 사람으로서 합격자 발표일로부터 30일 이내

㉡ 신청방법 : 인터넷 · 방문신청(발급)

- 인터넷 신청 : 신청일로부터 5~10일 이내 수령 가능(토 · 일요일, 공휴일 제외)
- 방문 발급 : 한국교통안전공단 전국 14개 지역별 접수 · 교부장소

㉢ 준비물

- 교부수수료 : 10,000원(인터넷의 경우 우편료를 포함하여 온라인 결제)
- 운전면허증 지참
- 신청서류 : 택시운전 자격증 발급신청서 1부(인터넷 신청의 경우 생략)

출제기준

시험과목	주요항목	세부항목
교통 및 여객자동차 운수사업 법규	여객자동차 운수사업법 및 택시운송사업의 발전에 관한 법률	• 목적 및 정의 • 여객자동차 운수사업법, 택시운송사업의 발전에 관한 법규 등 • 운수종사자의 자격요건 및 운전자격의 관리 • 보칙 및 벌칙
	도로교통법	• 총칙 • 보행자의 통행방법 • 차마의 통행방법 • 운전자 및 고용주 등의 의무 • 교통안전교육 • 운전면허 • 범칙행위 및 범칙금액 • 안전표지(총칙)
	교통사고처리특례법	• 특례의 적용 • 중대 교통사고 유형 및 대처법 • 교통사고 처리의 이해
안전운행	안전운전의 기술	• 인지 판단의 기술 • 안전운전의 5가지 기본 기술 • 방어운전의 기본 기술 • 시가지 도로에서의 안전운전 • 지방 도로에서의 안전운전 • 고속도로에서의 안전운전 • 야간, 악천후 시의 운전 • 경제운전 • 기본 운행 수칙 • 계절별 안전운전
	자동차의 구조 및 특성	• 동력전달장치 • 현가장치 • 조향장치 • 제동장치
	자동차관리	• 자동차점검 • 주행 전후 안전수칙 • 자동차 관리요령 • LPG 자동차 • 운행 시 자동차 조작 요령
	자동차 응급조치 요령	• 상황별 응급조치 • 장치별 응급조치
	자동차 검사 및 보험	• 자동차 검사 • 자동차 보험 및 공제

시험과목	주요항목	세부항목
운송서비스	여객운수종사자의 기본자세	• 서비스의 개념과 특징 • 승객만족 • 승객을 위한 행동 예절
	운송사업자 및 운수종사자 준수사항	• 운송사업자 준수사항 • 운수종사자 준수사항
	운수종사자가 알아야 할 응급처치 방법 등	• 운전예절 • 운전자 상식 • 응급처치방법
지리 (16개 지역 중 1개 지역 선택 후 응시)	시(도)내 주요지리	• 주요 관공서 및 공공건물 위치 • 주요 기차역, 고속도로 등 교통시설 • 공원 및 문화유적지 • 유원지 및 위락시설 • 주요 호텔 및 관광명소 등

CONTENTS

차 례

빨 리보는

간 단한

키 워드

당신의 시험에 **빨간불**이 들어왔다면!
최다빈출키워드만 모아놓은
합격비법 핵심 요약집 **빨간키**와 함께하세요!
그대의 합격을 기원합니다.

제 1 과목 교통 및 여객자동차 운수사업 법규

제 1 장 여객자동차 운수사업법

제1절 목적 및 정의

▌여객자동차 운수사업법의 목적(법 제1조)

여객자동차 운수사업에 관한 질서를 확립하고 여객의 원활한 운송과 여객자동차 운수사업의 종합적인 발달을 도모하여 공공복리를 증진하는 것을 목적으로 한다.

▌용어의 정의(법 제2조, 규칙 제2조)

① **자동차** : 「자동차관리법」에 따른 승용자동차와 승합자동차를 말한다.
② **여객자동차 운수사업** : 여객자동차운송사업, 자동차대여사업, 여객자동차터미널사업 및 여객자동차운송가맹사업을 말한다.
③ **여객자동차운송사업** : 다른 사람의 수요에 응하여 자동차를 사용하여 유상(有償)으로 여객을 운송하는 사업을 말한다.
④ **여객자동차운송가맹사업** : 다른 사람의 요구에 응하여 소속 여객자동차 운송가맹점에 의뢰하여 여객을 운송하게 하거나 운송에 부가되는 서비스를 제공하는 사업을 말한다.

> 시행일 2021. 4. 8.부터 아래와 같이 변경
> "여객자동차운송가맹사업 → 여객자동차운송플랫폼사업"
> 여객자동차운송플랫폼사업 : 여객의 운송과 관련한 다른 사람의 수요에 응하여 이동통신단말장치, 인터넷 홈페이지 등에서 사용되는 응용프로그램(이하 "운송플랫폼")을 제공하는 사업을 말한다.

⑤ **관할관청** : 정해지는 국토교통부장관, 「대도시권 광역교통 관리에 관한 특별법」에 따른 대도시권광역교통위원회(이하 "대도시권광역교통위원회")나 특별시장 · 광역시장 · 특별자치시장 · 도지사 또는 특별자치도지사(이하 "시 · 도지사")를 말한다.
⑥ **정류소** : 여객이 승차 또는 하차할 수 있도록 노선 사이에 설치한 장소를 말한다.
⑦ **택시 승차대** : 택시운송사업용 자동차에 승객을 승하차시키거나 승객을 태우기 위하여 대기하는 장소 또는 구역을 말한다.

제2절 법규 주요내용

▌구역 여객자동차운송사업 중 택시운송사업(영 제3조제2호다 · 라목)

① **일반택시운송사업** : 운행계통을 정하지 아니하고 국토교통부령으로 정하는 사업구역에서 1개의 운송계약에 따라 국토교통부령으로 정하는 자동차를 사용하여 여객을 운송하는 사업

② **개인택시운송사업** : 운행계통을 정하지 아니하고 국토교통부령으로 정하는 사업구역에서 1개의 운송계약에 따라 국토교통부령으로 정하는 자동차 1대를 사업자가 직접 운전(사업자의 질병 등 국토교통부령으로 정하는 사유가 있는 경우는 제외)하여 여객을 운송하는 사업

▌택시운송사업의 구분(규칙 제9조제1항)

영 제3조제2호다목 후단 및 같은 호 라목 후단에 따른 택시운송사업의 구분은 다음에 따른다.

① **경형** : 다음의 어느 하나에 해당하는 자동차를 사용하는 택시운송사업
 ㉠ 배기량 1,000cc 미만의 승용자동차(승차정원 5인승 이하의 것만 해당)
 ㉡ 길이 3.6m 이하이면서 너비 1.6m 이하인 승용자동차(승차정원 5인승 이하의 것만 해당)

② **소형** : 다음의 어느 하나에 해당하는 자동차(①에 따른 경형 기준에 해당하는 자동차는 제외)를 사용하는 택시운송사업
 ㉠ 배기량 1,600cc 미만의 승용자동차(승차정원 5인승 이하의 것만 해당)
 ㉡ 길이 4.7m 이하이거나 너비 1.7m 이하인 승용자동차(승차정원 5인승 이하의 것만 해당)

③ **중형** : 다음의 어느 하나에 해당하는 자동차를 사용하는 택시운송사업
 ㉠ 배기량 1,600cc 이상의 승용자동차(승차정원 5인승 이하의 것만 해당)
 ㉡ 길이 4.7m 초과이면서 너비 1.7m를 초과하는 승용자동차(승차정원 5인승 이하의 것만 해당)

④ **대형** : 다음의 어느 하나에 해당하는 자동차를 사용하는 택시운송사업(단, ㉡의 자동차는 광역시의 군이 아닌 군 지역의 택시운송사업에는 해당하지 않음)
 ㉠ 배기량이 2,000cc 이상인 승용자동차(승차정원 6인승 이상 10인승 이하의 것만 해당)
 ㉡ 배기량이 2,000cc 이상이고 승차정원이 13인승 이하인 승합자동차

⑤ **모범형** : 배기량 1,900cc 이상의 승용자동차(승차정원 5인승 이하의 것만 해당)를 사용하는 택시운송사업

⑥ **고급형** : 배기량 2,800cc 이상의 승용자동차를 사용하는 택시운송사업

▌택시운송사업의 사업구역

① 일반택시운송사업 및 개인택시운송사업(이하 "택시운송사업")의 사업구역(이하 "사업구역")은 특별시 · 광역시 · 특별자치시 · 특별자치도 또는 시 · 군 단위로 한다. 다만, 대형 택시운송사업과 고급형 택시운송사업의 사업구역은 특별시 · 광역시 · 도 단위로 한다(규칙 제10조제1항).

② 택시운송사업자가 다음의 어느 하나에 해당하는 영업을 하는 경우에는 해당 사업구역에서 하는 영업으로 본다(규칙 제10조제7항).
 ㉠ 해당 사업구역에서 승객을 태우고 사업구역 밖으로 운행하는 영업

ⓛ 해당 사업구역에서 승객을 태우고 사업구역 밖으로 운행한 후 해당 사업구역으로 돌아오는 도중에 사업구역 밖에서 승객을 태우고 해당 사업구역에서 내리는 일시적인 영업
ⓒ 승차대를 이용하여 해당 사업구역으로 가는 여객을 운송하는 영업
※ 주요교통시설이 소속 사업구역과 인접(국토교통부령으로 정하는 범위로 한정)하고 소속 사업구역에서 승차한 여객을 그 주요교통시설에 하차시킨 경우에는 승차대를 이용하여 소속 사업구역으로 가는 여객을 운송할 수 있다(법 제4조제4항).
※ 사업구역과 인접한 주요교통시설의 범위(규칙 제13조)
- 「철도의 건설 및 철도시설 유지관리에 관한 법률」에 따른 고속철도의 역의 경계선을 기준으로 10km
- 국제 정기편 운항이 이루어지는 「항공법」에 따른 공항의 경계선을 기준으로 50km
- 여객이용시설이 설치된 「항만법」에 따른 무역항의 경계선을 기준으로 50km
- 「국가통합교통체계효율화법」에 따른 복합환승센터의 경계선을 기준으로 10km

결격사유(법 제6조 전단)

다음의 어느 하나에 해당하는 자는 여객자동차운송사업의 면허를 받거나 등록을 할 수 없다.
① 피성년후견인
② 파산선고를 받고 복권(復權)되지 아니한 자
③ 이 법을 위반하여 징역 이상의 실형(實刑)을 선고받고 그 집행이 끝나거나(집행이 끝난 것으로 보는 경우를 포함) 면제된 날부터 2년이 지나지 아니한 자
④ 이 법을 위반하여 징역 이상의 형(刑)의 집행유예를 선고받고 그 집행유예 기간 중에 있는 자
⑤ 여객자동차운송사업의 면허나 등록이 취소된 후 그 취소일부터 2년이 지나지 아니한 자(단, ① 또는 ②에 해당하여 여객자동차운송사업의 면허나 등록이 취소된 경우는 제외)

개인택시운송사업의 면허신청(규칙 제18조)

개인택시운송사업의 면허를 받으려는 자는 관할관청이 공고하는 기간 내에 개인택시운송사업 면허신청서에 다음의 서류를 첨부하여 관할관청에 제출하여야 한다.
① 건강진단서
② 택시운전자격증 사본
③ 반명함판 사진 1장 또는 전자적 파일 형태의 사진(인터넷으로 신청하는 경우로 한정)
④ 그 밖에 관할관청이 필요하다고 인정하여 공고하는 서류

개인택시운송사업의 면허기준 등(규칙 제19조)

① 개인택시운송사업의 면허를 받으려는 자는 시설 등의 기준 외에 다음의 요건을 갖추어야 한다. 다만, 관할관청은 필요하다고 인정할 때에는 다음의 요건을 2분의 1의 범위에서 완화하여 적용할 수 있다.

㉠ 다음의 어느 하나에 해당하는 자일 것
  - 면허신청 공고일부터 계산하여 과거 6년 동안 국내에서 여객자동차운송사업용 자동차, 「화물자동차 운수사업법 시행규칙」에 따른 화물자동차(이하 ①에서 “화물자동차”)로서 화물자동차 운수사업에 사용되는 화물자동차 또는 「건설기계관리법 시행규칙」에 따른 건설기계(이하 ①에서 “건설기계”)로서 건설기계대여업에 사용되는 건설기계를 운전한 경력이 5년 이상인 자로서 면허신청 공고일 이전의 최종 운전종사일부터 계산하여 5년 이상 무사고로 운전한 경력이 있는 자
  - 면허신청 공고일부터 계산하여 과거 11년 동안 국내에서 다른 사람에게 고용되어 자가용자동차, 자가용 화물자동차 또는 자가용 건설기계를 운전한 경력이 10년 이상인 자로서 면허신청 공고일 이전의 최종 운전종사일부터 계산하여 10년 이상 무사고로 운전한 경력이 있는 자
  - 국내에서 ㉠의 운전경력이 있는 자로서 면허신청 공고일 이전의 최종 운전종사일부터 계산하여 과거 5년 이상 무사고로 운전한 경력(자가용자동차, 자가용 화물자동차 및 자가용 건설기계의 무사고 운전경력은 그 기간을 2분의 1로 환산하여 합산)이 있고, 합산한 무사고 운전경력의 최초 운전종사일부터 면허신청 공고일까지의 기간 중 운전업무에 종사하지 아니한 기간이 1년을 초과하지 아니하는 자

㉡ 면허신청 공고일부터 계산하여 과거 3년 동안 운수종사자의 준수사항을 위반하여 과태료처분을 3회 이상 받은 사실이 없는 자일 것

㉢ 면허신청 공고일부터 계산하여 과거 3년 동안 「도로교통법 시행규칙」에 따른 운전면허 행정처분 기준에 의하여 산출한 누산점수가 180점 이하일 것

② ①에 따른 기간의 계산은 다음의 방법에 따른다.

㉠ 종전에 개인택시운송사업의 면허를 받은 자(면허를 양도받은 자를 포함한다. 이하 ②에서 같다)이 그 사업을 양도하고 다시 개인택시운송사업의 면허를 받으려 하거나 개인택시운송사업면허 취소처분을 받은 자가 다시 개인택시운송사업의 면허를 받으려는 경우에는 종전의 개인택시운송사업면허를 양도한 날 또는 개인택시운송사업면허 취소처분을 받은 날까지의 운전경력은 제외할 것

㉡ 운전자가 외국에서 취업한 경우에는 출국 전의 운전기간과 귀국 후의 운전기간을 연결하여 합산하되, 귀국 후의 무사고 운전경력이 1년 이상일 것

③ 개인택시운송사업의 면허를 받은 자가 사망한 경우 그 상속인은 양도 · 양수의 인가를 받아 그 면허를 타인에게 양도할 수 있으며, 상속인 본인이 ⑧ 및 ⑨에 따른 요건을 갖추었을 때에는 신고를 하고 그 사업을 직접 승계할 수 있다.

④ 관할관청은 개인택시운송사업의 면허를 받은 후 폐업의 허가를 받은 사실이 있는 자가 종전의 면허와 사업구역이 같은 면허를 다시 신청할 때에는 즉시 면허를 하여야 한다. 다만, 결격사유에 해당하거나 운수종사자의 요건을 갖추지 못한 경우에는 그러하지 아니하다.

⑤ 개인택시운송사업의 면허를 받은 자가 사업을 양도하려면 면허를 받은 날부터 5년이 지나야 한다. 다만, 면허를 받은 자가 다음의 어느 하나에 해당하는 경우에는 그러하지 아니하다.

㉠ 1년 이상 치료를 하여야 하는 질병으로 인하여 본인이 직접 운전할 수 없는 경우

㉡ 대리운전이 불가능한 경우

㉢ 해외 이주로 인하여 본인이 국내에서 운전할 수 없는 경우

㉣ 61세 이상인 경우

⑥ 관할관청은 지역실정을 고려하여 ①에 따른 개인택시운송사업의 면허기준 외에 다음의 사항이 포함된 면허기준을 따로 정하여 면허할 수 있다.

㉠ 면허신청 공고일 이전 2년 이내의 해당지역 거주기간

㉡ 면허발급요건 또는 우선순위

㉢ 그 밖에 관할관청이 특히 필요하다고 인정하는 사항

⑦ 관할관청은 개인택시운송사업의 면허를 신청한 자가 면허신청 공고일 이후에 중대한 교통사고에 해당하는 교통사고를 일으킨 경우에는 개인택시운송사업의 면허를 하지 아니한다.

⑧ 개인택시운송사업을 양수하려는 자는 양도・양수 인가신청일 현재 ① 및 ⑥에 따른 요건을 갖추어야 한다.

⑨ 개인택시운송사업 면허를 양수하려는 자가 다음의 요건을 모두 갖춘 경우에는 ① ㉠의 요건을 갖춘 것으로 본다. 다만, 관할관청은 필요하다고 인정하는 경우에는 ㉠의 요건을 2분의 1 범위에서 완화하여 적용할 수 있다.

㉠ 양도・양수 인가신청일부터 계산하여 과거 5년 이상 국내에서 무사고로 운전한 경력이 있는 자일 것. 다만, 외국에 거주한 기간이 있을 경우 출국 전의 운전기간과 귀국 후의 운전기간을 연결하여 합산하되, 귀국 후의 무사고 운전경력이 1년 이상이어야 한다.

㉡ 「한국교통안전공단법」에 따른 한국교통안전공단(이하 "한국교통안전공단")이 교통안전체험, 교통사고 대응요령과 여객자동차 운수사업법령 등에 관하여 실시하는 이론 및 실기교육(이하 "교통안전교육")을 이수할 것

택시운송사업용 자동차의 표시

① 운송사업자는 여객자동차운송사업에 사용되는 자동차의 바깥쪽에 운송사업자의 명칭, 기호, 그 밖에 국토교통부령으로 정하는 사항을 표시하여야 한다(법 제17조).

② 택시운송사업용 자동차(대형(승합자동차를 사용하는 경우로 한정) 및 고급형 택시운송사업용 자동차는 제외)의 경우에는 다음의 사항(규칙 제39조제1항제5호)

㉠ 자동차의 종류(경형, 소형, 중형, 대형, 모범)

㉡ 관할관청(특별시・광역시・특별자치시 및 특별자치도는 제외)

㉢ 여객자동차운송가맹사업자(이하 "운송가맹사업자") 상호(여객자동차 운송가맹점으로 가입한 개인택시운송사업자만 해당)

㉣ 그 밖에 시・도지사가 정하는 사항

③ 표시는 외부에서 알아보기 쉽도록 차체 면에 인쇄하는 등 항구적인 방법으로 표시하여야 하며, 구체적인 표시 방법 및 위치 등은 관할관청이 정한다(규칙 제39조제2항).

■ 사고 시의 조치 등(법 제19조)

① 운송사업자는 사업용 자동차의 고장, 교통사고 또는 천재지변으로 다음의 어느 하나에 해당하는 상황이 발생하는 경우 국토교통부령으로 정하는 바에 따라 조치를 하여야 한다.

㉠ 사상자(死傷者)가 발생하는 경우 : 신속하게 유류품(遺留品)을 관리할 것

㉡ 사업용 자동차의 운행을 재개할 수 없는 경우 : 대체 운송수단을 확보하여 여객에게 제공하는 등 필요한 조치를 할 것(단, 여객이 동의하는 경우에는 그러하지 않음)

> 법 제19조제1항에 해당하는 경우에는 따라 다음의 조치(규칙 제41조제1항)
>
> 1. 신속한 응급수송수단의 마련
> 2. 가족이나 그 밖의 연고자에 대한 신속한 통지
> 3. 유류품의 보관
> 4. 목적지까지 여객을 운송하기 위한 대체운송수단의 확보와 여객에 대한 편의의 제공
> 5. 그 밖에 사상자의 보호 등 필요한 조치

② 운송사업자는 그 사업용 자동차에 다음의 어느 하나에 해당하는 사고(이하 "중대한 교통사고")가 발생한 경우 국토교통부령으로 정하는 바에 따라 지체 없이 국토교통부장관 또는 시・도지사에게 보고하여야 한다.

㉠ 전복(顚覆) 사고

㉡ 화재가 발생한 사고

㉢ 대통령령으로 정하는 수(數) 이상의 사람이 죽거나 다친 사고

> 법 제19조제2항에 따른 중대한 교통사고가 발생하였을 때(규칙 제41조제2항)
>
> 24시간 이내에 사고의 일시・장소 및 피해사항 등 사고의 개략적인 상황을 관할 시・도지사에게 보고한 후 72시간 이내에 사고보고서를 작성하여 관할 시・도지사에게 제출하여야 한다. 다만, 개인택시운송사업자의 경우에는 개략적인 상황보고를 생략할 수 있다.

■ 운송사업자의 준수사항(법 제21조)

① 대통령령으로 정하는 운송사업자는 운수종사자가 이용자에게서 받은 운임이나 요금(이하 "운송수입금")의 전액에 대하여 다음의 사항을 준수하여야 한다(제1항).

㉠ 1일 근무시간 동안 택시요금미터(운송수입금 관리를 위하여 설치한 확인 장치를 포함한다. 이하 같다)에 기록된 운송수입금의 전액을 운수종사자의 근무종료 당일 수납할 것

㉡ 일정금액의 운송수입금 기준액을 정하여 수납하지 않을 것

㉢ 차량 운행에 필요한 제반경비(주유비, 세차비, 차량수리비, 사고처리비 등을 포함)를 운수종사자에게 운송수입금이나 그 밖의 금전으로 충당하지 않을 것

㉣ 운송수입금 확인기능을 갖춘 운송기록출력장치를 갖추고 운송수입금 자료를 보관(보관기간은 1년)할 것

㉤ 운송수입금 수납 및 운송기록을 허위로 작성하지 않을 것

② 운송사업자는 운수종사자의 요건을 갖춘 자만 운전업무에 종사하게 하여야 한다(제2항).

③ 운송사업자는 여객이 착용하는 좌석안전띠가 정상적으로 작동될 수 있는 상태를 유지(여객이 6세 미만의 유아인 경우에는 유아보호용 장구를 장착할 수 있는 상태를 포함)하여야 한다(제6항).

④ 운송사업자는 운수종사자에게 여객의 좌석안전띠 착용에 관한 교육을 하여야 한다. 이 경우 교육의 방법, 내용, 시기 및 주기, 그 밖에 필요한 사항은 국토교통부령으로 정한다(제7항).

> 여객의 좌석안전띠 착용에 관한 교육(규칙 제44조의3)
> ① 운송사업자는 법 제21조제7항에 따른 교육을 직접 실시하거나 교육실시기관으로 하여금 실시하도록 할 수 있다.
> ② 운송사업자는 운수종사자(운전업무 종사자격을 갖추고 여객자동차운송사업의 운전업무에 종사하고 있는 자를 말한다. 이하 같다)에게 다음의 내용을 교육하여야 한다.
> 1. 여객의 좌석안전띠 착용에 관한 안내방법
> 2. 여객의 좌석안전띠 착용에 관한 안내시기
> ③ 운송사업자는 운수종사자에게 매 분기 1회 이상 여객의 좌석안전띠 착용에 대한 교육을 실시하되, 새로 채용한 운수종사자에게는 운전업무를 시작하기 전에 실시하여야 한다.

⑤ 구역 여객자동차운송사업 중 대통령령으로 정하는 여객자동차운송사업에 사용되는 자동차에 대하여는 국토교통부령으로 정하는 바에 따라 운전석 및 그 옆 좌석에 에어백을 설치하여야 한다(제8항).

⑥ 운송사업자(자동차 1대를 운송사업자가 직접 운전하는 특수여객자동차운송사업자 및 개인택시운송사업자는 제외)는 사업용 자동차를 운행하기 전에 대통령령으로 정하는 바에 따라 운수종사자의 음주 여부를 확인하고 이를 기록하여야 한다. 확인한 결과 운수종사자가 음주로 안전한 운전을 할 수 없다고 판단되는 경우에는 해당 운수종사자가 차량을 운행하도록 하여서는 아니 된다(제12항).

운수종사자의 준수사항(법 제26조)

① 운수종사자는 다음의 어느 하나에 해당하는 행위를 하여서는 아니 된다.
- ㉠ 정당한 사유 없이 여객의 승차(수요응답형 여객자동차운송사업의 경우 여객의 승차예약을 포함)를 거부하거나 여객을 중도에서 내리게 하는 행위(구역 여객자동차운송사업 중 대통령령으로 정하는 여객자동차운송사업은 제외)
- ㉡ 부당한 운임 또는 요금을 받는 행위(구역 여객자동차운송사업 중 대통령령으로 정하는 여객자동차운송사업은 제외)
- ㉢ 일정한 장소에 오랜 시간 정차하여 여객을 유치(誘致)하는 행위
- ㉣ 문을 완전히 닫지 아니한 상태에서 자동차를 출발시키거나 운행하는 행위
- ㉤ 여객이 승하차하기 전에 자동차를 출발시키거나 승하차할 여객이 있는데도 정차하지 아니하고 정류소를 지나치는 행위
- ㉥ 안내방송을 하지 아니하는 행위(국토교통부령으로 정하는 자동차 안내방송 시설이 설치되어 있는 경우만 해당)
- ㉦ 여객자동차운송사업용 자동차 안에서 흡연하는 행위
- ㉧ 휴식시간을 준수하지 아니하고 운행하는 행위
- ㉨ 택시요금미터를 임의로 조작 또는 훼손하는 행위
- ㉩ 그 밖에 안전운행과 여객의 편의를 위하여 운수종사자가 지키도록 국토교통부령으로 정하는 사항을 위반하는 행위

② 운송사업자의 운수종사자는 운송수입금의 전액에 대하여 다음의 사항을 준수하여야 한다.
㉠ 1일 근무시간 동안 택시요금미터에 기록된 운송수입금의 전액을 운수종사자의 근무종료 당일 운송사업자에게 납부할 것
㉡ 일정금액의 운송수입금 기준액을 정하여 납부하지 않을 것
③ 운수종사자는 차량의 출발 전에 여객이 좌석안전띠를 착용하도록 안내하여야 한다. 이 경우 안내의 방법, 시기, 그 밖에 필요한 사항은 국토교통부령으로 정한다.

> 좌석안전띠 착용 안내방법 등(규칙 제58조의2)
> 운수종사자는 법 제26조제3항에 따라 기점 및 경유지에서 승차하는 여객에게 자동차를 출발하기 전에 좌석안전띠를 착용하도록 음성방송이나 말로 안내하여야 한다.

④ 운행기록증을 붙여야 하는 자동차를 운행하는 운수종사자는 신고된 운행기간 중 해당 운행기록증을 식별하기 어렵게 하거나, 그러한 자동차를 운행하여서는 아니 된다.

제3절 운수종사자의 자격요건 및 운전자격의 관리

▌사업용 자동차 운전자의 자격요건 등(규칙 제49조제1항)

① 사업용 자동차를 운전하기에 적합한 운전면허를 보유하고 있을 것
② 20세 이상으로서 다음의 어느 하나에 해당하는 요건을 갖출 것
㉠ 해당 사업용 자동차 운전경력이 1년 이상일 것
㉡ 국토교통부장관 또는 지방자치단체의 장이 지정하여 고시하는 버스운전자 양성기관에서 교육과정을 이수할 것
㉢ 운전을 직무로 하는 군인이나 의무경찰대원으로서 다음의 요건을 모두 갖출 것
- 해당 사업용 자동차에 해당하는 차량의 운전경력 등 국토교통부장관이 정하여 고시하는 요건을 갖출 것
- 소속 기관의 장의 추천을 받을 것

③ 국토교통부장관이 정하는 운전 적성에 대한 정밀검사 기준 또는 「화물자동차 운수사업법 시행규칙」에 따른 운전 적성에 대한 정밀검사기준에 적합할 것
④ 다음의 어느 하나에 해당하는 요건을 갖추고 운전자격을 취득할 것
㉠ 운전자격시험에 합격
㉡ 교통안전체험교육 수료

▌여객자동차운송사업의 운전자격을 취득할 수 없는 사람

① 여객자동차운송사업의 운전자격을 취득하려는 사람이 다음의 어느 하나에 해당하는 경우 자격을 취득할 수 없다(법 제24조제3항).
㉠ 다음의 어느 하나에 해당하는 죄를 범하여 금고(禁錮) 이상의 실형을 선고받고 그 집행이 끝나거나(집행이 끝난 것으로 보는 경우를 포함) 면제된 날부터 2년이 지나지 아니한 사람
- 「특정강력범죄의 처벌에 관한 특례법」 제2조제1항 각 호에 따른 죄

- 「특정범죄 가중처벌 등에 관한 법률」 제5조의2부터 제5조의5까지, 제5조의8, 제5조의9 및 제11조에 따른 죄
- 「마약류 관리에 관한 법률」에 따른 죄
- 「형법」 제332조(제329조부터 제331조까지의 상습범으로 한정한다), 제341조에 따른 죄 또는 그 각 미수죄, 제363조에 따른 죄

㉡ ㉠의 어느 하나에 해당하는 죄를 범하여 금고 이상의 형의 집행유예를 선고받고 그 집행유예 기간 중에 있는 사람

㉢ 자격시험일 전 5년간 다음의 어느 하나에 해당하는 사람

- 「도로교통법」 제93조제1항제1호부터 제4호까지에 해당하여 운전면허가 취소된 사람
- 「도로교통법」 제43조를 위반하여 운전면허를 받지 아니하거나 운전면허의 효력이 정지된 상태로 같은 법 제2조제21호에 따른 자동차등을 운전하여 벌금형 이상의 형을 선고받거나 같은 법 제93조제1항제19호에 따라 운전면허가 취소된 사람
- 운전 중 고의 또는 과실로 3명 이상이 사망(사고발생일부터 30일 이내에 사망한 경우를 포함한다)하거나 20명 이상의 사상자가 발생한 교통사고를 일으켜 「도로교통법」 제93조 제1항제10호에 따라 운전면허가 취소된 사람

㉣ 따른 자격시험일 전 3년간 「도로교통법」 제93조제1항제5호 및 제5호의2에 해당하여 운전면허가 취소된 사람

② 구역 여객자동차운송사업 중 대통령령으로 정하는 여객자동차운송사업의 운전자격을 취득하려는 사람이 다음의 어느 하나에 해당하는 경우 ①에도 불구하고 자격을 취득할 수 없다(법 제24조 제4항).

㉠ 다음의 어느 하나에 해당하는 죄를 범하여 금고 이상의 실형을 선고받고 그 집행이 끝나거나(집행이 끝난 것으로 보는 경우를 포함) 면제된 날부터 최대 20년의 범위에서 범죄의 종류·죄질, 형기의 장단 및 재범위험성 등을 고려하여 대통령령으로 정하는 기간이 지나지 아니한 사람

- ① ㉠에 따른 죄
- 「성폭력범죄의 처벌 등에 관한 특례법」 제2조제1항제2호부터 제4호까지, 제3조부터 제9조까지 및 제15조(제13조의 미수범은 제외)에 따른 죄
- 「아동·청소년의 성보호에 관한 법률」 제2조제2호에 따른 죄

㉡ ㉠에 따른 죄를 범하여 금고 이상의 형의 집행유예를 선고받고 그 집행유예기간 중에 있는 사람

▌운전적성정밀검사(규칙 제49조제3·4·5항)

① 운전적성정밀검사는 신규검사·특별검사 및 자격유지검사로 구분하되, 그 대상은 다음과 같다.

㉠ 신규검사의 경우에는 다음의 자

- 신규로 여객자동차 운송사업용 자동차를 운전하려는 자
- 여객자동차 운송사업용 자동차 또는 「화물자동차 운수사업법」에 따른 화물자동차 운송사업용 자동차의 운전업무에 종사하다가 퇴직한 자로서 신규검사를 받은 날부터 3년이 지난 후 재취업하려는 자(단, 재취업일까지 무사고로 운전한 자는 제외)

• 신규검사의 적합판정을 받은 자로서 운전적성정밀검사를 받은 날부터 3년 이내에 취업하지 아니한 자(단, 신규검사를 받은 날부터 취업일까지 무사고로 운전한 사람은 제외)

ⓛ 특별검사의 경우에는 다음의 자

• 중상 이상의 사상(死傷)사고를 일으킨 자

• 과거 1년간 「도로교통법 시행규칙」에 따른 운전면허 행정처분기준에 따라 계산한 누산점수가 81점 이상인 자

• 질병, 과로, 그 밖의 사유로 안전운전을 할 수 없다고 인정되는 자인지 알기 위하여 운송사업자가 신청한 자

ⓒ 자격유지검사의 경우에는 다음의 사람

• 65세 이상 70세 미만인 사람(자격유지검사의 적합판정을 받고 3년이 지나지 아니한 사람은 제외)

• 70세 이상인 사람(자격유지검사의 적합판정을 받고 1년이 지나지 아니한 사람은 제외)

② 운전적성정밀검사를 받으려는 사람은 운전적성정밀검사 신청서(전자문서를 포함)와 본인의 신분증 사본(주민등록증이나 운전면허증에 한정)을 한국교통안전공단에 제출하여야 한다.

③ ①에도 불구하고 택시운송사업에 종사하는 운수종사자는 「의료법」에 따른 의원, 병원 및 종합병원의 적성검사(신체 능력 및 질병에 관한 진단)로 자격유지검사를 대체할 수 있다.

택시운전자격의 취득

① **택시운전 자격시험의 실시** : 일반택시운송사업, 개인택시운송사업 및 수요응답형 여객자동차운송사업(승용자동차를 사용하는 경우만 해당)에 대한 운전자격시험(규칙 제50조제1항제1호)

② **택시운전 자격시험의 실시방법 및 시험과목 등(규칙 제52조제2호)**

㉠ 실시방법 : 필기시험

ⓛ 시험과목 : 교통 및 운수관련 법규, 안전운행 요령, 운송서비스 및 지리(地理)에 관한 사항

ⓒ 합격자 결정 : 필기시험 총점의 6할 이상을 얻을 것

② **교통안전체험교육** : 교통안전체험, 교통사고 대응요령과 여객자동차 운수사업법령 등에 관하여 실시하는 이론 및 실기 교육(규칙 제50조제2항)

운전자격증 관리 등

① 운전자격시험에 합격한 사람 또는 교통안전체험교육을 수료한 사람은 각각 합격자 발표일 또는 교육 수료일부터 30일 이내에 운전자격증 발급신청서(전자문서를 포함)에 사진 2장을 첨부하여 한국교통안전공단에 운전자격증의 발급을 신청해야 한다(규칙 제55조제2항).

② 운송사업자 또는 운수종사자는 운전업무 종사자격을 증명하는 증표(이하 "운전자격증명")의 발급을 신청하려면 운전자격증명 발급신청서(전자문서로 된 신청서를 포함)에 사진 2장을 첨부하여 한국교통안전공단, 일반택시운송사업조합 또는 개인택시운송사업조합(이하 "운전자격증명 발급기관")에 제출하여야 한다(규칙 제55조의2제1항).

③ 운전자격증명의 게시 및 관리

㉠ 여객자동차운송사업의 운수종사자(운송사업자의 질병 등 국토교통부령으로 사유로 다른 사람에게 운전업무를 대신하게 하는 경우에는 해당 운전자)는 제24조에 따른 운전업무 종사자격을 증명하는 증표를 발급받아 해당 사업용 자동차 안에 항상 게시하여야 한다(법 제24조의2제1항).

※ 구역 여객자동차운송사업의 운수종사자 중 대통령령으로 정하는 운수종사자는 운전자격증명을 전자적 매체·기기 등을 통한 방법으로 게시 가능

㉡ 운수종사자가 퇴직하는 경우에는 본인의 운전자격증명을 운송사업자에게 반납하여야 하며, 운송사업자는 지체 없이 해당 운전자격증명 발급기관에 그 운전자격증명을 제출하여야 한다(규칙 제57조제2항).

운수종사자의 자격 취소 등

① 국토교통부장관 또는 시·도지사는 자격을 취득한 자가 다음의 어느 하나에 해당하면 그 자격을 취소하거나 6개월 이내의 기간을 정하여 그 자격의 효력을 정지시킬 수 있다. 다만, ㉢ 및 ⓞ에 해당하는 경우에는 그 자격을 취소하여야 한다(법 제87조제1항).

㉠ 다음(법 제6조제1호부터 제4호까지)의 규정 중 어느 하나에 해당하는 경우
- 피성년후견인
- 파산선고를 받고 복권(復權)되지 아니한 자
- 이 법을 위반하여 징역 이상의 실형(實刑)을 선고받고 그 집행이 끝나거나(집행이 끝난 것으로 보는 경우를 포함) 면제된 날부터 2년이 지나지 아니한 자
- 이 법을 위반하여 징역 이상의 형(刑)의 집행유예를 선고받고 그 집행유예 기간 중에 있는 자

㉡ 부정한 방법으로 운전업무 종사자격을 취득한 경우

㉢ 취득 불가 사유(법 제24조제3항 또는 제4항)에 해당하게 된 경우(집행유예 기간이 만료된 날부터 2년이 지나지 아니한 사람을 포함)

㉣ 준수 사항을 지키지 아니한 경우

㉤ 운송수입금의 전액에 대한 준수 사항을 위반하여 과태료 처분을 받은 날부터 1년 이내에 다시 3회 이상 위반한 경우

㉥ 운행기록증을 식별하기 어렵게 하거나, 그러한 자동차를 운행한 경우

㉦ 교통사고로 대통령령으로 정하는 수 이상으로 사람을 죽거나 다치게 한 경우

ⓞ 교통사고와 관련하여 거짓이나 그 밖의 부정한 방법으로 보험금을 청구하여 금고 이상의 형을 선고받고 그 형이 확정된 경우

㉨ 운전업무와 관련하여 부정이나 비위(非違) 사실이 있는 경우

㉩ 이 법이나 이 법에 따른 명령 또는 처분을 위반한 경우

② 운전자격의 취소 및 효력정지의 처분기준은 [별표 5]와 같다(규칙 제59조제1항).

운전자격의 취소 등의 처분기준(규칙 [별표 5]의 일부)

1. 일반기준
   가. 위반행위가 둘 이상인 경우로서 그에 해당하는 각각의 처분기준이 다른 경우에는 그 중 무거운 처분기준에 따른다. 다만, 둘 이상의 처분기준이 모두 자격정지인 경우에는 각 처분기준을 합산한 기간을 넘지 아니하는 범위에서 무거운 처분기준의 2분의 1 범위에서 가중할 수 있다. 이 경우 그 가중한 기간을 합산한 기간은 6개월을 초과할 수 없다.
   나. 위반행위의 횟수에 따른 행정처분의 기준은 최근 1년간 같은 위반행위로 행정처분을 받은 경우에 적용한다. 이 경우 행정처분 기준의 적용은 같은 위반행위에 대한 행정처분일과 그 처분 후의 위반행위가 다시 적발된 날을 기준으로 한다.
   다. 처분관할관청은 자격정지처분을 받은 사람이 다음의 어느 하나에 해당하는 경우에는 가목 및 나목에 따른 처분을 2분의 1 범위에서 늘리거나 줄일 수 있다. 이 경우 늘리는 경우에도 그 늘리는 기간은 6개월을 초과할 수 없다.
      1) 가중사유
         가) 위반행위가 사소한 부주의나 오류가 아닌 고의나 중대한 과실에 의한 것으로 인정되는 경우
         나) 위반의 내용정도가 중대하여 이용객에게 미치는 피해가 크다고 인정되는 경우
      2) 감경사유
         가) 위반행위가 고의나 중대한 과실이 아닌 사소한 부주의나 오류로 인한 것으로 인정되는 경우
         나) 위반의 내용정도가 경미하여 이용객에게 미치는 피해가 적다고 인정되는 경우
         다) 위반행위를 한 사람이 처음 해당 위반행위를 한 경우로서 최근 5년 이상 해당 여객자동차운송사업의 모범적인 운수종사자로 근무한 사실이 인정되는 경우
         라) 그 밖에 여객자동차운수사업에 대한 정부 정책상 필요하다고 인정되는 경우
   라. 처분관할관청은 자격정지처분을 받은 사람이 정당한 사유 없이 기일 내에 운전자격증을 반납하지 아니할 때에는 해당 처분을 2분의 1의 범위에서 가중하여 처분하고, 가중처분을 받은 사람이 기일 내에 운전자격증을 반납하지 아니할 때에는 자격취소처분을 한다.
2. 개별기준(택시운전자격)

위반행위	처분기준	
	1차 위반	2차 이상 위반
1) 법 제6조제1호부터 제4호까지의 어느 하나에 해당하게 된 경우	자격취소	
2) 부정한 방법으로 법 제24조제2항에 따른 택시운전자격을 취득한 경우	자격취소	
3) 법 제24조제4항에 해당하게 된 경우	자격취소	
4) 법 제26조제1항에 따른 금지행위 중 다음의 어느 하나에 해당하는 행위로 과태료처분을 받은 사람이 1년 이내에 같은 위반행위를 한 경우		
가) 정당한 이유 없이 여객의 승차를 거부하거나 여객을 중도에서 내리게 하는 행위	자격정지 10일	자격정지 20일
나) 신고하지 않거나 미터기에 의하지 않은 부당한 요금을 요구하거나 받는 행위	자격정지 10일	자격정지 20일
다) 일정한 장소에서 장시간 정차하여 여객을 유치하는 행위	자격정지 10일	자격정지 20일
5) 4)의 가)부터 다)까지의 어느 하나에 해당하는 행위로 1년간 세 번의 과태료 또는 자격정지처분을 받은 사람이 같은 4)의 가)부터 다)까지의 어느 하나에 해당하는 위반행위를 한 경우	자격취소	
6) 법 제26조제2항을 위반하여 운송수입금 전액을 내지 아니하여 과태료 처분을 받은 사람이 그 과태료처분을 받은 날부터 1년 이내에 같은 위반행위를 세 번 한 경우	자격정지 20일	자격정지 20일

위반행위	처분기준	
	1차 위반	2차 이상 위반
7) 운송수입금 전액을 내지 아니하여 과태료처분을 받은 사람이 그 과태료 처분을 받은 날부터 1년 이내에 같은 위반행위를 네 번 이상 한 경우	자격정지 50일	자격정지 50일
8) 영 제11조에 따른 중대한 교통사고로 다음의 어느 하나에 해당하는 수의 사상자를 발생하게 한 경우		
가) 사망자 2명 이상	자격정지 60일	자격정지 60일
나) 사망자 1명 및 중상자 3명 이상	자격정지 50일	자격정지 50일
다) 중상자 6명 이상	자격정지 40일	자격정지 40일
9) 교통사고와 관련하여 거짓이나 그 밖의 부정한 방법으로 보험금을 청구하여 금고 이상의 형을 선고받고 그 형이 확정된 경우	자격취소	
10) 운전업무와 관련하여 다음의 어느 하나에 해당하는 부정 또는 비위(非違)사실이 있는 경우		
가) 택시운전자격증을 타인에게 대여한 경우	자격취소	
나) 개인택시운송사업자가 불법으로 타인으로 하여금 대리운전을 하게 한 경우	자격정지 30일	자격정지 30일
11) 그 밖에 다음의 어느 하나에 해당한 경우		
가) 택시운전자격정지의 처분기간 중에 택시운전업무에 종사한 경우	자격취소	
나) 「도로교통법」 위반으로 사업용 자동차를 운전할 수 있는 운전면허가 취소된 경우	자격취소	
다) 정당한 사유 없이 법 제25조에 따른 교육과정을 마치지 않은 경우	자격정지 5일	자격정지 5일

③ 관할관청은 ②에 따른 처분기준을 적용할 때 위반행위의 동기 및 횟수 등을 고려하여 처분기준의 2분의 1의 범위에서 경감하거나 가중할 수 있다(규칙 제59조제2항).

④ 관할관청은 ②에 따른 처분을 하였을 때에는 그 사실을 처분대상자, 한국교통안전공단에 각각 통지하고 처분대상자에게 운전자격증 등을 반납하게 해야 한다(규칙 제59조제3항).

⑤ 관할관청은 ④에 따라 운전자격증 등을 반납받은 경우 운전자격취소처분을 받은 자가 반납한 운전자격증 등은 폐기하고, 운전자격정지처분을 받은 자가 반납한 운전자격증 등은 보관한 후 자격정지기간이 지난 후에 돌려주어야 한다(규칙 제59조제4항).

▌운수종사자의 교육 등

① 운수종사자는 국토교통부령으로 정하는 바에 따라 운전업무를 시작하기 전에 다음의 사항에 관한 교육을 받아야 한다(법 제25조제1항).

㉠ 여객자동차 운수사업 관계 법령 및 도로교통 관계 법령

㉡ 서비스의 자세 및 운송질서의 확립

㉢ 교통안전수칙

㉣ 응급처치의 방법

㉤ 차량용 소화기 사용법 등 차량화재 발생 시 대응방법

㉥ 「지속가능 교통물류 발전법」에 따른 경제운전

㉦ 그 밖에 운전업무에 필요한 사항

② 운수종사자 교육의 대상 및 내용 등(규칙 [별표 4의3])

구 분	교육 대상자	교육시간	주 기
신규교육	새로 채용한 운수종사자(사업용자동차를 운전하다가 퇴직한 후 2년 이내에 다시 채용된 사람은 제외)	16	
보수교육	무사고·무벌점 기간이 5년 이상 10년 미만인 운수종사자	4	격 년
	무사고·무벌점 기간이 5년 미만인 운수종사자		매 년
	법령위반 운수종사자	8	수 시
수시교육	국제행사 등에 대비한 서비스 및 교통안전 증진 등을 위하여 국토교통부장관 또는 시·도지사가 교육을 받을 필요가 있다고 인정하는 운수종사자	4	필요시

③ ②에 따른 운수종사자의 교육은 운수종사자 연수기관, 한국교통안전공단, 연합회 또는 조합(이하 "교육실시기관")이 한다(규칙 제58조제3항).

④ 운송사업자는 그의 운수종사자에 대한 교육계획의 수립, 교육의 시행 및 일상의 교육훈련업무를 위하여 종업원 중에서 교육훈련 담당자를 선임하여야 한다. 다만, 자동차 면허 대수가 20대 미만인 운송사업자의 경우에는 교육훈련 담당자를 선임하지 아니할 수 있다(규칙 제58조제5항).

제4절 보칙 및 벌칙

자동차의 차령 제한 등

① 여객자동차 운수사업에 사용되는 자동차는 자동차의 종류와 여객자동차 운수사업의 종류에 따라 대통령령으로 정하는 연한(이하 "차령") 및 운행거리를 넘겨 운행하지 못한다. 다만, 시·도지사는 해당 시·도의 여객자동차 운수사업용 자동차의 운행여건 등을 고려하여 대통령령으로 정하는 안전성 요건이 충족되는 경우에는 2년의 범위에서 차령을 연장할 수 있다(법 제84조제1항).

② 사업용 자동차의 차령(영 [별표 2]의 일부)

차 종	사업의 구분		차 령
승용자동차	여객자동차운송사업용	개인택시(경형·소형)	5년
		개인택시(배기량 2,400cc 미만)	7년
		개인택시(배기량 2,400cc 이상)	9년
		개인택시[전기자동차(「환경친화적 자동차의 개발 및 보급 촉진에 관한 법률」 제2조제3호에 따른 전기자동차를 말한다. 이하 같다)]	9년
		일반택시(경형·소형)	3년 6개월
		일반택시(배기량 2,400cc 미만)	4년
		일반택시(배기량 2,400cc 이상)	6년
		일반택시(전기자동차)	6년

■ 과징금 처분 등

① 국토교통부장관, 시·도지사 또는 시장·군수·구청장은 여객자동차 운수사업자가 사업의 면허취소 등(제49조의6제1항 또는 제85조제1항 각 호의 어느 하나)에 해당하여 사업정지 처분을 하여야 하는 경우에 그 사업정지 처분이 그 여객자동차 운수사업을 이용하는 사람들에게 심한 불편을 주거나 공익을 해칠 우려가 있는 때에는 그 사업정지 처분을 갈음하여 5천만원 이하의 과징금을 부과·징수할 수 있다(법 제88조제1항).

② ①에 따라 징수한 과징금은 다음 외의 용도로는 사용할 수 없다(법 제88조제4항).

㉠ 벽지노선이나 그 밖에 수익성이 없는 노선으로서 대통령령으로 정하는 노선을 운행하여서 생긴 손실의 보전(補塡)

㉡ 운수종사자의 양성, 교육훈련, 그 밖의 자질 향상을 위한 시설과 운수종사자에 대한 지도 업무를 수행하기 위한 시설의 건설 및 운영

㉢ 지방자치단체가 설치하는 터미널을 건설하는 데에 필요한 자금의 지원

㉣ 터미널 시설의 정비·확충

㉤ 여객자동차 운수사업의 경영 개선이나 그 밖에 여객자동차 운수사업의 발전을 위하여 필요한 사업

㉥ ㉠부터 ㉤까지의 규정 중 어느 하나의 목적을 위한 보조나 융자

㉦ 이 법을 위반하는 행위를 예방 또는 근절하기 위하여 지방자치단체가 추진하는 사업

③ 과징금의 부과 및 납부(영 제47조)

㉠ 통지를 받은 자는 20일 이내에 과징금을 지정된 수납기관에 내야 한다. 다만, 천재지변이나 그 밖의 부득이한 사유로 그 기간 내에 과징금을 낼 수 없는 경우에는 그 사유가 없어진 날부터 7일 이내에 내야 한다(제2항).

㉡ 과징금은 분할하여 납부할 수 없다(제5항).

■ 위반행위의 종류와 위반 정도에 따른 과징금의 액수(영 [별표 5]의 일부)

(단위 : 만원)

위반내용	위반 횟수	과징금의 액수	
		여객자동차운송사업	
		일반택시	개인택시
3. 법 제4조 또는 제28조에 따라 면허를 받거나 등록한 업종의 범위·노선·운행계통·사업구역·업무범위 및 면허기간(한정면허의 경우에만 해당) 등을 위반하여 사업을 한 경우			
가. 면허를 받거나 등록한 업종의 범위를 벗어나 사업을 한 경우	1차	180	180
	2차	360	360
	3차 이상	540	540
다. 여객자동차운송사업자가 면허를 받은 사업구역 외의 행정구역에서 사업을 한 경우	1차	40	40
	2차	80	80
	3차 이상	160	160
마. 면허를 받거나 등록한 차고를 이용하지 않고 차고지가 아닌 곳에서 밤샘주차를 한 경우	1차	10	10
	2차	15	15

위반내용	위반 횟수	과징금의 액수	
		여객자동차운송사업	
		일반택시	개인택시
바. 법 제4조 및 이 영 제3조제2호라목을 위반하여 신고를 하지 않거나 거짓으로 신고를 하고 개인택시를 대리운전하게 한 경우	1차 2차		120 240
5. 법 제8조를 위반하여 운임·요금의 신고 또는 변경신고를 하지 않거나 부당한 요금을 받은 경우 또는 1년에 3회 이상 6세 미만인 아이의 무상운송을 거절한 경우			
가. 운임 및 요금에 대한 신고 또는 변경신고를 하지 않고 운송을 개시한 경우	1차 2차 3차 이상	40 80 160	20 40 80
10. 법 제17조를 위반하여 1년에 3회 이상 사업용자동차의 표시를 하지 않은 경우		10	10
12. 법 제21조제2항을 위반하여 운수종사자의 자격요건을 갖추지 않은 사람을 운전업무에 종사하게 한 경우	1차 2차	360 720	360 720
15. 법 제21조제8항을 위반하여 자동차의 운전석 및 그 옆 좌석에 에어백을 설치하지 않은 경우	1차 2차 3차 이상	180 360 540	180 360 540
18. 법 제21조제13항에 따른 준수 사항을 위반한 경우			
가. 택시운송사업자가 미터기를 부착하지 않거나 사용하지 않고 여객을 운송한 경우(구간운임제 시행지역은 제외)	1차 2차 3차 이상	40 80 160	40 80 160
라. 자동차 안에 게시해야 할 사항을 게시하지 않은 경우	1차 2차	20 40	20 40
마. 정류소에서 주차 또는 정차 질서를 문란하게 한 경우	1차 2차	20 40	20 40
바. 운송사업자가 속도제한장치 또는 운행기록계가 장착된 운송사업용 자동차를 해당 장치 또는 기기가 정상적으로 작동되지 않은 상태에서 운행한 경우	1차 2차 3차 이상	60 120 180	60 120 180
아. 차실에 냉방·난방장치를 설치하여야 할 자동차에 이를 설치하지 않고 여객을 운송한 경우	1차 2차 3차 이상	60 120 180	60 120 180
너. 운행하기 전에 점검 및 확인을 하지 않은 경우	1차 2차	10 15	10 15
러. 차량 정비, 운전자의 과로 방지 및 정기적인 차량 운행 금지 등 안전수송을 위한 명령을 위반하여 운행한 경우	1차 2차	20 40	20 40
20. 법 제25조제2항에 따른 운수종사자의 교육에 필요한 조치를 하지 않은 경우	1차 2차 3차 이상	30 60 90	

비고

1. 천재지변이나 그 밖의 부득이한 사유로 발생한 위반행위는 위 표의 처분대상에서 제외한다.

▌ 과태료의 부과기준(영 [별표 6]의 일부)

1. 일반기준
   가. 하나의 행위가 둘 이상의 위반행위에 해당하는 경우에는 그 중 무거운 과태료의 부과기준에 따른다.
   나. 위반행위의 횟수에 따른 과태료의 가중된 부과기준은 최근 1년간 같은 위반행위로 과태료 부과처분을 받은 경우에 적용한다. 이 경우 기간의 계산은 위반행위에 대하여 과태료 부과처분을 받은 날과 그 처분 후 다시 같은 위반행위를 하여 적발된 날을 기준으로 한다.
   다. 나목에 따라 가중된 부과처분을 하는 경우 가중처분의 적용 차수는 그 위반행위 전 부과처분 차수(나목에 따른 기간 내에 과태료 부과처분이 둘 이상 있었던 경우에는 높은 차수를 말한다)의 다음 차수로 한다.
2. 개별기준

위반행위	과태료 금액(만원)		
	1회	2회	3회 이상
다. 법 제15조제1항(법 제35조와 제48조에서 준용하는 경우를 포함)에 따른 상속 신고를 하지 않은 경우	500	750	1,000
마. 법 제19조에 따른 사고 시의 조치 또는 보고를 하지 않거나 거짓 보고를 한 경우			
1) 법 제19조제1항에 따른 사고 시의 조치를 하지 않은 경우	50	75	100
2) 법 제19조제2항에 따른 보고를 하지 않거나 거짓 보고를 한 경우	20	30	50
바. 법 제21조제1항을 위반하여 운수종사자로부터 운송수익금의 전액을 납부받지 않은 경우	500	1,000	1,000
사. 법 제21조제6항을 위반하여 좌석안전띠가 정상적으로 작동될 수 있는 상태를 유지하지 않은 경우	20	30	50
아. 법 제21조제7항을 위반하여 운수종사자에게 여객의 좌석안전띠 착용에 관한 교육을 실시하지 않은 경우	20	30	50
파. 법 제24조제1항의 운수종사자의 요건을 갖추지 않고 여객자동차운송사업의 운전업무에 종사한 경우	50	50	50
하. 법 제24조의2제1항 또는 제2항을 위반하여 같은 항에 따른 증표를 게시하지 않은 경우	10	15	20
거. 법 제26조제1항제1호부터 제3호까지 및 제5호를 위반한 경우	20	20	20
너. 법 제26조제1항제6호 · 제7호 · 제7호의2 · 제7호의3 및 제8호를 위반한 경우	10	10	10
더. 법 제26조제1항제9호를 위반한 경우			
1) 안전운행을 위한 운수종사자의 준수사항 중 국토교통부령으로 정하는 준수사항을 위반한 경우	50	50	50
2) 1)에 따른 준수사항 외의 준수사항을 위반한 경우	10	10	10
러. 법 제26조제2항을 위반한 경우	50	50	50
머. 법 제26조제3항을 위반하여 차량의 출발 전에 여객이 좌석안전띠를 착용하도록 안내하지 않은 경우	3	5	10
도. 법 제89조제1항을 위반하여 자동차 등록증과 자동차 등록번호판을 반납하지 않은 경우	500	500	500

제2장 택시운송사업의 발전에 관한 법률

제1절 목적 및 정의

▌ 택시운송사업의 발전에 관한 법률의 목적(법 제1조)

택시운송사업의 발전에 관한 사항을 규정함으로써 택시운송사업의 건전한 발전을 도모하여 택시운수종사자의 복지 증진과 국민의 교통편의 제고에 이바지함을 목적으로 한다.

▌ 용어의 정의(제2조)

① **택시운송사업** : 「여객자동차 운수사업법」에 따른 구역(區域) 여객자동차운송사업 중 다음의 여객자동차운송사업을 말한다.
   ㉠ 일반택시운송사업 : 운행계통을 정하지 아니하고 국토교통부령으로 정하는 사업구역에서 1개의 운송계약에 따라 국토교통부령으로 정하는 자동차를 사용하여 여객을 운송하는 사업
   ㉡ 개인택시운송사업 : 운행계통을 정하지 아니하고 국토교통부령으로 정하는 사업구역에서 1개의 운송계약에 따라 국토교통부령으로 정하는 자동차 1대를 사업자가 직접 운전(사업자의 질병 등 국토교통부령으로 정하는 사유가 있는 경우는 제외)하여 여객을 운송하는 사업

② **택시운송사업면허** : 택시운송사업을 경영하기 위하여 「여객자동차 운수사업법」에 따라 받은 면허를 말한다.

③ **택시운송사업자** : 택시운송사업면허를 받아 택시운송사업을 경영하는 자를 말한다.

④ **택시운수종사자** : 「여객자동차 운수사업법」에 따른 운전업무 종사자격을 갖추고 택시운송사업의 운전업무에 종사하는 사람을 말한다.

⑤ **택시운수종사자단체** : 택시운수종사자가 조직하는 단체로서 대통령령으로 정하는 바에 따라 등록한 단체를 말한다.

⑥ **택시공영차고지** : 택시운송사업에 제공되는 차고지(車庫地)로서 특별시장・광역시장・특별자치시장・도지사・특별자치도지사(이하 "시・도지사") 또는 시장・군수・구청장(자치구의 구청장을 말한다. 이하 같다)이 설치한 것을 말한다.

⑦ **택시공동차고지** : 택시운송사업에 제공되는 차고지로서 2인 이상의 일반택시운송사업자가 공동으로 설치 또는 임차하거나 「여객자동차 운수사업법」에 따른 조합 또는 연합회가 설치 또는 임차한 차고지를 말한다.

제2절 주요 법규내용

▌ 국가 등의 책무(법 제3조)

국가 및 지방자치단체는 택시운송사업의 발전과 국민의 교통편의 증진을 위한 정책을 수립하고 시행하여야 한다.

다른 법률과의 관계(법 제4조)

① 이 법은 택시운송사업에 관하여 다른 법률에 우선하여 적용한다.

② 택시운송사업 및 택시운수종사자에 관하여 이 법에서 정한 사항 외에는 「여객자동차 운수사업법」에 따른다.

택시정책심의위원회(법 제5조, 영 제2조)

① 택시운송사업에 관한 중요 정책 등에 관한 사항을 심의하기 위하여 국토교통부장관 소속으로 택시정책심의위원회(이하 "위원회")를 둔다.

② 위원회의 심의사항

㉠ 택시운송사업의 면허제도에 관한 중요 사항

㉡ 사업구역별 택시 총량에 관한 사항

㉢ 사업구역 조정 정책에 관한 사항

㉣ 택시운수종사자의 근로여건 개선에 관한 중요 사항

㉤ 택시운송사업의 서비스 향상에 관한 중요 사항

㉥ 이 법 또는 다른 법률에서 위원회의 심의를 거치도록 한 사항

㉦ 그 밖에 택시운송사업에 관한 중요한 사항으로서 위원장이 회의에 부치는 사항

택시운송사업 발전 기본계획의 수립(법 제6조제1 · 2항)

① 국토교통부장관은 택시운송사업을 체계적으로 육성 · 지원하고 국민의 교통편의 증진을 위하여 관계 중앙행정기관의 장 및 시 · 도지사의 의견을 들어 5년 단위의 택시운송사업 발전 기본계획(이하 "기본계획")을 5년마다 수립하여야 한다.

② 기본계획에는 다음의 사항이 포함되어야 한다.

㉠ 택시운송사업 정책의 기본방향에 관한 사항

㉡ 택시운송사업의 여건 및 전망에 관한 사항

㉢ 택시운송사업면허 제도의 개선에 관한 사항

㉣ 택시운송사업의 구조조정 등 수급조절에 관한 사항

㉤ 택시운수종사자의 근로여건 개선에 관한 사항

㉥ 택시운송사업의 경쟁력 향상에 관한 사항

㉦ 택시운송사업의 관리역량 강화에 관한 사항

㉧ 택시운송사업의 서비스 개선 및 안전성 확보에 관한 사항

㉨ 그 밖에 택시운송사업의 육성 및 발전에 관한 사항으로서 대통령령으로 정하는 사항

> 대통령령으로 정하는 사항(영 제5조제2항)
>
> 법 제6조제2항제9호에서 "대통령령으로 정하는 사항"이란 다음의 사항을 말한다.
> 1. 택시운송사업에 사용되는 자동차(이하 "택시") 수급실태 및 이용수요의 특성에 관한 사항
> 2. 차고지 및 택시 승차대 등 택시 관련 시설의 개선 계획
> 3. 기본계획의 연차별 집행계획
> 4. 택시운송사업의 재정 지원에 관한 사항
> 5. 택시운송사업의 위반실태 점검과 지도단속에 관한 사항
> 6. 택시운송사업 관련 연구·개발을 위한 전문기구 설치에 관한 사항

재정지원(법 제7조)

① 특별시·광역시·특별자치시·도·특별자치도(이하 "시·도")는 택시운송사업의 발전을 위하여 택시운송사업자 또는 택시운수종사자단체(사업을 실시하는 경우로 한정)에 다음의 어느 하나에 해당하는 사업에 대하여 조례로 정하는 바에 따라 필요한 자금의 전부 또는 일부를 보조 또는 융자할 수 있다.

㉠ 합병, 분할, 분할합병, 양도·양수 등을 통한 구조조정 또는 경영개선 사업

㉡ 사업구역별 택시 총량을 초과한 차량의 감차(減車) 사업

㉢ 택시운송사업에 사용되는 자동차(이하 "택시")의 「환경친화적 자동차의 개발 및 보급 촉진에 관한 법률」에 따른 환경친화적 자동차(이하 "친환경 택시")로의 대체 사업

㉣ 택시운송사업의 서비스 향상을 위한 시설·장비의 확충·개선·운영 사업

㉤ 서비스 교육 등 택시운수종사자에게 실시하는 교육 및 연수 사업

㉥ 그 밖에 택시운송사업의 발전을 위한 사항으로서 국토교통부령으로 정하는 사업

> 국토교통부령으로 정하는 사업(규칙 제7조)
>
> 법 제7조제1항제5호에서 "국토교통부령으로 정하는 사업"이란 다음의 어느 하나에 해당하는 사업을 말한다.
> 1. 택시운수종사자의 근로여건 개선 사업
> 2. 택시운송사업자의 경영개선 및 연구개발 사업
> 3. 택시운수종사자의 교육 및 연수 사업
> 4. 택시의 고급화 및 낡은 택시의 교체 사업
> 5. 그 밖에 택시운송사업의 육성 및 발전을 위하여 국토교통부장관이 필요하다고 인정하는 사업

② 국가는 다음의 어느 하나에 해당하는 자금의 전부 또는 일부를 시·도에 지원할 수 있다.

㉠ 시·도가 ①에 따라 택시운송사업자 또는 택시운수종사자단체(이하 "택시운송사업자 등")에 보조한 자금(단, ① ㉣에 따른 시설·장비의 운영 사업에 보조한 자금은 제외)

㉡ 택시공영차고지 설치에 필요한 자금

보조금의 사용 등(법 제8조)

① 보조를 받은 택시운송사업자 등은 그 자금을 보조받은 목적 외의 용도로 사용하지 못한다.

② 국토교통부장관 또는 시·도지사는 보조를 받은 택시운송사업자 등이 그 자금을 적정하게 사용하도록 감독하여야 한다.

③ 국토교통부장관 또는 시·도지사는 택시운송사업자 등이 거짓이나 그 밖의 부정한 방법으로 보조금을 교부받거나 목적 외의 용도로 사용한 경우 택시운송사업자 등에게 보조금의 반환을 명하여야 한다.
④ 국토교통부장관은 택시운송사업자 등이 ③에 따른 명령을 받고 보조금을 반환하지 아니하는 경우에는 국세 또는 지방세 체납처분의 예에 따라 이를 징수하여야 한다.

신규 택시운송사업면허의 제한 등(법 제10조제1항)

다음의 사업구역에서는 「여객자동차 운수사업법」에도 불구하고 누구든지 신규 택시운송사업면허를 받을 수 없다.
① 사업구역별 택시 총량을 산정하지 아니한 사업구역
② 국토교통부장관이 사업구역별 택시 총량의 재산정을 요구한 사업구역
③ 고시된 사업구역별 택시 총량보다 해당 사업구역 내의 택시의 대수가 많은 사업구역. 다만, 해당 사업구역이 규정에 따른 연도별 감차 규모를 초과하여 감차 실적을 달성한 경우 그 초과분의 범위에서 관할 지방자치단체의 조례로 정하는 바에 따라 신규 택시운송사업면허를 받을 수 있다.

운송비용 전가 금지 등(법 제12조)

① 대통령령으로 정하는 사업구역의 택시운송사업자는 택시의 구입 및 운행에 드는 비용 중 다음의 비용을 택시운수종사자에게 부담시켜서는 아니 된다.

> 대통령령으로 정하는 사업구역의 택시운송사업자(영 제19조제1항)
> 법 제12조제1항 각 호 외의 부분에서 "대통령령으로 정하는 사업구역의 택시운송사업자"란 군(광역시의 군은 제외) 지역을 제외한 사업구역의 일반택시운송사업자를 말한다.

㉠ 택시 구입비(신규차량을 택시운수종사자에게 배차하면서 추가 징수하는 비용을 포함)
㉡ 유류비
㉢ 세차비
㉣ 택시운송사업자가 차량 내부에 붙이는 장비의 설치비 및 운영비
㉤ 그 밖에 택시의 구입 및 운행에 드는 비용으로서 대통령령으로 정하는 비용

> 대통령령으로 정하는 비용(영 제19조제2항)
> 법 제12조제1항제4호에서 "대통령령으로 정하는 비용"이란 사고로 인한 차량수리비, 보험료 증가분 등 교통사고 처리에 드는 비용(해당 교통사고가 음주 등 택시운수종사자의 고의·중과실로 인하여 발생한 것인 경우는 제외한다. 이하 "교통사고 처리비")을 말한다.

② 택시운송사업자는 소속 택시운수종사자가 아닌 사람(형식상의 근로계약에도 불구하고 실질적으로는 소속 택시운수종사자가 아닌 사람을 포함)에게 택시를 제공하여서는 아니 된다.
③ 시·도지사는 1년에 2회 이상 대통령령으로 정하는 바에 따라 택시운송사업자가 ① 및 ②을 준수하고 있는지를 조사하고, 그 조사 내용과 조치결과를 국토교통부장관에게 보고하여야 한다.

▌ 일반택시운송사업 택시운수종사자의 근로시간을 「근로기준법」에 따라 정할 경우 1주간 40시간 이상이 되도록 정하여야 한다(법 제11조의2).

※ [시행일] 다음 각 호의 구분에 따른 날

1. 서울특별시 : 2021년 1월 1일
2. 제1호를 제외한 사업구역 : 공포 후 5년을 넘지 아니하는 범위에서 제1호에 따른 시행지역의 성과, 사업구역별 매출액 및 근로시간의 변화 등을 종합적으로 고려하여 대통령령으로 정하는 날

▌ 택시운행정보의 관리(법 제13조제1항)

국토교통부장관 또는 시・도지사는 택시정책을 효율적으로 수행하기 위하여 「교통안전법」에 따른 운행기록장치와 「자동차관리법」에 따른 택시요금미터를 활용하여 국토교통부령으로 정하는 정보를 수집・관리하는 시스템(이하 "택시 운행정보 관리시스템")을 구축・운영할 수 있다.

> 국토교통부령으로 정하는 정보(규칙 제10조)
>
> 법 제13조제1항에서 "국토교통부령으로 정하는 정보"란 다음의 정보를 말한다.
>
> 1. 주행거리, 속도, 위치정보(GPS), 분당 회전 수(RPM), 브레이크신호, 가속도 등 「교통안전법」에 따른 운행기록장치에 기록된 정보
> 2. 승차일시, 승차거리, 영업거리, 요금정보 등 「자동차관리법」에 따른 택시요금미터에 기록된 정보

▌ 조세의 감면(법 제14조)

① **취득세를 감면** : 지방자치단체는 택시운송사업자가 「여객자동차 운수사업법」에 따른 차령 제한을 이유로 택시를 구입하는 경우 또는 친환경 택시를 구입하는 경우 「지방세특례제한법」에 따라 취득세를 감면

② **부가가치세 경감** : 국가는 택시운송사업자가 납부하는 부가가치세를 「조세특례제한법」에 따라 경감

③ **개별소비세 감면** : 국가는 택시에 공급되는 석유가스(액화한 것을 포함) 중 부탄에 대해서는 「조세특례제한법」에 따라 개별소비세 감면

▌ 택시운수종사자 복지기금의 설치(법 제15조)

① 「여객자동차 운수사업법」에 따른 택시운송사업자단체 또는 택시운수종사자단체는 택시운수종사자의 근로여건 개선 등을 위하여 택시운수종사자 복지기금(이하 이 조에서 "기금")을 설치할 수 있다.

② 기금은 다음의 재원을 수입으로 한다.

㉠ 출연금(개인・단체・법인으로부터의 출연금에 한정)

㉡ 기금운용 수익금

㉢ 「액화석유가스의 안전관리 및 사업법」에 따라 액화석유가스를 연료로 사용하는 차량을 판매하여 발생한 수입 중 일부로서 택시운송사업자가 조성하는 수입금

㉣ 그 밖에 대통령령으로 정하는 수입금

③ 기금은 다음의 용도로 사용한다.
  ㉠ 택시운수종사자의 건강검진 등 건강관리 서비스 지원
  ㉡ 택시운수종사자 자녀에 대한 장학사업
  ㉢ 기금의 관리·운용에 필요한 경비
  ㉣ 그 밖에 택시운수종사자의 복지향상을 위하여 필요한 사업으로서 국토교통부장관이 정하는 사업

택시운수종사자의 준수사항(법 제16조제1항)

택시운수종사자는 다음의 어느 하나에 해당하는 행위를 하여서는 아니 된다.
① 정당한 사유 없이 여객의 승차를 거부하거나 여객을 중도에서 내리게 하는 행위
② 부당한 운임 또는 요금을 받는 행위
③ 여객을 합승하도록 하는 행위
④ 여객의 요구에도 불구하고 영수증 발급 또는 신용카드결제에 응하지 아니하는 행위(영수증발급기 및 신용카드결제기가 설치되어 있는 경우에 한정)

제3절 과태료

과태료의 부과기준(영 [별표 3]의 일부)

1. 일반기준
  가. 하나의 행위가 둘 이상의 위반행위에 해당하는 경우에는 그 중 무거운 과태료의 부과기준에 따른다.
  나. 위반행위의 횟수에 따른 과태료 부과기준은 제2호나목의 위반행위 중 법 제16조제1항제1호를 위반한 경우에는 최근 2년간, 그 밖의 위반행위의 경우에는 최근 1년간 같은 위반행위로 과태료 처분을 받은 경우에 적용한다. 이 경우 위반횟수별 부과기준의 적용일은 위반행위에 대한 과태료처분일과 그 처분 후 다시 적발된 날로 한다.
2. 개별기준

위반행위	과태료 금액(만원)		
	1회 위반	2회 위반	3회 위반 이상
가. 법 제12조제1항 각 호의 비용을 택시운수종사자에게 전가시킨 경우	500	1,000	1,000
나. 법 제16조제1항에 따른 택시운수종사자 준수사항을 위반한 경우	20	40	60
다. 법 제17조제1항에 따른 보고를 하지 않거나 거짓으로 한 경우	25	50	50
라. 법 제17조제1항에 따른 서류제출을 하지 않거나 거짓 서류를 제출한 경우	50	75	100
마. 법 제17조제2항에 따른 검사를 정당한 사유 없이 거부·방해 또는 기피한 경우	50	75	100

비 고
1. 위 표의 가목의 경우 일반택시운수종사자가 「여객자동차 운수사업법」 제26조제2항을 위반하여 과태료 처분을 받은 경우로서 해당 일반택시운수종사자에 대하여 운송비용을 전가하는 경우에는 적용하지 않는다.
2. 위 표의 다목 및 라목은 법 제18조제1항에 따라 행정처분을 받은 경우에는 과태료를 부과하지 않는다.

제 3 장 도로교통법

제1절 총 칙

▌ 도로교통법의 목적(법 제1조)

도로에서 일어나는 교통상의 모든 위험과 장해를 방지하고 제거하여 안전하고 원활한 교통을 확보함을 목적으로 한다.

▌ 용어의 정의(법 제2조)

① **도로** : 「도로법」에 따른 도로, 「유료도로법」에 따른 유료도로, 「농어촌도로 정비법」에 따른 농어촌도로, 그 밖에 현실적으로 불특정 다수의 사람 또는 차마(車馬)가 통행할 수 있도록 공개된 장소로서 안전하고 원활한 교통을 확보할 필요가 있는 장소

② **자동차전용도로** : 자동차만 다닐 수 있도록 설치된 도로를 말한다.

③ **고속도로** : 자동차의 고속 운행에만 사용하기 위하여 지정된 도로를 말한다.

④ **차도** : 연석선(차도와 보도를 구분하는 돌 등으로 이어진 선을 말한다. 이하 같다), 안전표지 또는 그와 비슷한 인공구조물을 이용하여 경계(境界)를 표시하여 모든 차가 통행할 수 있도록 설치된 도로의 부분을 말한다.

⑤ **중앙선** : 차마의 통행 방향을 명확하게 구분하기 위하여 도로에 황색 실선(實線)이나 황색 점선 등의 안전표지로 표시한 선 또는 중앙분리대나 울타리 등으로 설치한 시설물을 말한다. 다만, 가변차로(可變車路)가 설치된 경우에는 신호기가 지시하는 진행방향의 가장 왼쪽에 있는 황색 점선을 말한다.

⑥ **차로** : 차마가 한 줄로 도로의 정하여진 부분을 통행하도록 차선(車線)으로 구분한 차도의 부분을 말한다.

⑦ **차선** : 차로와 차로를 구분하기 위하여 그 경계지점을 안전표지로 표시한 선을 말한다.

⑧ **자전거도로** : 안전표지, 위험방지용 울타리나 그와 비슷한 인공구조물로 경계를 표시하여 자전거 및 개인형 이동장치가 통행할 수 있도록 설치된 「자전거 이용 활성화에 관한 법률」의 도로를 말한다.

⑨ **자전거횡단도** : 자전거 및 개인형 이동장치가 일반도로를 횡단할 수 있도록 안전표지로 표시한 도로의 부분을 말한다.

⑩ **보도** : 연석선, 안전표지나 그와 비슷한 인공구조물로 경계를 표시하여 보행자(유모차와 행정안전부령으로 정하는 보행보조용 의자차를 포함한다. 이하 같다)가 통행할 수 있도록 한 도로의 부분을 말한다.

⑪ **길가장자리구역** : 보도와 차도가 구분되지 아니한 도로에서 보행자의 안전을 확보하기 위하여 안전표지 등으로 경계를 표시한 도로의 가장자리 부분을 말한다.

⑫ **횡단보도** : 보행자가 도로를 횡단할 수 있도록 안전표지로 표시한 도로의 부분을 말한다.

⑬ **교차로** : 십자로, T자로나 그 밖에 둘 이상의 도로(보도와 차도가 구분되어 있는 도로에서는 차도를 말한다)가 교차하는 부분을 말한다.

⑭ 안전지대 : 도로를 횡단하는 보행자나 통행하는 차마의 안전을 위하여 안전표지나 이와 비슷한 인공구조물로 표시한 도로의 부분을 말한다.

⑮ 신호기 : 도로교통에서 문자·기호 또는 등화(燈火)를 사용하여 진행·정지·방향전환·주의 등의 신호를 표시하기 위하여 사람이나 전기의 힘으로 조작하는 장치를 말한다.

⑯ 안전표지 : 교통안전에 필요한 주의·규제·지시 등을 표시하는 표지판이나 도로의 바닥에 표시하는 기호·문자 또는 선 등을 말한다.

⑰ 차마 : 다음의 차와 우마를 말한다.

㉠ 차 : 자동차, 건설기계, 원동기장치자전거, 자전거, 사람 또는 가축의 힘이나 그 밖의 동력(動力)으로 도로에서 운전되는 것(단, 철길이나 가설(架設)된 선을 이용하여 운전되는 것, 유모차와 행정안전부령으로 정하는 보행보조용 의자차는 제외)

㉡ 우마 : 교통이나 운수(運輸)에 사용되는 가축을 말한다.

⑱ 노면전차 : 「도시철도법」에 따른 노면전차로서 도로에서 궤도를 이용하여 운행되는 차를 말한다.

⑲ 자동차 : 철길이나 가설된 선을 이용하지 아니하고 원동기를 사용하여 운전되는 차(견인되는 자동차도 자동차의 일부로 본다)로서 다음의 차를 말한다.

㉠ 「자동차관리법」에 따른 승용자동차, 승합자동차, 화물자동차, 특수자동차, 이륜자동차(단, 원동기장치자전거는 제외)

㉡ 「건설기계관리법」 제26조제1항 단서에 따른 건설기계

⑳ 원동기장치자전거 : 다음의 어느 하나에 해당하는 차를 말한다.

㉠ 「자동차관리법」에 따른 이륜자동차 가운데 배기량 125cc 이하(전기를 동력으로 하는 경우에는 최고정격출력 11kW 이하)의 이륜자동차

㉡ 그 밖에 배기량 125cc 이하(전기를 동력으로 하는 경우에는 최고정격출력 11kW 이하)의 원동기를 단 차(「자전거 이용 활성화에 관한 법률」에 따른 전기자전거는 제외)

㉑ 자전거 : 「자전거 이용 활성화에 관한 법률」에 따른 자전거 및 전기자전거를 말한다.

㉒ 긴급자동차 : 소방차, 구급차, 혈액 공급차량, 그 밖에 대통령령으로 정하는 자동차로서 그 본래의 긴급한 용도로 사용되고 있는 자동차를 말한다.

㉓ 어린이통학버스 : 다음의 시설 가운데 어린이(13세 미만인 사람을 말한다. 이하 같다)를 교육대상으로 하는 시설에서 어린이의 통학 등에 이용되는 자동차와 「여객자동차 운수사업법」에 따른 여객자동차운송사업의 한정면허를 받아 어린이를 여객대상으로 하여 운행되는 운송사업용 자동차를 말한다.

㉠ 「유아교육법」에 따른 유치원 및 유아교육진흥원, 「초·중등교육법」에 따른 초등학교, 특수학교, 대안학교 및 외국인학교

㉡ 「영유아보육법」에 따른 어린이집

㉢ 「학원의 설립·운영 및 과외교습에 관한 법률」에 따라 설립된 학원 및 교습소

㉣ 「체육시설의 설치·이용에 관한 법률」에 따라 설립된 체육시설

㉤ 「아동복지법」에 따른 아동복지시설(아동보호전문기관은 제외)

㉥ 「청소년활동 진흥법」에 따른 청소년수련시설

㉦ 「장애인복지법」에 따른 장애인복지시설(장애인 직업재활시설은 제외)

㉧ 「도서관법」에 따른 공공도서관

㉧ 「평생교육법」에 따른 시·도평생교육진흥원 및 시·군·구평생학습관

㉨ 「사회복지사업법」에 따른 사회복지시설 및 사회복지관

㉔ **주차** : 운전자가 승객을 기다리거나 화물을 싣거나 차가 고장 나거나 그 밖의 사유로 차를 계속 정지 상태에 두는 것 또는 운전자가 차에서 떠나서 즉시 그 차를 운전할 수 없는 상태에 두는 것을 말한다.

㉕ **정차** : 운전자가 5분을 초과하지 아니하고 차를 정지시키는 것으로서 주차 외의 정지 상태를 말한다.

㉖ **운전** : 도로(제44조·제45조·제54조제1항·제148조·제148조의2 및 제156조제10호의 경우에는 도로 외의 곳을 포함)에서 차마 또는 노면전차를 그 본래의 사용방법에 따라 사용하는 것(조종을 포함)을 말한다.

㉗ **서행** : 운전자가 차 또는 노면전차를 즉시 정지시킬 수 있는 정도의 느린 속도로 진행하는 것을 말한다.

㉘ **앞지르기** : 차의 운전자가 앞서가는 다른 차의 옆을 지나서 그 차의 앞으로 나가는 것을 말한다.

㉙ **일시정지** : 차 또는 노면전차의 운전자가 그 차 또는 노면전차의 바퀴를 일시적으로 완전히 정지시키는 것을 말한다.

㉚ **모범운전자** : 무사고운전자 또는 유공운전자의 표시장을 받거나 2년 이상 사업용 자동차 운전에 종사하면서 교통사고를 일으킨 전력이 없는 사람으로서 경찰청장이 정하는 바에 따라 선발되어 교통안전 봉사활동에 종사하는 사람을 말한다.

신호 또는 지시에 따를 의무(법 제5조)

① 도로를 통행하는 보행자, 차마 또는 노면전차의 운전자는 교통안전시설이 표시하는 신호 또는 지시와 다음의 어느 하나에 해당하는 사람이 하는 신호 또는 지시를 따라야 한다.

㉠ 교통정리를 하는 경찰공무원(의무경찰을 포함한다. 이하 같다) 및 제주특별자치도의 자치경찰공무원(이하 "자치경찰공무원")

㉡ 경찰공무원(자치경찰공무원을 포함한다. 이하 같다)을 보조하는 사람으로서 대통령령으로 정하는 사람(이하 "경찰보조자")

② 도로를 통행하는 보행자, 차마 또는 노면전차의 운전자는 ①에 따른 교통안전시설이 표시하는 신호 또는 지시와 교통정리를 하는 경찰공무원 또는 경찰보조자(이하 "경찰공무원 등")의 신호 또는 지시가 서로 다른 경우에는 경찰공무원 등의 신호 또는 지시에 따라야 한다.

▌신호기가 표시하는 신호의 종류 및 신호의 뜻(규칙 [별표 2]의 일부)

구 분		신호의 종류	신호의 뜻
차량 신호등	원형 등화	녹색의 등화	1. 차마는 직진 또는 우회전할 수 있다. 2. 비보호좌회전표지 또는 비보호좌회전표시가 있는 곳에서는 좌회전할 수 있다.
		황색의 등화	1. 차마는 정지선이 있거나 횡단보도가 있을 때에는 그 직전이나 교차로의 직전에 정지하여야 하며, 이미 교차로에 차마의 일부라도 진입한 경우에는 신속히 교차로 밖으로 진행하여야 한다. 2. 차마는 우회전할 수 있고 우회전하는 경우에는 보행자의 횡단을 방해하지 못한다.
		적색의 등화	차마는 정지선, 횡단보도 및 교차로의 직전에서 정지하여야 한다. 다만, 신호에 따라 진행하는 다른 차마의 교통을 방해하지 아니하고 우회전할 수 있다.
		황색등화의 점멸	차마는 다른 교통 또는 안전표지의 표시에 주의하면서 진행할 수 있다.
		적색등화의 점멸	차마는 정지선이나 횡단보도가 있을 때에는 그 직전이나 교차로의 직전에 일시정지한 후 다른 교통에 주의하면서 진행할 수 있다.
	화살표 등화	녹색화살표의 등화	차마는 화살표시 방향으로 진행할 수 있다.
		황색화살표의 등화	화살표시 방향으로 진행하려는 차마는 정지선이 있거나 횡단보도가 있을 때에는 그 직전이나 교차로의 직전에 정지하여야 하며, 이미 교차로에 차마의 일부라도 진입한 경우에는 신속히 교차로 밖으로 진행하여야 한다.
		적색화살표의 등화	화살표시 방향으로 진행하려는 차마는 정지선, 횡단보도 및 교차로의 직전에서 정지하여야 한다.
		황색화살표등화의 점멸	차마는 다른 교통 또는 안전표지의 표시에 주의하면서 화살표시 방향으로 진행할 수 있다.
		적색화살표등화의 점멸	차마는 정지선이나 횡단보도가 있을 때에는 그 직전이나 교차로의 직전에 일시정지한 후 다른 교통에 주의하면서 화살표시 방향으로 진행할 수 있다.
	사각형 등화	녹색화살표의 등화(하향)	차마는 화살표로 지정한 차로로 진행할 수 있다.
		적색×표 표시의 등화	차마는 ×표가 있는 차로로 진행할 수 없다.
		적색×표 표시 등화의 점멸	차마는 ×표가 있는 차로로 진입할 수 없고, 이미 차마의 일부라도 진입한 경우에는 신속히 그 차로 밖으로 진로를 변경하여야 한다.

제2절 보행자의 통행방법

▌보행자의 통행(법 제8조)

① 보행자는 보도와 차도가 구분된 도로에서는 언제나 보도로 통행하여야 한다. 다만, 차도를 횡단하는 경우, 도로공사 등으로 보도의 통행이 금지된 경우나 그 밖의 부득이한 경우에는 그러하지 아니하다(제1항).

② 보행자는 보도에서는 우측통행을 원칙으로 한다(제3항).

■ 행렬 등의 통행(법 제9조)

① 학생의 대열과 그 밖에 보행자의 통행에 지장을 줄 우려가 있다고 인정하여 대통령령으로 정하는 사람이나 행렬(이하 "행렬 등")은 제8조제1항 본문에도 불구하고 차도로 통행할 수 있다. 이 경우 행렬 등은 차도의 우측으로 통행하여야 한다.

> 대통령령으로 정하는 사람이나 행렬(영 제7조)
>
> 법 제9조제1항 전단에서 "대통령령으로 정하는 사람이나 행렬"이란 다음의 어느 하나에 해당하는 사람이나 행렬을 말한다.
> 1. 말·소 등의 큰 동물을 몰고 가는 사람
> 2. 사다리, 목재, 그 밖에 보행자의 통행에 지장을 줄 우려가 있는 물건을 운반 중인 사람
> 3. 도로에서 청소나 보수 등의 작업을 하고 있는 사람
> 4. 군부대나 그 밖에 이에 준하는 단체의 행렬
> 5. 기(旗) 또는 현수막 등을 휴대한 행렬
> 6. 장의(葬儀) 행렬

② 행렬 등은 사회적으로 중요한 행사에 따라 시가를 행진하는 경우에는 도로의 중앙을 통행할 수 있다.

■ 도로의 횡단(법 제10조제2~5항)

① 보행자는 횡단보도, 지하도, 육교나 그 밖의 도로 횡단시설이 설치되어 있는 도로에서는 그 곳으로 횡단하여야 한다. 다만, 지하도나 육교 등의 도로 횡단시설을 이용할 수 없는 지체장애인의 경우에는 다른 교통에 방해가 되지 아니하는 방법으로 도로 횡단시설을 이용하지 아니하고 도로를 횡단할 수 있다.

② 보행자는 횡단보도가 설치되어 있지 아니한 도로에서는 가장 짧은 거리로 횡단하여야 한다.

③ 보행자는 차와 노면전차의 바로 앞이나 뒤로 횡단하여서는 아니 된다. 다만, 횡단보도를 횡단하거나 신호기 또는 경찰공무원 등의 신호나 지시에 따라 도로를 횡단하는 경우에는 그러하지 아니하다.

④ 보행자는 안전표지 등에 의하여 횡단이 금지되어 있는 도로의 부분에서는 그 도로를 횡단하여서는 아니 된다.

제3절 차마의 통행방법

■ 차마의 통행(법 제13조)

① 차마의 운전자는 보도와 차도가 구분된 도로에서는 차도로 통행하여야 한다. 다만, 도로 외의 곳으로 출입할 때에는 보도를 횡단하여 통행할 수 있다.

② ① 단서의 경우 차마의 운전자는 보도를 횡단하기 직전에 일시정지하여 좌측과 우측 부분 등을 살핀 후 보행자의 통행을 방해하지 아니하도록 횡단하여야 한다.

③ 차마의 운전자는 도로(보도와 차도가 구분된 도로에서는 차도)의 중앙(중앙선이 설치되어 있는 경우에는 그 중앙선을 말한다. 이하 같다) 우측 부분을 통행하여야 한다.

④ 차마의 운전자는 ③에도 불구하고 다음의 어느 하나에 해당하는 경우에는 도로의 중앙이나 좌측 부분을 통행할 수 있다.

㉠ 도로가 일방통행인 경우

㉡ 도로의 파손, 도로공사나 그 밖의 장애 등으로 도로의 우측 부분을 통행할 수 없는 경우

㉢ 도로 우측 부분의 폭이 6m가 되지 아니하는 도로에서 다른 차를 앞지르려는 경우. 다만, 다음의 어느 하나에 해당하는 경우에는 그러하지 아니하다.

- 도로의 좌측 부분을 확인할 수 없는 경우
- 반대 방향의 교통을 방해할 우려가 있는 경우
- 안전표지 등으로 앞지르기를 금지하거나 제한하고 있는 경우

㉣ 도로 우측 부분의 폭이 차마의 통행에 충분하지 아니한 경우

㉤ 가파른 비탈길의 구부러진 곳에서 교통의 위험을 방지하기 위하여 시·도경찰청장이 필요하다고 인정하여 구간 및 통행방법을 지정하고 있는 경우에 그 지정에 따라 통행하는 경우

⑤ 차마의 운전자는 안전지대 등 안전표지에 의하여 진입이 금지된 장소에 들어가서는 아니 된다.

⑥ 차마(자전거 등은 제외)의 운전자는 안전표지로 통행이 허용된 장소를 제외하고는 자전거도로 또는 길가장자리구역으로 통행하여서는 아니 된다. 다만, 「자전거 이용 활성화에 관한 법률」에 따른 자전거 우선도로의 경우에는 그러하지 아니하다.

※ 자전거 등 : 자전거와 개인형 이동장치

차로에 따른 통행구분(규칙 제16조)

① 규정에 따라 차로를 설치한 경우 그 도로의 중앙에서 오른쪽으로 2 이상의 차로(전용차로가 설치되어 운용되고 있는 도로에서는 전용차로를 제외)가 설치된 도로 및 일방통행도로에 있어서 그 차로에 따른 통행차의 기준은 [별표 9]와 같다.

② 모든 차의 운전자는 통행하고 있는 차로에서 느린 속도로 진행하여 다른 차의 정상적인 통행을 방해할 우려가 있는 때에는 그 통행하던 차로의 오른쪽 차로로 통행하여야 한다.

③ 차로에 따른 통행차의 기준(규칙 [별표 9])

도 로		차로 구분	통행할 수 있는 차종
고속도로 외의 도로		왼쪽 차로	승용자동차 및 경형·소형·중형 승합자동차
		오른쪽 차로	대형승합자동차, 화물자동차, 특수자동차, 법 제2조제18호나목에 따른 건설기계, 이륜자동차, 원동기장치자전거(개인형 이동장치는 제외)
고속도로	편도 2차로	1차로	앞지르기를 하려는 모든 자동차. 다만, 차량통행량 증가 등 도로상황으로 인하여 부득이하게 80km/h 미만으로 통행할 수밖에 없는 경우에는 앞지르기를 하는 경우가 아니라도 통행할 수 있다.
		2차로	모든 자동차
	편도 3차로 이상	1차로	앞지르기를 하려는 승용자동차 및 앞지르기를 하려는 경형·소형·중형 승합자동차. 다만, 차량통행량 증가 등 도로상황으로 인하여 부득이하게 80km/h 미만으로 통행할 수밖에 없는 경우에는 앞지르기를 하는 경우가 아니라도 통행할 수 있다.
		왼쪽 차로	승용자동차 및 경형·소형·중형 승합자동차
		오른쪽 차로	대형 승합자동차, 화물자동차, 특수자동차, 법 제2조제18호나목에 따른 건설기계

비 고
1. 위 표에서 사용하는 용어의 뜻은 다음과 같다.
   가. "왼쪽 차로"란 다음에 해당하는 차로를 말한다.
      1) 고속도로 외의 도로의 경우 : 차로를 반으로 나누어 1차로에 가까운 부분의 차로. 다만, 차로수가 홀수인 경우 가운데 차로는 제외한다.
      2) 고속도로의 경우 : 1차로를 제외한 차로를 반으로 나누어 그 중 1차로에 가까운 부분의 차로. 다만, 1차로를 제외한 차로의 수가 홀수인 경우 그 중 가운데 차로는 제외한다.
   나. "오른쪽 차로"란 다음에 해당하는 차로를 말한다.
      1) 고속도로 외의 도로의 경우 : 왼쪽 차로를 제외한 나머지 차로
      2) 고속도로의 경우 : 1차로와 왼쪽 차로를 제외한 나머지 차로
2. 모든 차는 위 표에서 지정된 차로보다 오른쪽에 있는 차로로 통행할 수 있다.
3. 앞지르기를 할 때에는 위 표에서 지정된 차로의 왼쪽 바로 옆 차로로 통행할 수 있다.
4. 도로의 진출입 부분에서 진출입하는 때와 정차 또는 주차한 후 출발하는 때의 상당한 거리 동안은 이 표에서 정하는 기준에 따르지 아니할 수 있다.

자동차 등의 속도(규칙 제19조)

① 자동차 등의 운행속도(제1항)

도로구분			최고속도	최저속도
일반도로	21.4.16.까지 유효	편도 1차로	60km/h 이내	–
		편도 2차로 이상	80km/h 이내	
	21.4.17.부터 시행	「국토의 계획 및 이용에 관한 법률」의 규정에 따른 주거지역 · 상업지역 및 공업지역	50km/h 이내	–
		시 · 도경찰청장이 원활한 소통을 위하여 특히 필요하다고 인정하여 지정한 노선 또는 구간	60km/h 이내	
		외의 일반도로	• 60km/h 이내 • 80km/h 이내(편도 2차로 이상의 도로)	
자동차전용도로			90km/h	30km/h
고속도로	편도 1차로		80km/h	50km/h
	편도 2차로 이상	고속도로	• 100km/h • 80km/h(적재중량 1.5ton을 초과하는 화물자동차, 특수자동차, 위험물운반자동차 및 건설기계)	50km/h
		경찰청장이 고속도로의 원활한 소통을 위하여 특히 필요하다고 인정하여 지정 · 고시한 노선 또는 구간	• 120km/h • 90km/h(적재중량 1.5ton을 초과하는 화물자동차, 특수자동차, 위험물운반자동차 및 건설기계)	50km/h

② 비 · 안개 · 눈 등으로 인한 악천후 시의 감속운행(제2항 전단)

㉠ 최고속도의 100분의 20을 줄인 속도로 운행
- 비가 내려 노면이 젖어 있는 경우
- 눈이 20mm 미만 쌓인 경우

ⓛ 최고속도의 100분의 50을 줄인 속도로 운행
- 폭우 · 폭설 · 안개 등으로 가시거리가 100m 이내인 경우
- 노면이 얼어붙은 경우
- 눈이 20mm 이상 쌓인 경우

③ 경찰청장 또는 시 · 도경찰청장이 가변형 속도제한표지로 최고속도를 정한 경우에는 이에 따라야 하며, 가변형 속도제한표지로 정한 최고속도와 그 밖의 안전표지로 정한 최고속도가 다를 때에는 가변형 속도제한표지에 따라야 한다(제2항 단서).

안전거리 확보 등(법 제19조)

① 모든 차의 운전자는 같은 방향으로 가고 있는 앞차의 뒤를 따르는 경우에는 앞차가 갑자기 정지하게 되는 경우 그 앞차와의 충돌을 피할 수 있는 필요한 거리를 확보하여야 한다.
② 자동차 등의 운전자는 같은 방향으로 가고 있는 자전거 등의 운전자에 주의하여야 하며, 그 옆을 지날 때에는 자전거 등과의 충돌을 피할 수 있는 필요한 거리를 확보하여야 한다.
③ 모든 차의 운전자는 차의 진로를 변경하려는 경우에 그 변경하려는 방향으로 오고 있는 다른 차의 정상적인 통행에 장애를 줄 우려가 있을 때에는 진로를 변경하여서는 아니 된다.
④ 모든 차의 운전자는 위험방지를 위한 경우와 그 밖의 부득이한 경우가 아니면 운전하는 차를 갑자기 정지시키거나 속도를 줄이는 등의 급제동을 하여서는 아니 된다.

진로 양보의 의무(법 제20조)

① 모든 차(긴급자동차는 제외)의 운전자는 뒤에서 따라오는 차보다 느린 속도로 가려는 경우에는 도로의 우측 가장자리로 피하여 진로를 양보하여야 한다. 다만, 통행 구분이 설치된 도로의 경우에는 그러하지 아니하다.
② 좁은 도로에서 긴급자동차 외의 자동차가 서로 마주보고 진행할 때에는 다음의 구분에 따른 자동차가 도로의 우측 가장자리로 피하여 진로를 양보하여야 한다.
㉠ 비탈진 좁은 도로에서 자동차가 서로 마주보고 진행하는 경우에는 올라가는 자동차
ⓛ 비탈진 좁은 도로 외의 좁은 도로에서 사람을 태웠거나 물건을 실은 자동차와 동승자가 없고 물건을 싣지 아니한 자동차가 서로 마주보고 진행하는 경우에는 동승자가 없고 물건을 싣지 아니한 자동차

앞지르기 방법 등(법 제21조)

① 모든 차의 운전자는 다른 차를 앞지르려면 앞차의 좌측으로 통행하여야 한다.
② ①의 경우 앞지르려고 하는 모든 차의 운전자는 반대방향의 교통과 앞차 앞쪽의 교통에도 주의를 충분히 기울여야 하며, 앞차의 속도 · 진로와 그 밖의 도로상황에 따라 방향지시기 · 등화 또는 경음기를 사용하는 등 안전한 속도와 방법으로 앞지르기를 하여야 한다.
③ 모든 차의 운전자는 앞지르기를 하는 차가 있을 때에는 속도를 높여 경쟁하거나 그 차의 앞을 가로막는 등의 방법으로 앞지르기를 방해하여서는 아니 된다.

▌앞지르기 금지의 시기 및 장소(법 제22조)

① 모든 차의 운전자는 다음의 어느 하나에 해당하는 경우에는 앞차를 앞지르지 못한다.
 ㉠ 앞차의 좌측에 다른 차가 앞차와 나란히 가고 있는 경우
 ㉡ 앞차가 다른 차를 앞지르고 있거나 앞지르려고 하는 경우

② 모든 차의 운전자는 다음의 어느 하나에 해당하는 다른 차를 앞지르지 못한다.
 ㉠ 이 법이나 이 법에 따른 명령에 따라 정지하거나 서행하고 있는 차
 ㉡ 경찰공무원의 지시에 따라 정지하거나 서행하고 있는 차
 ㉢ 위험을 방지하기 위하여 정지하거나 서행하고 있는 차

③ 모든 차의 운전자는 다음의 어느 하나에 해당하는 곳에서는 다른 차를 앞지르지 못한다.
 ㉠ 교차로, 터널 안, 다리 위
 ㉡ 도로의 구부러진 곳, 비탈길의 고갯마루 부근 또는 가파른 비탈길의 내리막 등 시·도경찰청장이 도로에서의 위험을 방지하고 교통의 안전과 원활한 소통을 확보하기 위하여 필요하다고 인정하는 곳으로서 안전표지로 지정한 곳

▌철길 건널목의 통과(법 제24조)

① 모든 차 또는 노면전차의 운전자는 철길 건널목(이하 "건널목")을 통과하려는 경우에는 건널목 앞에서 일시정지하여 안전한지 확인한 후에 통과하여야 한다. 다만, 신호기 등이 표시하는 신호에 따르는 경우에는 정지하지 아니하고 통과할 수 있다.

② 모든 차 또는 노면전차의 운전자는 건널목의 차단기가 내려져 있거나 내려지려고 하는 경우 또는 건널목의 경보기가 울리고 있는 동안에는 그 건널목으로 들어가서는 아니 된다.

③ 모든 차 또는 노면전차의 운전자는 건널목을 통과하다가 고장 등의 사유로 건널목 안에서 차 또는 노면전차를 운행할 수 없게 된 경우에는 즉시 승객을 대피시키고 비상신호기 등을 사용하거나 그 밖의 방법으로 철도공무원이나 경찰공무원에게 그 사실을 알려야 한다.

▌교차로 통행방법(법 제25조)

① 모든 차의 운전자는 교차로에서 우회전을 하려는 경우에는 미리 도로의 우측 가장자리를 서행하면서 우회전하여야 한다. 이 경우 우회전하는 차의 운전자는 신호에 따라 정지하거나 진행하는 보행자 또는 자전거 등에 주의하여야 한다.

② 모든 차의 운전자는 교차로에서 좌회전을 하려는 경우에는 미리 도로의 중앙선을 따라 서행하면서 교차로의 중심 안쪽을 이용하여 좌회전하여야 한다. 다만, 시·도경찰청장이 교차로의 상황에 따라 특히 필요하다고 인정하여 지정한 곳에서는 교차로의 중심 바깥쪽을 통과할 수 있다.

③ ①부터 ②까지의 규정에 따라 우회전이나 좌회전을 하기 위하여 손이나 방향지시기 또는 등화로써 신호를 하는 차가 있는 경우에 그 뒤차의 운전자는 신호를 한 앞차의 진행을 방해하여서는 아니 된다.

④ 모든 차 또는 노면전차의 운전자는 신호기로 교통정리를 하고 있는 교차로에 들어가려는 경우에는 진행하려는 진로의 앞쪽에 있는 차 또는 노면전차의 상황에 따라 교차로(정지선이 설치되어 있는 경우에는 그 정지선을 넘은 부분)에 정지하게 되어 다른 차 또는 노면전차의 통행에 방해가 될 우려가 있는 경우에는 그 교차로에 들어가서는 아니 된다.

⑤ 모든 차의 운전자는 교통정리를 하고 있지 아니하고 일시정지나 양보를 표시하는 안전표지가 설치되어 있는 교차로에 들어가려고 할 때에는 다른 차의 진행을 방해하지 아니하도록 일시정지하거나 양보하여야 한다.

교통정리가 없는 교차로에서의 양보운전(법 제26조)

① 교통정리를 하고 있지 아니하는 교차로에 들어가려고 하는 차의 운전자는 이미 교차로에 들어가 있는 다른 차가 있을 때에는 그 차에 진로를 양보하여야 한다.
② 교통정리를 하고 있지 아니하는 교차로에 들어가려고 하는 차의 운전자는 그 차가 통행하고 있는 도로의 폭보다 교차하는 도로의 폭이 넓은 경우에는 서행하여야 하며, 폭이 넓은 도로로부터 교차로에 들어가려고 하는 다른 차가 있을 때에는 그 차에 진로를 양보하여야 한다.
③ 교통정리를 하고 있지 아니하는 교차로에 동시에 들어가려고 하는 차의 운전자는 우측도로의 차에 진로를 양보하여야 한다.
④ 교통정리를 하고 있지 아니하는 교차로에서 좌회전하려고 하는 차의 운전자는 그 교차로에서 직진하거나 우회전하려는 다른 차가 있을 때에는 그 차에 진로를 양보하여야 한다.

보행자의 보호(법 제27조)

① 모든 차 또는 노면전차의 운전자는 보행자(자전거 등에서 내려서 자전거 등을 끌거나 들고 통행하는 자전거 등의 운전자를 포함)가 횡단보도를 통행하고 있을 때에는 보행자의 횡단을 방해하거나 위험을 주지 아니하도록 그 횡단보도 앞(정지선이 설치되어 있는 곳에서는 그 정지선)에서 일시정지하여야 한다.
② 모든 차 또는 노면전차의 운전자는 교통정리를 하고 있는 교차로에서 좌회전이나 우회전을 하려는 경우에는 신호기 또는 경찰공무원 등의 신호나 지시에 따라 도로를 횡단하는 보행자의 통행을 방해하여서는 아니 된다.
③ 모든 차의 운전자는 교통정리를 하고 있지 아니하는 교차로 또는 그 부근의 도로를 횡단하는 보행자의 통행을 방해하여서는 아니 된다.
④ 모든 차의 운전자는 도로에 설치된 안전지대에 보행자가 있는 경우와 차로가 설치되지 아니한 좁은 도로에서 보행자의 옆을 지나는 경우에는 안전한 거리를 두고 서행하여야 한다.
⑤ 모든 차 또는 노면전차의 운전자는 보행자가 횡단보도가 설치되어 있지 아니한 도로를 횡단하고 있을 때에는 안전거리를 두고 일시정지하여 보행자가 안전하게 횡단할 수 있도록 하여야 한다.

긴급자동차의 우선 통행(법 제29조)

① 긴급자동차는 긴급하고 부득이한 경우에는 도로의 중앙이나 좌측 부분을 통행할 수 있다.
② 긴급자동차는 이 법이나 이 법에 따른 명령에 따라 정지하여야 하는 경우에도 불구하고 긴급하고 부득이한 경우에는 정지하지 아니할 수 있다.
③ 긴급자동차의 운전자는 ①이나 ②의 경우에 교통안전에 특히 주의하면서 통행하여야 한다.
④ 교차로나 그 부근에서 긴급자동차가 접근하는 경우에는 차마와 노면전차의 운전자는 교차로를 피하여 일시정지하여야 한다.

서행 또는 일시정지할 장소(법 제31조)

① 모든 차 또는 노면전차의 운전자는 다음의 어느 하나에 해당하는 곳에서는 서행하여야 한다.
㉠ 교통정리를 하고 있지 아니하는 교차로, 도로가 구부러진 부근, 비탈길의 고갯마루 부근, 가파른 비탈길의 내리막
㉡ 시・도경찰청장이 도로에서의 위험을 방지하고 교통의 안전과 원활한 소통을 확보하기 위하여 필요하다고 인정하여 안전표지로 지정한 곳
② 모든 차 또는 노면전차의 운전자는 다음의 어느 하나에 해당하는 곳에서는 일시정지하여야 한다.
㉠ 교통정리를 하고 있지 아니하고 좌우를 확인할 수 없거나 교통이 빈번한 교차로
㉡ 시・도경찰청장이 도로에서의 위험을 방지하고 교통의 안전과 원활한 소통을 확보하기 위하여 필요하다고 인정하여 안전표지로 지정한 곳

정차 및 주차의 금지 장소(법 제32조)

모든 차의 운전자는 다음의 어느 하나에 해당하는 곳에서는 차를 정차하거나 주차하여서는 아니 된다. 다만, 이 법이나 이 법에 따른 명령 또는 경찰공무원의 지시를 따르는 경우와 위험방지를 위하여 일시정지하는 경우에는 그러하지 아니하다.
① 교차로・횡단보도・건널목이나 보도와 차도가 구분된 도로의 보도(「주차장법」에 따라 차도와 보도에 걸쳐서 설치된 노상주차장은 제외)
② 교차로의 가장자리나 도로의 모퉁이로부터 5m 이내인 곳
③ 안전지대가 설치된 도로에서는 그 안전지대의 사방으로부터 각각 10m 이내인 곳
④ 버스여객자동차의 정류지(停留地)임을 표시하는 기둥이나 표지판 또는 선이 설치된 곳으로부터 10m 이내인 곳. 다만, 버스여객자동차의 운전자가 그 버스여객자동차의 운행시간 중에 운행노선에 따르는 정류장에서 승객을 태우거나 내리기 위하여 차를 정차하거나 주차하는 경우에는 그러하지 아니하다.
⑤ 건널목의 가장자리 또는 횡단보도로부터 10m 이내인 곳
⑥ 다음의 곳으로부터 5m 이내인 곳
㉠ 「소방기본법」 제10조에 따른 소방용수시설 또는 비상소화장치가 설치된 곳
㉡ 「화재예방, 소방시설 설치・유지 및 안전관리에 관한 법률」 제2조제1항제1호에 따른 소방시설로서 대통령령으로 정하는 시설이 설치된 곳
⑦ 시・도경찰청장이 도로에서의 위험을 방지하고 교통의 안전과 원활한 소통을 확보하기 위하여 필요하다고 인정하여 지정한 곳
⑧ 시장 등이 제12조제1항에 따라 지정한 어린이 보호구역 〈시행일 2021. 10. 21.〉

주차금지 장소(법 제33조)

모든 차의 운전자는 다음의 어느 하나에 해당하는 곳에 차를 주차해서는 아니 된다.
① 터널 안 및 다리 위

② 다음 각 목의 곳으로부터 5m 이내인 곳

㉠ 도로공사를 하고 있는 경우에는 그 공사 구역의 양쪽 가장자리

㉡ 「다중이용업소의 안전관리에 관한 특별법」에 따른 다중이용업소의 영업장이 속한 건축물로 소방본부장의 요청에 의하여 시·도경찰청장이 지정한 곳

③ 시·도경찰청장이 도로에서의 위험을 방지하고 교통의 안전과 원활한 소통을 확보하기 위하여 필요하다고 인정하여 지정한 곳

▌정차 또는 주차의 방법 등(영 제11조)

① 차의 운전자가 지켜야 하는 정차 또는 주차의 방법 및 시간은 다음과 같다.

㉠ 모든 차의 운전자는 도로에서 정차할 때에는 차도의 오른쪽 가장자리에 정차할 것. 다만, 차도와 보도의 구별이 없는 도로의 경우에는 도로의 오른쪽 가장자리로부터 중앙으로 50cm 이상의 거리를 두어야 한다.

㉡ 여객자동차의 운전자는 승객을 태우거나 내려주기 위하여 정류소 또는 이에 준하는 장소에서 정차하였을 때에는 승객이 타거나 내린 즉시 출발하여야 하며 뒤따르는 다른 차의 정차를 방해하지 아니할 것

㉢ 모든 차의 운전자는 도로에서 주차할 때에는 시·도경찰청장이 정하는 주차의 장소·시간 및 방법에 따를 것

② 모든 차의 운전자는 ①에 따라 정차하거나 주차할 때에는 다른 교통에 방해가 되지 아니하도록 하여야 한다. 다만, 다음의 어느 하나에 해당하는 경우에는 그러하지 아니하다.

㉠ 안전표지 또는 다음의 어느 하나에 해당하는 사람의 지시에 따르는 경우

- 경찰공무원(의무경찰을 포함)
- 제주특별자치도의 자치경찰공무원(이하 "자치경찰공무원")
- 경찰공무원(자치경찰공무원을 포함한다. 이하 같다)을 보조하는 제6조 각 호의 어느 하나에 해당하는 사람

㉡ 고장으로 인하여 부득이하게 주차하는 경우

③ 자동차의 운전자는 경사진 곳에 정차하거나 주차(도로 외의 경사진 곳에서 정차하거나 주차하는 경우를 포함)하려는 경우 자동차의 주차제동장치를 작동한 후에 다음의 어느 하나에 해당하는 조치를 취하여야 한다. 다만, 운전자가 운전석을 떠나지 아니하고 직접 제동장치를 작동하고 있는 경우는 제외한다.

㉠ 경사의 내리막 방향으로 바퀴에 고임목, 고임돌, 그 밖에 고무, 플라스틱 등 자동차의 미끄럼 사고를 방지할 수 있는 것을 설치할 것

㉡ 조향장치(操向裝置)를 도로의 가장자리(자동차에서 가까운 쪽을 말한다) 방향으로 돌려놓을 것

㉢ 그 밖에 ㉠ 또는 ㉡에 준하는 방법으로 미끄럼 사고의 발생 방지를 위한 조치를 취할 것

차와 노면전차의 등화(법 제37조)

① 모든 차 또는 노면전차의 운전자는 다음의 어느 하나에 해당하는 경우에는 대통령령으로 정하는 바에 따라 전조등, 차폭등, 미등과 그 밖의 등화를 켜야 한다.

> 밤에 도로에서 차를 운행하는 경우 등의 등화(영 제19조)
>
> ① 차 또는 노면전차의 운전자가 법 제37조제1항 각 호에 따라 도로에서 차 또는 노면전차를 운행할 때 켜야 하는 등화(燈火)의 종류는 다음의 구분에 따른다.
>
> 1. 자동차 : 자동차안전기준에서 정하는 전조등, 차폭등, 미등, 번호등과 실내조명등(실내조명등은 승합자동차와 「여객자동차 운수사업법」에 따른 여객자동차운송사업용 승용자동차만 해당)
> 2. 원동기장치자전거 : 전조등 및 미등
> 3. 견인되는 차 : 미등 · 차폭등 및 번호등
> 4. 노면전차 : 전조등, 차폭등, 미등 및 실내조명등
> 5. 제1호부터 제4호까지의 규정 외의 차 : 시 · 도경찰청장이 정하여 고시하는 등화
>
> ② 차 또는 노면전차의 운전자가 법 제37조제1항 각 호에 따라 도로에서 정차하거나 주차할 때 켜야 하는 등화의 종류는 다음의 구분에 따른다.
>
> 1. 자동차(이륜자동차는 제외) : 자동차안전기준에서 정하는 미등 및 차폭등
> 2. 이륜자동차 및 원동기장치자전거 : 미등(후부 반사기를 포함)
> 3. 노면전차 : 차폭등 및 미등
> 4. 제1호부터 제3호까지의 규정 외의 차 : 시 · 도경찰청장이 정하여 고시하는 등화

㉠ 밤(해가 진 후부터 해가 뜨기 전까지를 말한다. 이하 같다)에 도로에서 차 또는 노면전차를 운행하거나 고장이나 그 밖의 부득이한 사유로 도로에서 차 또는 노면전차를 정차 또는 주차하는 경우

㉡ 안개가 끼거나 비 또는 눈이 올 때에 도로에서 차 또는 노면전차를 운행하거나 고장이나 그 밖의 부득이한 사유로 도로에서 차 또는 노면전차를 정차 또는 주차하는 경우

㉢ 터널 안을 운행하거나 고장 또는 그 밖의 부득이한 사유로 터널 안 도로에서 차 또는 노면전차를 정차 또는 주차하는 경우

② 모든 차 또는 노면전차의 운전자는 밤에 차 또는 노면전차가 서로 마주보고 진행하거나 앞차의 바로 뒤를 따라가는 경우에는 대통령령으로 정하는 바에 따라 등화의 밝기를 줄이거나 잠시 등화를 끄는 등의 필요한 조작을 하여야 한다.

> 마주보고 진행하는 경우 등의 등화 조작(영 제20조)
>
> ① 법 제37조제2항에 따라 모든 차 또는 노면전차의 운전자는 밤에 운행할 때에는 다음의 방법으로 등화를 조작하여야 한다.
>
> 1. 서로 마주보고 진행할 때에는 전조등의 밝기를 줄이거나 불빛의 방향을 아래로 향하게 하거나 잠시 전조등을 끌 것. 다만, 도로의 상황으로 보아 마주보고 진행하는 차 또는 노면전차의 교통을 방해할 우려가 없는 경우에는 그러하지 아니하다.
> 2. 앞의 차 또는 노면전차의 바로 뒤를 따라갈 때에는 전조등 불빛의 방향을 아래로 향하게 하고, 전조등 불빛의 밝기를 함부로 조작하여 앞의 차 또는 노면전차의 운전을 방해하지 아니할 것
>
> ② 모든 차 또는 노면전차의 운전자는 교통이 빈번한 곳에서 운행할 때에는 전조등 불빛의 방향을 계속 아래로 유지하여야 한다. 다만, 시 · 도경찰청장이 교통의 안전과 원활한 소통을 확보하기 위하여 필요하다고 인정하여 지정한 지역에서는 그러하지 아니하다.

■ 승차의 방법과 제한(법 제39조)

① 모든 차의 운전자는 승차 인원, 적재중량 및 적재용량에 관하여 대통령령으로 정하는 운행상의 안전기준을 넘어서 승차시키거나 적재한 상태로 운전하여서는 아니 된다.
② 모든 차 또는 노면전차의 운전자는 운전 중 타고 있는 사람 또는 타고 내리는 사람이 떨어지지 아니하도록 하기 위하여 문을 정확히 여닫는 등 필요한 조치를 하여야 한다.
③ 모든 차의 운전자는 운전 중 실은 화물이 떨어지지 아니하도록 덮개를 씌우거나 묶는 등 확실하게 고정될 수 있도록 필요한 조치를 하여야 한다.

제4절 운전자 및 고용주 등의 의무

■ 운전 등의 금지

① 무면허운전 등의 금지(법 제43조) : 누구든지 제80조에 따라 시·도경찰청장으로부터 운전면허를 받지 아니하거나 운전면허의 효력이 정지된 경우에는 자동차 등을 운전하여서는 아니 된다.
② 술에 취한 상태에서의 운전 금지(법 제44조)
　㉠ 누구든지 술에 취한 상태에서 자동차 등(「건설기계관리법」 제26조제1항 단서에 따른 건설기계 외의 건설기계를 포함한다. 이하 이 조, 제45조, 제47조, 제93조제1항제1호부터 제4호까지 및 제148조의2에서 같다), 노면전차 또는 자전거를 운전하여서는 아니 된다.
　㉡ 경찰공무원은 교통의 안전과 위험방지를 위하여 필요하다고 인정하거나 ㉠을 위반하여 술에 취한 상태에서 자동차 등, 노면전차 또는 자전거를 운전하였다고 인정할 만한 상당한 이유가 있는 경우에는 운전자가 술에 취하였는지를 호흡조사로 측정할 수 있다. 이 경우 운전자는 경찰공무원의 측정에 응하여야 한다.
　㉢ ㉡에 따른 측정 결과에 불복하는 운전자에 대하여는 그 운전자의 동의를 받아 혈액 채취 등의 방법으로 다시 측정할 수 있다.
　㉣ ㉠에 따라 운전이 금지되는 술에 취한 상태의 기준은 운전자의 혈중알코올농도가 0.03% 이상인 경우로 한다.
③ 과로한 때 등의 운전 금지(법 제45조) : 자동차 등(개인형 이동장치는 제외) 또는 노면전차의 운전자는 술에 취한 상태 외에 과로, 질병 또는 약물(마약, 대마 및 향정신성의약품과 그 밖에 행정안전부령으로 정하는 것을 말한다. 이하 같다)의 영향과 그 밖의 사유로 정상적으로 운전하지 못할 우려가 있는 상태에서 자동차 등 또는 노면전차를 운전하여서는 아니 된다.
④ 공동 위험행위의 금지(법 제46조) : 자동차 등(개인형 이동장치는 제외한다. 이하 이 조에서 같다)의 운전자는 도로에서 2명 이상이 공동으로 2대 이상의 자동차 등을 정당한 사유 없이 앞뒤로 또는 좌우로 줄지어 통행하면서 다른 사람에게 위해(危害)를 끼치거나 교통상의 위험을 발생하게 하여서는 아니 된다. 자동차 등의 동승자 또한 공동 위험행위를 주도하여서는 아니 된다.
⑤ 난폭운전 금지(법 제46조의3) : 자동차 등(개인형 이동장치는 제외)의 운전자는 다음 중 둘 이상의 행위를 연달아 하거나, 하나의 행위를 지속 또는 반복하여 다른 사람에게 위협 또는 위해를 가하거나 교통상의 위험을 발생하게 하여서는 아니 된다.
　㉠ 규정에 따른 신호 또는 지시 위반

㉡ 규정에 따른 중앙선 침범
㉢ 규정에 따른 속도의 위반
㉣ 규정에 따른 횡단 · 유턴 · 후진 금지 위반
㉤ 규정에 따른 안전거리 미확보, 진로변경 금지 위반, 급제동 금지 위반
㉥ 규정에 따른 앞지르기 방법 또는 앞지르기의 방해금지 위반
㉦ 규정에 따른 정당한 사유 없는 소음 발생
㉧ 규정에 따른 고속도로에서의 앞지르기 방법 위반
㉨ 규정에 따른 고속도로 등에서의 횡단 · 유턴 · 후진 금지 위반

모든 운전자의 준수사항 등(법 제49조제1항)

① 물이 고인 곳을 운행할 때에는 고인 물을 튀게 하여 다른 사람에게 피해를 주는 일이 없도록 할 것
② 다음의 어느 하나에 해당하는 경우에는 일시정지할 것
㉠ 어린이가 보호자 없이 도로를 횡단할 때, 어린이가 도로에서 앉아 있거나 서 있을 때 또는 어린이가 도로에서 놀이를 할 때 등 어린이에 대한 교통사고의 위험이 있는 것을 발견한 경우
㉡ 앞을 보지 못하는 사람이 흰색 지팡이를 가지거나 장애인보조견을 동반하는 등의 조치를 하고 도로를 횡단하고 있는 경우
㉢ 지하도나 육교 등 도로 횡단시설을 이용할 수 없는 지체장애인이나 노인 등이 도로를 횡단하고 있는 경우
③ 자동차의 앞면 창유리와 운전석 좌우 옆면 창유리의 가시광선(可視光線)의 투과율이 대통령령으로 정하는 기준보다 낮아 교통안전 등에 지장을 줄 수 있는 차를 운전하지 아니할 것. 다만, 요인(要人) 경호용, 구급용 및 장의용(葬儀用) 자동차는 제외한다.
④ 교통단속용 장비의 기능을 방해하는 장치를 한 차나 그 밖에 안전운전에 지장을 줄 수 있는 것으로서 행정안전부령으로 정하는 기준에 적합하지 아니한 장치를 한 차를 운전하지 아니할 것. 다만, 「자동차관리법」에 따른 자율주행자동차의 신기술 개발을 위한 장치를 장착하는 경우에는 그러하지 아니하다.
⑤ 도로에서 자동차 등(개인형 이동장치는 제외한다. 이하 이 조에서 같다) 또는 노면전차를 세워둔 채 시비 · 다툼 등의 행위를 하여 다른 차마의 통행을 방해하지 아니할 것
⑥ 운전자가 차 또는 노면전차를 떠나는 경우에는 교통사고를 방지하고 다른 사람이 함부로 운전하지 못하도록 필요한 조치를 할 것
⑦ 운전자는 안전을 확인하지 아니하고 차 또는 노면전차의 문을 열거나 내려서는 아니 되며, 동승자가 교통의 위험을 일으키지 아니하도록 필요한 조치를 할 것
⑧ 운전자는 정당한 사유 없이 다음의 어느 하나에 해당하는 행위를 하여 다른 사람에게 피해를 주는 소음을 발생시키지 아니할 것
㉠ 자동차 등을 급히 출발시키거나 속도를 급격히 높이는 행위
㉡ 자동차 등의 원동기 동력을 차의 바퀴에 전달시키지 아니하고 원동기의 회전수를 증가시키는 행위

㉢ 반복적이거나 연속적으로 경음기를 울리는 행위

⑨ 운전자는 승객이 차 안에서 안전운전에 현저히 장해가 될 정도로 춤을 추는 등 소란행위를 하도록 내버려두고 차를 운행하지 아니할 것

⑩ 운전자는 자동차등 또는 노면전차의 운전 중에는 휴대용 전화(자동차용 전화를 포함)를 사용하지 아니할 것. 다만, 다음의 어느 하나에 해당하는 경우에는 그러하지 아니하다.

㉠ 자동차 등 또는 노면전차가 정지하고 있는 경우

㉡ 긴급자동차를 운전하는 경우

㉢ 각종 범죄 및 재해 신고 등 긴급한 필요가 있는 경우

㉣ 안전운전에 장애를 주지 아니하는 장치로서 대통령령으로 정하는 장치를 이용하는 경우

⑪ 자동차 등 또는 노면전차의 운전 중에는 방송 등 영상물을 수신하거나 재생하는 장치(운전자가 휴대하는 것을 포함하며, 이하 "영상표시장치")를 통하여 운전자가 운전 중 볼 수 있는 위치에 영상이 표시되지 아니하도록 할 것. 다만, 다음의 어느 하나에 해당하는 경우에는 그러하지 아니하다.

㉠ 자동차 등 또는 노면전차가 정지하고 있는 경우

㉡ 자동차 등 또는 노면전차에 장착하거나 거치하여 놓은 영상표시장치에 다음의 영상이 표시되는 경우

- 지리안내 영상 또는 교통정보안내 영상
- 국가비상사태・재난상황 등 긴급한 상황을 안내하는 영상
- 운전을 할 때 자동차 등 또는 노면전차의 좌우 또는 전후방을 볼 수 있도록 도움을 주는 영상

⑫ 자동차등 또는 노면전차의 운전 중에는 영상표시장치를 조작하지 아니할 것. 다만, 다음의 어느 하나에 해당하는 경우에는 그러하지 아니하다.

㉠ 자동차 등과 노면전차가 정지하고 있는 경우

㉡ 노면전차 운전자가 운전에 필요한 영상표시장치를 조작하는 경우

⑬ 운전자는 자동차의 화물 적재함에 사람을 태우고 운행하지 아니할 것

⑭ 그 밖에 시・도경찰청장이 교통안전과 교통질서 유지에 필요하다고 인정하여 지정・공고한 사항에 따를 것

특정 운전자의 준수사항(법 제50조)

① 자동차(이륜자동차는 제외)의 운전자는 자동차를 운전할 때에는 좌석안전띠를 매어야 하며, 모든 좌석의 동승자에게도 좌석안전띠(영유아인 경우에는 유아보호용 장구를 장착한 후의 좌석안전띠)를 매도록 하여야 한다. 다만, 질병 등으로 인하여 좌석안전띠를 매는 것이 곤란하거나 행정안전부령으로 정하는 사유가 있는 경우에는 그러하지 아니하다(제1항).

좌석안전띠 미착용 사유(규칙 제31조)

법 제50조제1항 단서 및 법 제53조제2항 단서에 따라 좌석안전띠를 매지 아니하거나 승차자에게 좌석안전띠를 매도록 하지 아니하여도 되는 경우는 다음의 어느 하나에 해당하는 경우로 한다.

1. 부상·질병·장애 또는 임신 등으로 인하여 좌석안전띠의 착용이 적당하지 아니하다고 인정되는 자가 자동차를 운전하거나 승차하는 때
2. 자동차를 후진시키기 위하여 운전하는 때
3. 신장·비만, 그 밖의 신체의 상태에 의하여 좌석안전띠의 착용이 적당하지 아니하다고 인정되는 자가 자동차를 운전하거나 승차하는 때
4. 긴급자동차가 그 본래의 용도로 운행되고 있는 때
5. 경호 등을 위한 경찰용 자동차에 의하여 호위되거나 유도되고 있는 자동차를 운전하거나 승차하는 때
6. 「국민투표법」 및 공직선거관계법령에 의하여 국민투표운동·선거운동 및 국민투표·선거관리업무에 사용되는 자동차를 운전하거나 승차하는 때
7. 우편물의 집배, 폐기물의 수집 그 밖에 빈번히 승강하는 것을 필요로 하는 업무에 종사하는 자가 해당업무를 위하여 자동차를 운전하거나 승차하는 때
8. 「여객자동차 운수사업법」에 의한 여객자동차운송사업용 자동차의 운전자가 승객의 주취·약물복용 등으로 좌석안전띠를 매도록 할 수 없거나 승객에게 좌석안전띠 착용을 안내하였음에도 불구하고 승객이 착용하지 않는 때

② 사업용 승용자동차의 운전자는 합승행위 또는 승차거부를 하거나 신고한 요금을 초과하는 요금을 받아서는 아니 된다(제6항).

어린이통학버스의 특별보호(법 제51조)

① 어린이통학버스가 도로에 정차하여 어린이나 영유아가 타고 내리는 중임을 표시하는 점멸등 등의 장치를 작동 중일 때에는 어린이통학버스가 정차한 차로와 그 차로의 바로 옆 차로로 통행하는 차의 운전자는 어린이통학버스에 이르기 전에 일시정지하여 안전을 확인한 후 서행하여야 한다.

② ①의 경우 중앙선이 설치되지 아니한 도로와 편도 1차로인 도로에서는 반대방향에서 진행하는 차의 운전자도 어린이통학버스에 이르기 전에 일시정지하여 안전을 확인한 후 서행하여야 한다.

③ 모든 차의 운전자는 어린이나 영유아를 태우고 있다는 표시를 한 상태로 도로를 통행하는 어린이통학버스를 앞지르지 못한다.

사고발생 시의 조치(법 제54조)

① 차 또는 노면전차의 운전 등 교통으로 인하여 사람을 사상하거나 물건을 손괴(이하 "교통사고")한 경우에는 그 차 또는 노면전차의 운전자나 그 밖의 승무원(이하 "운전자 등")은 즉시 정차하여 다음의 조치를 하여야 한다.

㉠ 사상자를 구호하는 등 필요한 조치

㉡ 피해자에게 인적 사항(성명·전화번호·주소 등) 제공

② ①의 경우 그 차 또는 노면전차의 운전자 등은 경찰공무원이 현장에 있을 때에는 그 경찰공무원에게, 경찰공무원이 현장에 없을 때에는 가장 가까운 국가경찰관서(지구대, 파출소 및 출장소를 포함한다. 이하 같다)에 다음의 사항을 지체 없이 신고하여야 한다. 다만, 차 또는 노면전차만 손괴된 것이 분명하고 도로에서의 위험방지와 원활한 소통을 위하여 필요한 조치를 한 경우에는 그러하지 아니하다.

㉠ 사고가 일어난 곳
㉡ 사상자 수 및 부상 정도
㉢ 손괴한 물건 및 손괴 정도
㉣ 그 밖의 조치사항 등

③ 사고발생 시 조치에 대한 방해의 금지(법 제55조) : 교통사고가 일어난 경우에는 누구든지 ① 및 ②에 따른 운전자 등의 조치 또는 신고행위를 방해하여서는 아니 된다.

제5절 고속도로 등에서의 특례

▌갓길 통행금지 등(법 제60조)

① 자동차의 운전자는 고속도로 등에서 자동차의 고장 등 부득이한 사정이 있는 경우를 제외하고는 행정안전부령으로 정하는 차로에 따라 통행하여야 하며, 갓길(「도로법」에 따른 길어깨)로 통행하여서는 아니 된다. 다만, 다음의 어느 하나에 해당하는 경우에는 그러하지 아니하다.
㉠ 긴급자동차와 고속도로 등의 보수・유지 등의 작업을 하는 자동차를 운전하는 경우
㉡ 차량정체 시 신호기 또는 경찰공무원 등의 신호나 지시에 따라 갓길에서 자동차를 운전하는 경우

② 자동차의 운전자는 고속도로에서 다른 차를 앞지르려면 방향지시기, 등화 또는 경음기를 사용하여 행정안전부령으로 정하는 차로로 안전하게 통행하여야 한다.

▌횡단・통행 등의 금지

① **횡단 등의 금지(법 제62조 전단)** : 자동차의 운전자는 그 차를 운전하여 고속도로 등을 횡단하거나 유턴 또는 후진하여서는 아니 된다.

② **통행 등의 금지(법 제63조)** : 자동차(이륜자동차는 긴급자동차만 해당) 외의 차마의 운전자 또는 보행자는 고속도로 등을 통행하거나 횡단하여서는 아니 된다.

▌고속도로 등에서의 정차 및 주차의 금지(법 제64조)

자동차의 운전자는 고속도로 등에서 차를 정차하거나 주차시켜서는 아니 된다. 다만, 다음의 어느 하나에 해당하는 경우에는 그러하지 아니하다.

① 법령의 규정 또는 경찰공무원(자치경찰공무원은 제외)의 지시에 따르거나 위험을 방지하기 위하여 일시 정차 또는 주차시키는 경우
② 정차 또는 주차할 수 있도록 안전표지를 설치한 곳이나 정류장에서 정차 또는 주차시키는 경우
③ 고장이나 그 밖의 부득이한 사유로 길가장자리구역(갓길을 포함)에 정차 또는 주차시키는 경우
④ 통행료를 내기 위하여 통행료를 받는 곳에서 정차하는 경우
⑤ 도로의 관리자가 고속도로 등을 보수・유지 또는 순회하기 위하여 정차 또는 주차시키는 경우
⑥ 경찰용 긴급자동차가 고속도로 등에서 범죄수사, 교통단속이나 그 밖의 경찰임무를 수행하기 위하여 정차 또는 주차시키는 경우

⑦ 소방차가 고속도로 등에서 화재진압 및 인명 구조·구급 등 소방활동, 소방지원활동 및 생활안전활동을 수행하기 위하여 정차 또는 주차시키는 경우
⑧ 경찰용 긴급자동차 및 소방차를 제외한 긴급자동차가 사용 목적을 달성하기 위하여 정차 또는 주차시키는 경우
⑨ 교통이 밀리거나 그 밖의 부득이한 사유로 움직일 수 없을 때에 고속도로 등의 차로에 일시 정차 또는 주차시키는 경우

고장 등의 조치

① 자동차의 운전자는 고장이나 그 밖의 사유로 고속도로 등에서 자동차를 운행할 수 없게 되었을 때에는 행정안전부령으로 정하는 표지(이하 "고장자동차의 표지")를 설치하여야 하며, 그 자동차를 고속도로 등이 아닌 다른 곳으로 옮겨 놓는 등의 필요한 조치를 하여야 한다(법 제66조).
② ①에 따라 고속도로 등에서 자동차를 운행할 수 없게 되었을 때에는 다음의 표지를 설치하여야 한다(규칙 제40조제1항).
㉠ 「자동차관리법 시행령」, 「자동차 및 자동차부품의 성능과 기준에 관한 규칙」에 따른 안전삼각대(국토교통부령 제386호 자동차 및 자동차부품의 성능과 기준에 관한 규칙 일부개정령 부칙 제6조에 따라 국토교통부장관이 정하여 고시하는 기준을 충족하도록 제작된 안전삼각대를 포함)
㉡ 사방 500m 지점에서 식별할 수 있는 적색의 섬광신호·전기제등 또는 불꽃신호(단, 밤에 고장이나 그 밖의 사유로 고속도로 등에서 자동차를 운행할 수 없게 되었을 때로 한정)

운전자의 고속도로 등에서의 준수사항(법 제67조제2항 전단)

고속도로 등을 운행하는 자동차의 운전자는 교통의 안전과 원활한 소통을 확보하기 위하여 법 제66조에 따른 고장자동차의 표지를 항상 비치한다.

제6절 교통안전교육

교통안전교육

① 운전면허를 받으려는 사람은 대통령령으로 정하는 바에 따라 운전면허시험에 응시하기 전에 다음의 사항에 관한 교통안전교육을 받아야 한다(법 제73조제1항 전단).
㉠ 운전자가 갖추어야 하는 기본예절
㉡ 도로교통에 관한 법령과 지식
㉢ 안전운전 능력
㉣ 교통사고의 예방과 처리에 관한 사항
㉤ 어린이·장애인 및 노인의 교통사고 예방에 관한 사항
㉥ 친환경 경제운전에 필요한 지식과 기능
㉦ 긴급자동차에 길 터주기 요령

ⓞ 그 밖에 교통안전의 확보를 위하여 필요한 사항

② 교통안전교육은 ①의 사항에 관하여 시청각교육 등의 방법으로 1시간 실시한다(영 제37조제1항).

③ ①에 따라 운전면허를 받으려는 사람이 받아야 하는 교통안전교육은 자동차운전 전문학원과 시·도경찰청장이 지정한 기관이나 시설에서 한다(법 제74조제1항).

특별교통안전 의무교육

① 다음의 어느 하나에 해당하는 사람은 대통령령으로 정하는 바에 따라 특별교통안전 의무교육을 받아야 한다. 이 경우 ②부터 ⑤까지에 해당하는 사람으로서 부득이한 사유가 있으면 대통령령으로 정하는 바에 따라 의무교육의 연기(延期)를 받을 수 있다(법 제73조제2항).

㉠ 운전면허 취소처분을 받은 사람(법 제93조제1항제9호 또는 제20호에 해당하여 운전면허 취소처분을 받은 사람은 제외)으로서 운전면허를 다시 받으려는 사람

㉡ 운전면허효력 정지처분(법 제93조제1항제1호·제5호·제5호의2·제10호 및 제10호의2에 해당)을 받게 되거나 받은 사람으로서 그 정지기간이 끝나지 아니한 사람

㉢ 운전면허 취소처분 또는 운전면허효력 정지처분(법 제93조제1항제1호·제5호·제5호의2·제10호 및 제10호의2에 해당하여 운전면허효력 정지처분 대상인 경우로 한정)이 면제된 사람으로서 면제된 날부터 1개월이 지나지 아니한 사람

㉣ 운전면허효력 정지처분을 받게 되거나 받은 초보운전자로서 그 정지기간이 끝나지 아니한 사람

㉤ 어린이 보호구역에서 운전 중 어린이를 사상하는 사고를 유발하여 제93조제2항에 따른 벌점을 받은 날부터 1년 이내의 사람

② ①에 따른 특별교통안전 의무교육 및 특별교통안전 권장교육은 다음의 사항에 대하여 강의·시청각교육 또는 현장체험교육 등의 방법으로 3시간 이상 16시간 이하로 각각 실시한다(영 제38조제2항).

㉠ 교통질서

㉡ 교통사고와 그 예방

㉢ 안전운전의 기초

㉣ 교통법규와 안전

㉤ 운전면허 및 자동차관리

㉥ 그 밖에 교통안전의 확보를 위하여 필요한 사항

③ 특별교통안전 의무교육 및 특별교통안전 권장교육(이하 "특별교통안전교육")은 도로교통공단에서 실시한다(영 제38조제3항).

④ 특별교통안전교육의 과목·내용·방법 및 시간 등에 관하여 필요한 사항은 행정안전부령으로 정한다(영 제38조제4항).

⑤ ①에 ㉡부터 ㉣까지의 규정에 해당하는 사람이 다음의 어느 하나에 해당하는 사유로 특별교통안전 의무교육을 받을 수 없을 때에는 행정안전부령으로 정하는 특별교통안전 의무교육 연기신청서에 그 연기 사유를 증명할 수 있는 서류를 첨부하여 경찰서장에게 제출하여야 한다. 이 경우 특별교통안전 의무교육을 연기받은 사람은 그 사유가 없어진 날부터 30일 이내에 특별교통안전 의무교육을 받아야 한다(영 제38조제5항).

㉠ 질병이나 부상으로 인하여 거동이 불가능한 경우
㉡ 법령에 따라 신체의 자유를 구속당한 경우
㉢ 그 밖에 부득이하다고 인정할 만한 상당한 이유가 있는 경우

특별교통안전 권장교육(법 제73조제3항)

다음의 어느 하나에 해당하는 사람이 시·도경찰청장에게 신청하는 경우에는 대통령령으로 정하는 바에 따라 특별교통안전 권장교육을 받을 수 있다. 이 경우 권장교육을 받기 전 1년 이내에 해당 교육을 받지 아니한 사람에 한정한다.

① 교통법규 위반 등 제2항제2호 및 제4호에 따른 사유 외의 사유로 인하여 운전면허효력 정지처분을 받게 되거나 받은 사람
② 교통법규 위반 등으로 인하여 운전면허효력 정지처분을 받을 가능성이 있는 사람
③ 특별교통안전 의무교육을 받은 사람
④ 운전면허를 받은 사람 중 교육을 받으려는 날에 65세 이상인 사람

제7절 운전면허

운전면허

① 자동차 등을 운전하려는 사람은 시·도경찰청장으로부터 운전면허를 받아야 한다. 다만, 원동기를 단 차 중 「교통약자의 이동편의 증진법」 제2조제1호에 따른 교통약자가 최고속도 20km/h 이하로만 운행될 수 있는 차를 운전하는 경우에는 그러하지 아니하다(법 제80조제1항).
② 운전할 수 있는 차의 종류(규칙 [별표 18]의 일부)

운전면허		운전할 수 있는 차량
종 별	구 분	
제1종	대형면허	• 승용자동차, 승합자동차, 화물자동차 • 건설기계 : 덤프트럭, 아스팔트살포기, 노상안정기, 콘크리트믹서트럭, 콘크리트펌프, 천공기(트럭 적재식), 콘크리트믹서트레일러, 아스팔트콘크리트재생기, 도로보수트럭, 3ton 미만의 지게차 • 특수자동차(대형견인차, 소형견인차 및 구난차(이하 "구난차 등")는 제외) • 원동기장치자전거
제1종	보통면허	• 승용자동차 • 승차정원 15명 이하의 승합자동차 • 적재중량 12ton 미만의 화물자동차 • 건설기계(도로를 운행하는 3ton 미만의 지게차로 한정) • 총중량 10ton 미만의 특수자동차(구난차 등은 제외) • 원동기장치자전거
제2종	보통면허	• 승용자동차 • 승차정원 10명 이하의 승합자동차 • 적재중량 4ton 이하의 화물자동차 • 총중량 3.5ton 이하의 특수자동차(구난차 등은 제외) • 원동기장치자전거

운전면허의 결격사유(법 제82조)

① 다음의 어느 하나에 해당하는 사람은 운전면허를 받을 수 없다.

㉠ 18세 미만(원동기장치자전거의 경우에는 16세 미만)인 사람

㉡ 교통상의 위험과 장해를 일으킬 수 있는 정신질환자 또는 뇌전증 환자로서 대통령령으로 정하는 사람

> 법 제82조제1항제2호에서 "대통령령으로 정하는 사람"(영 제42조제1항)
> 치매, 조현병, 조현정동장애, 양극성 정동장애(조울병), 재발성 우울장애 등의 정신질환 또는 정신 발육지연, 뇌전증 등으로 인하여 정상적인 운전을 할 수 없다고 해당 분야 전문의가 인정하는 사람

㉢ 듣지 못하는 사람(제1종 운전면허 중 대형면허·특수면허만 해당), 앞을 보지 못하는 사람(한쪽 눈만 보지 못하는 사람의 경우에는 제1종 운전면허 중 대형면허·특수면허만 해당)이나 그 밖에 대통령령으로 정하는 신체장애인

> 법 제82조제1항제3호에서 "대통령령으로 정하는 신체장애인"(영 제42조제2항)
> 다리, 머리, 척추, 그 밖의 신체의 장애로 인하여 앉아 있을 수 없는 사람을 말한다. 다만, 신체장애 정도에 적합하게 제작·승인된 자동차를 사용하여 정상적인 운전을 할 수 있는 경우는 제외

㉣ 양쪽 팔의 팔꿈치관절 이상을 잃은 사람이나 양쪽 팔을 전혀 쓸 수 없는 사람. 다만, 본인의 신체장애 정도에 적합하게 제작된 자동차를 이용하여 정상적인 운전을 할 수 있는 경우에는 그러하지 아니하다.

㉤ 교통상의 위험과 장해를 일으킬 수 있는 마약·대마·향정신성의약품 또는 알코올 중독자로서 대통령령으로 정하는 사람

> 법 제82조제1항제5호에서 "대통령령으로 정하는 사람"(영 제42조제3항)
> 마약·대마·향정신성의약품 또는 알코올 관련 장애 등으로 인하여 정상적인 운전을 할 수 없다고 해당 분야 전문의가 인정하는 사람

㉥ 제1종 대형면허 또는 제1종 특수면허를 받으려는 경우로서 19세 미만이거나 자동차(이륜자동차는 제외)의 운전경험이 1년 미만인 사람

㉦ 대한민국의 국적을 가지지 아니한 사람 중 「출입국관리법」에 따라 외국인등록을 하지 아니한 사람(외국인등록이 면제된 사람은 제외)이나 「재외동포의 출입국과 법적 지위에 관한 법률」에 따라 국내거소신고를 하지 아니한 사람

② 다음의 어느 하나의 경우에 해당하는 사람은 해당 규정된 기간이 지나지 아니하면 운전면허를 받을 수 없다. 다만, 다음의 사유로 인하여 벌금 미만의 형이 확정되거나 선고유예의 판결이 확정된 경우 또는 기소유예나 「소년법」에 따른 보호처분의 결정이 있는 경우에는 규정된 기간 내라도 운전면허를 받을 수 있다.

㉠ 제43조 또는 제96조제3항을 위반하여 자동차 등을 운전한 경우에는 그 위반한 날(운전면허 효력 정지기간에 운전하여 취소된 경우에는 그 취소된 날을 말하며, 이하 ②에서 같다)부터 1년(원동기장치자전거면허를 받으려는 경우에는 6개월로 하되, 제46조를 위반한 경우에는 그 위반한 날부터 1년). 다만, 사람을 사상한 후 제54조제1항에 따른 필요한 조치 및 제2항에 따른 신고를 하지 아니한 경우에는 그 위반한 날부터 5년으로 한다.

㉡ 제43조 또는 제96조제3항을 3회 이상 위반하여 자동차 등을 운전한 경우에는 그 위반한 날부터 2년

㉢ 다음의 경우에는 운전면허가 취소된 날(제43조 또는 제96조제3항을 함께 위반한 경우에는 그 위반한 날)부터 5년

- 제44조, 제45조 또는 제46조를 위반(제43조 또는 제96조제3항을 함께 위반한 경우도 포함)하여 운전을 하다가 사람을 사상한 후 제54조제1항 및 제2항에 따른 필요한 조치 및 신고를 하지 아니한 경우
- 제44조를 위반(제43조 또는 제96조제3항을 함께 위반한 경우도 포함)하여 운전을 하다가 사람을 사망에 이르게 한 경우

㉣ 제43조부터 제46조까지의 규정에 따른 사유가 아닌 다른 사유로 사람을 사상한 후 제54조제1항 및 제2항에 따른 필요한 조치 및 신고를 하지 아니한 경우에는 운전면허가 취소된 날부터 4년

㉤ 제44조제1항 또는 제2항을 위반(제43조 또는 제96조제3항을 함께 위반한 경우도 포함)하여 운전을 하다가 2회 이상 교통사고를 일으킨 경우에는 운전면허가 취소된 날(제43조 또는 제96조제3항을 함께 위반한 경우에는 그 위반한 날)부터 3년, 자동차 등을 이용하여 범죄행위를 하거나 다른 사람의 자동차 등을 훔치거나 빼앗은 사람이 제43조를 위반하여 그 자동차 등을 운전한 경우에는 그 위반한 날부터 3년

㉥ 다음의 경우에는 운전면허가 취소된 날(제43조 또는 제96조제3항을 함께 위반한 경우에는 그 위반한 날)부터 2년

- 제44조제1항 또는 제2항을 2회 이상 위반(제43조 또는 제96조제3항을 함께 위반한 경우도 포함)한 경우
- 제44조제1항 또는 제2항을 위반(제43조 또는 제96조제3항을 함께 위반한 경우도 포함)하여 운전을 하다가 교통사고를 일으킨 경우
- 제46조를 2회 이상 위반(제43조 또는 제96조제3항을 함께 위반한 경우도 포함)한 경우
- 제93조제1항제8호 · 제12호 또는 제13호의 사유로 운전면허가 취소된 경우

㉦ ㉠부터 ㉥까지의 규정에 따른 경우가 아닌 다른 사유로 운전면허가 취소된 경우에는 운전면허가 취소된 날부터 1년(원동기장치자전거면허를 받으려는 경우에는 6개월로 하되, 제46조를 위반하여 운전면허가 취소된 경우에는 1년). 다만, 제93조제1항제9호의 사유로 운전면허가 취소된 사람 또는 제1종 운전면허를 받은 사람이 적성검사에 불합격되어 다시 제2종 운전면허를 받으려는 경우에는 그러하지 아니하다.

㉧ 운전면허효력 정지처분을 받고 있는 경우에는 그 정지기간

③ 운전면허 취소처분을 받은 사람은 ②에 따른 운전면허 결격기간이 끝났다 하여도 그 취소처분을 받은 이후에 특별교통안전 의무교육을 받지 아니하면 운전면허를 받을 수 없다.

※ 참조사항
- 무면허운전 등의 금지(제43조)
- 술에 취한 상태에서의 운전 금지(제44조)
- 과로한 때 등의 운전 금지(제45조)
- 공동 위험행위의 금지(제46조)
- 사고발생 시의 조치(제54조)
- 운전면허의 취소·정지(제93조)
- 국제운전면허증에 의한 자동차등의 운전(제96조)

자동차 등의 운전에 필요한 적성의 기준(영 제45조제1항)

자동차 등(개인형 이동장치는 제외)의 운전에 필요한 적성의 검사(이하 "적성검사")는 다음의 기준을 갖추었는지에 대하여 실시한다. 다만, ㉡의 기준은 법 제87조제2항 및 제88조제1항에 따른 적성검사의 경우에는 적용하지 않고, ㉢의 기준은 제1종 운전면허 중 대형면허 또는 특수면허를 취득하려는 경우에만 적용한다.

① 다음의 구분에 따른 시력(교정시력을 포함)을 갖출 것
  ㉠ 제1종 운전면허 : 두 눈을 동시에 뜨고 잰 시력이 0.8 이상이고, 두 눈의 시력이 각각 0.5 이상일 것. 다만, 한쪽 눈을 보지 못하는 사람이 보통면허를 취득하려는 경우에는 다른 쪽 눈의 시력이 0.8 이상이고, 수평시야가 120° 이상이며, 수직시야가 20° 이상이고, 중심시야 20° 내 암점(暗點) 또는 반맹(半盲)이 없어야 한다.
  ㉡ 제2종 운전면허 : 두 눈을 동시에 뜨고 잰 시력이 0.5 이상일 것. 다만, 한쪽 눈을 보지 못하는 사람은 다른 쪽 눈의 시력이 0.6 이상이어야 한다.

② 붉은색·녹색 및 노란색을 구별할 수 있을 것

③ 55dB(보청기를 사용하는 사람은 40dB)의 소리를 들을 수 있을 것

④ 조향장치나 그 밖의 장치를 뜻대로 조작할 수 없는 등 정상적인 운전을 할 수 없다고 인정되는 신체상 또는 정신상의 장애가 없을 것. 다만, 보조수단이나 신체장애 정도에 적합하게 제작·승인된 자동차를 사용하여 정상적인 운전을 할 수 있다고 인정되는 경우에는 그러하지 아니하다.

운전면허 처분에 대한 이의신청(법 제94조제1, 3항)

① 운전면허의 취소처분 또는 정지처분이나 연습운전면허 취소처분에 대하여 이의(異議)가 있는 사람은 그 처분을 받은 날부터 60일 이내에 행정안전부령으로 정하는 바에 따라 시·도경찰청장에게 이의를 신청할 수 있다.

② ①에 따라 이의를 신청한 사람은 그 이의신청과 관계없이 「행정심판법」에 따른 행정심판을 청구할 수 있다. 이 경우 이의를 신청하여 그 결과를 통보받은 사람(결과를 통보받기 전에 「행정심판법」에 따른 행정심판을 청구한 사람은 제외)은 통보받은 날부터 90일 이내에 「행정심판법」에 따른 행정심판을 청구할 수 있다.

▌운전면허의 정지 · 취소처분 기준(규칙 [별표 28]의 일부)

1. 일반기준
   나. 벌점의 종합관리
      (1) 누산점수의 관리
      법규위반 또는 교통사고로 인한 벌점은 행정처분기준을 적용하고자 하는 당해 위반 또는 사고가 있었던 날을 기준으로 하여 과거 3년간의 모든 벌점을 누산하여 관리한다.
      (2) 무위반 · 무사고기간 경과로 인한 벌점 소멸
      처분벌점이 40점 미만인 경우에, 최종의 위반일 또는 사고일로부터 위반 및 사고 없이 1년이 경과한 때에는 그 처분벌점은 소멸한다.
   다. 벌점 등 초과로 인한 운전면허의 취소 · 정지
      (1) 벌점 · 누산점수 초과로 인한 면허 취소
      1회의 위반 · 사고로 인한 벌점 또는 연간 누산점수가 다음 표의 벌점 또는 누산점수에 도달한 때에는 그 운전면허를 취소한다.

기 간	벌점 또는 누산점수
1년간	121점 이상
2년간	201점 이상
3년간	271점 이상

      (2) 벌점 · 처분벌점 초과로 인한 면허 정지
      운전면허 정지처분은 1회의 위반 · 사고로 인한 벌점 또는 처분벌점이 40점 이상이 된 때부터 결정하여 집행하되, 원칙적으로 1점을 1일로 계산하여 집행한다.

2. 취소처분 개별기준

번 호	위반사항	내 용
1	교통사고를 일으키고 구호조치를 하지아니한 때	교통사고로 사람을 죽게 하거나 다치게 하고, 구호조치를 하지 아니한 때
2	술에 취한 상태에서 운전한 때	• 술에 취한 상태의 기준(혈중알코올농도 0.03퍼센트 이상)을 넘어서 운전을 하다가 교통사고로 사람을 죽게 하거나 다치게 한 때 • 혈중알코올농도 0.08퍼센트 이상의 상태에서 운전한 때 • 술에 취한 상태의 기준을 넘어 운전하거나 술에 취한 상태의 측정에 불응한 사람이 다시 술에 취한 상태(혈중알코올농도 0.03퍼센트 이상)에서 운전한 때
3	술에 취한 상태의 측정에 불응한 때	술에 취한 상태에서 운전하거나 술에 취한 상태에서 운전하였다고 인정할 만한 상당한 이유가 있음에도 불구하고 경찰공무원의 측정 요구에 불응한 때
4	다른 사람에게 운전면허증 대여(도난, 분실 제외)	• 면허증 소지자가 다른 사람에게 면허증을 대여하여 운전하게 한 때 • 면허 취득자가 다른 사람의 면허증을 대여 받거나 그 밖에 부정한 방법으로 입수한 면허증으로 운전한 때
5	결격사유에 해당	• 교통상의 위험과 장해를 일으킬 수 있는 정신질환자 또는 뇌전증환자로서 영 제42조제1항에 해당하는 사람 • 앞을 보지 못하는 사람(한쪽 눈만 보지 못하는 사람의 경우에는 제1종 운전면허 중 대형면허 · 특수면허로 한정한다) • 듣지 못하는 사람(제1종 운전면허 중 대형면허 · 특수면허로 한정한다) • 양 팔의 팔꿈치 관절 이상을 잃은 사람, 또는 양팔을 전혀 쓸 수 없는 사람. 다만, 본인의 신체장애 정도에 적합하게 제작된 자동차를 이용하여 정상적으로 운전할 수 있는 경우는 제외한다. • 다리, 머리, 척추 그 밖의 신체장애로 인하여 앉아 있을 수 없는 사람 • 교통상의 위험과 장해를 일으킬 수 있는 마약, 대마, 향정신성 의약품 또는 알코올 중독자로서 영 제42조제3항에 해당하는 사람

번 호	위반사항	내 용
6	약물을 사용한 상태에서 자동차등(개인형 이동장치는 제외한다. 이하 이 표에서 같다)을 운전한 때	약물(마약 · 대마 · 향정신성 의약품 및 「유해화학물질 관리법 시행령」 제25조에 따른 환각물질)의 투약 · 흡연 · 섭취 · 주사 등으로 정상적인 운전을 하지 못할 염려가 있는 상태에서 자동차등(개인형 이동장치는 제외한다. 이하 이 표에서 같다)을 운전한 때
6의2	공동위험행위	법 제46조제1항을 위반하여 공동위험행위로 구속된 때
6의3	난폭운전	법 제46조의3을 위반하여 난폭운전으로 구속된 때
6의4	속도위반	법 제17조제3항을 위반하여 최고속도보다 100km/h를 초과한 속도로 3회 이상 운전한 때
7	정기적성검사 불합격 또는 정기적성검사 기간 1년경과	정기적성검사에 불합격하거나 적성검사기간 만료일 다음 날부터 적성검사를 받지 아니하고 1년을 초과한 때
8	수시적성검사 불합격 또는 수시적성검사 기간 경과	수시적성검사에 불합격하거나 수시적성검사 기간을 초과한 때
10	운전면허 행정처분기간중 운전행위	운전면허 행정처분 기간중에 운전한 때
11	허위 또는 부정한 수단으로 운전면허를 받은 경우	• 허위 · 부정한 수단으로 운전면허를 받은 때 • 법 제82조에 따른 결격사유에 해당하여 운전면허를 받을 자격이 없는 사람이 운전면허를 받은 때 • 운전면허 효력의 정지기간중에 면허증 또는 운전면허증에 갈음하는 증명서를 교부받은 사실이 드러난 때
12	등록 또는 임시운행 허가를 받지 아니한 자동차를 운전한 때	「자동차관리법」에 따라 등록되지 아니하거나 임시운행 허가를 받지 아니한 자동차(이륜자동차를 제외한다)를 운전한 때
12의2	자동차등을 이용하여 형법상 특수상해 등을 행한 때(보복운전)	자동차등을 이용하여 형법상 특수상해, 특수폭행, 특수협박, 특수손괴를 행하여 구속된 때
15	다른 사람을 위하여 운전면허시험에 응시한 때	운전면허를 가진 사람이 다른 사람을 부정하게 합격시키기 위하여 운전면허 시험에 응시한 때
16	운전자가 단속 경찰공무원 등에 대한 폭행	단속하는 경찰공무원 등 및 시 · 군 · 구 공무원을 폭행하여 형사입건된 때
17	연습면허 취소사유가 있었던 경우	제1종 보통 및 제2종 보통면허를 받기 이전에 연습면허의 취소사유가 있었던 때(연습면허에 대한 취소절차 진행중 제1종 보통 및 제2종 보통면허를 받은 경우를 포함한다)

3. 정지처분 개별기준

가. 이 법이나 이 법에 의한 명령을 위반한 때

위반사항	벌 점
1. 속도위반(100km/h 초과) 2. 술에 취한 상태의 기준을 넘어서 운전한 때(혈중알코올농도 0.03퍼센트 이상 0.08퍼센트 미만) 2의2. 자동차등을 이용하여 형법상 특수상해 등(보복운전)을 하여 입건된 때	100
3. 속도위반(80km/h 초과 100km/h 이하)	80
3의2. 속도위반(60km/h 초과 80km/h 이하)	60
4. 정차 · 주차위반에 대한 조치불응(단체에 소속되거나 다수인에 포함되어 경찰공무원의 3회이상의 이동명령에 따르지 아니하고 교통을 방해한 경우에 한한다) 4의2. 공동위험행위로 형사입건된 때 4의3. 난폭운전으로 형사입건된 때	40

위반사항	벌 점
5. 안전운전의무위반(단체에 소속되거나 다수인에 포함되어 경찰공무원의 3회 이상의 안전운전 지시에 따르지 아니하고 타인에게 위험과 장해를 주는 속도나 방법으로 운전한 경우에 한한다) 6. 승객의 차내 소란행위 방치운전 7. 출석기간 또는 범칙금 납부기간 만료일부터 60일이 경과될 때까지 즉결심판을 받지 아니한 때	40
8. 통행구분 위반(중앙선 침범에 한함) 9. 속도위반(40km/h 초과 60km/h 이하) 10. 철길건널목 통과방법위반 10의2. 어린이통학버스 특별보호 위반 10의3. 어린이통학버스 운전자의 의무위반(좌석안전띠를 매도록 하지 아니한 운전자는 제외한다) 11. 고속도로·자동차전용도로 갓길통행 12. 고속도로 버스전용차로·다인승전용차로 통행위반 13. 운전면허증 등의 제시의무위반 또는 운전자 신원확인을 위한 경찰공무원의 질문에 불응	30
14. 신호·지시위반 15. 속도위반(20km/h 초과 40km/h 이하) 15의2. 속도위반(어린이보호구역 안에서 오전 8시부터 오후 8시까지 사이에 제한속도를 20km/h 이내에서 초과한 경우에 한정한다) 16. 앞지르기 금지시기·장소위반 16의2. 적재 제한 위반 또는 적재물 추락 방지 위반 17. 운전 중 휴대용 전화 사용 17의2. 운전 중 운전자가 볼 수 있는 위치에 영상 표시 17의3. 운전 중 영상표시장치 조작 18. 운행기록계 미설치 자동차 운전금지 등의 위반	15
20. 통행구분 위반(보도침범, 보도 횡단방법 위반) 21. 지정차로 통행위반(진로변경 금지장소에서의 진로변경 포함) 22. 일반도로 전용차로 통행위반 23. 안전거리 미확보(진로변경 방법위반 포함) 24. 앞지르기 방법위반 25. 보행자 보호 불이행(정지선위반 포함) 26. 승객 또는 승하차자 추락방지조치위반 27. 안전운전 의무 위반 28. 노상 시비·다툼 등으로 차마의 통행 방해행위 30. 돌·유리병·쇳조각이나 그 밖에 도로에 있는 사람이나 차마를 손상시킬 우려가 있는 물건을 던지거나 발사하는 행위 31. 도로를 통행하고 있는 차마에서 밖으로 물건을 던지는 행위	10

(주)

4. 어린이보호구역 및 노인·장애인보호구역 안에서 오전 8시부터 오후 8시까지 사이에 제3호의2, 제9호, 제14호, 제15호 또는 제25호의 어느 하나에 해당하는 위반행위를 한 운전자에 대해서는 위 표에 따른 벌점의 2배에 해당하는 벌점을 부과한다.

나. 자동차등의 운전 중 교통사고를 일으킨 때

(1) 사고결과에 따른 벌점기준

구 분		벌 점	내 용
인적 피해 교통 사고	사망 1명마다	90	사고발생 시부터 72시간 이내에 사망한 때
	중상 1명마다	15	3주 이상의 치료를 요하는 의사의 진단이 있는 사고
	경상 1명마다	5	3주 미만 5일 이상의 치료를 요하는 의사의 진단이 있는 사고
	부상신고 1명마다	2	5일 미만의 치료를 요하는 의사의 진단이 있는 사고

(비고)

1. 교통사고 발생 원인이 불가항력이거나 피해자의 명백한 과실인 때에는 행정처분을 하지 아니한다.
2. 자동차등 대 사람 교통사고의 경우 쌍방과실인 때에는 그 벌점을 2분의 1로 감경한다.
3. 자동차등 대 자동차등 교통사고의 경우에는 그 사고원인 중 중한 위반행위를 한 운전자만 적용한다.
4. 교통사고로 인한 벌점산정에 있어서 처분 받을 운전자 본인의 피해에 대하여는 벌점을 산정하지 아니한다.

(2) 조치 등 불이행에 따른 벌점기준

불이행사항	벌 점	내 용
교통사고 야기 시 조치 불이행	15	1. 물적 피해가 발생한 교통사고를 일으킨 후 도주한 때
		2. 교통사고를 일으킨 즉시(그때, 그 자리에서 곧)사상자를 구호하는 등의 조치를 하지 아니하였으나 그 후 자진신고를 한 때
	30	가. 고속도로, 특별시·광역시 및 시의 관할구역과 군(광역시의 군을 제외한다)의 관할구역 중 경찰관서가 위치하는 리 또는 동 지역에서 3시간(그 밖의 지역에서는 12시간) 이내에 자진신고를 한 때
	60	나. 가목에 따른 시간 후 48시간 이내에 자진신고를 한 때

제8절 범칙행위 및 범칙금액

▌운전자에게 부과되는 범칙행위 및 범칙금액(영 [별표 8]의 일부)

범칙행위	범칙금액
1. 속도위반(60km/h 초과) 1의2. 어린이통학버스 운전자의 의무 위반(좌석안전띠를 매도록 하지 않은 경우는 제외) 1의4. 인적 사항 제공의무 위반(주정차된 차만 손괴한 것이 분명한 경우에 한정)	1) 승합 등 : 13만원 2) 승용 등 : 12만원
2. 속도위반(40km/h 초과 60km/h 이하) 3. 승객의 차 안 소란행위 방치 운전 3의2. 어린이통학버스 특별보호 위반	1) 승합 등 : 10만원 2) 승용 등 : 9만원
3의3. 제10조의3제2항에 따라 안전표지가 설치된 곳에서의 정차·주차 금지 위반	1) 승합 등 : 9만원 2) 승용 등 : 8만원
4. 신호·지시 위반 5. 중앙선 침범, 통행구분 위반 6. 속도위반(20km/h 초과 40km/h 이하) 7. 횡단·유턴·후진 위반 8. 앞지르기 방법 위반 9. 앞지르기 금지 시기·장소 위반 10. 철길건널목 통과방법 위반 11. 횡단보도 보행자 횡단 방해(신호 또는 지시에 따라 도로를 횡단하는 보행자의 통행 방해를 포함) 12. 보행자전용도로 통행 위반(보행자전용도로 통행방법 위반을 포함) 12의2. 긴급자동차에 대한 양보·일시정지 위반 12의3. 긴급한 용도나 그 밖에 허용된 사항 외에 경광등이나 사이렌 사용 13. 승차 인원 초과, 승객 또는 승하차자 추락 방지조치 위반 14. 어린이·앞을 보지 못하는 사람 등의 보호 위반 15. 운전 중 휴대용 전화 사용 15의2. 운전 중 운전자가 볼 수 있는 위치에 영상 표시	1) 승합 등 : 7만원 2) 승용 등 : 6만원

범칙행위	범칙금액
15의3. 운전 중 영상표시장치 조작 16. 운행기록계 미설치 자동차 운전 금지 등의 위반 19. 고속도로·자동차전용도로 갓길 통행 20. 고속도로버스전용차로·다인승전용차로 통행 위반	1) 승합 등 : 7만원 2) 승용 등 : 6만원
21. 통행 금지·제한 위반 22. 일반도로 전용차로 통행 위반 22의2. 노면전차 전용로 통행 위반 23. 고속도로·자동차전용도로 안전거리 미확보 24. 앞지르기의 방해 금지 위반 25. 교차로 통행방법 위반 26. 교차로에서의 양보운전 위반 27. 보행자의 통행 방해 또는 보호 불이행 29. 정차·주차 금지 위반(제10조의3제2항에 따라 안전표지가 설치된 곳에서의 정차·주차 금지 위반은 제외) 30. 주차금지 위반 31. 정차·주차방법 위반 31의2. 경사진 곳에서의 정차·주차방법 위반 32. 정차·주차 위반에 대한 조치 불응 33. 적재 제한 위반, 적재물 추락 방지 위반 또는 영유아나 동물을 안고 운전하는 행위 34. 안전운전의무 위반 35. 도로에서의 시비·다툼 등으로 인한 차마의 통행 방해 행위 36. 급발진, 급가속, 엔진 공회전 또는 반복적·연속적인 경음기 울림으로 인한 소음 발생 행위 37. 화물 적재함에의 승객 탑승 운행 행위 39. 고속도로 지정차로 통행 위반 40. 고속도로·자동차전용도로 횡단·유턴·후진 위반 41. 고속도로·자동차전용도로 정차·주차 금지 위반 42. 고속도로 진입 위반 43. 고속도로·자동차전용도로에서의 고장 등의 경우 조치 불이행	1) 승합 등 : 5만원 2) 승용 등 : 4만원
44. 혼잡 완화조치 위반 45. 지정차로 통행 위반, 차로 너비보다 넓은 차 통행 금지 위반(진로 변경 금지 장소에서의 진로 변경을 포함) 46. 속도위반(20km/h 이하) 47. 진로 변경방법 위반 48. 급제동 금지 위반 49. 끼어들기 금지 위반 50. 서행의무 위반 51. 일시정지 위반 52. 방향전환·진로변경 시 신호 불이행 53. 운전석 이탈 시 안전 확보 불이행 54. 동승자 등의 안전을 위한 조치 위반 55. 시·도경찰청 지정·공고 사항 위반 56. 좌석안전띠 미착용 57. 이륜자동차·원동기장치자전거 인명보호 장구 미착용 58. 어린이통학버스와 비슷한 도색·표지 금지 위반	1) 승합 등 : 3만원 2) 승용 등 : 3만원
59. 최저속도 위반 60. 일반도로 안전거리 미확보	1) 승합 등 : 2만원 2) 승용 등 : 2만원

범칙행위	범칙금액
61. 등화 점등·조작 불이행(안개가 끼거나 비 또는 눈이 올 때는 제외) 62. 불법부착장치 차 운전(교통단속용 장비의 기능을 방해하는 장치를 한 차의 운전은 제외) 62의2. 사업용 승합자동차 또는 노면전차의 승차 거부 63. 택시의 합승(장기 주차·정차하여 승객을 유치하는 경우로 한정한다)·승차거부·부당요금징수행위 64. 운전이 금지된 위험한 자전거등의 운전	1) 승합 등 : 2만원 2) 승용 등 : 2만원
65. 돌, 유리병, 쇳조각, 그 밖에 도로에 있는 사람이나 차마를 손상시킬 우려가 있는 물건을 던지거나 발사하는 행위 66. 도로를 통행하고 있는 차마에서 밖으로 물건을 던지는 행위	모든 차마 : 5만원
67. 특별교통안전교육의 미이수	
가. 과거 5년 이내에 법 제44조를 1회 이상 위반하였던 사람으로서 다시 같은 조를 위반하여 운전면허효력 정지처분을 받게 되거나 받은 사람이 그 처분기간이 끝나기 전에 특별교통안전교육을 받지 않은 경우	차종구분없음 : 6만원
나. 가목 외의 경우	차종구분없음 : 4만원
68. 경찰관의 실효된 면허증 회수에 대한 거부 또는 방해	차종구분없음 : 3만원

비고
1. 위 표에서 "승합 등"이란 승합자동차, 4ton 초과 화물자동차, 특수자동차, 건설기계 및 노면전차를 말한다.
2. 위 표에서 "승용 등"이란 승용자동차 및 4ton 이하 화물자동차를 말한다.

어린이보호구역 및 노인·장애인보호구역에서의 과태료 부과기준(영 [별표 7]의 일부)

위반행위 및 행위자	과태료 금액
1. 법 제5조를 위반하여 신호 또는 지시를 따르지 않은 차 또는 노면전차의 고용주등	1) 승합 등 : 14만원 2) 승용 등 : 13만원
2. 법 제17조제3항을 위반하여 제한속도를 준수하지 않은 차 또는 노면전차의 고용주등	
가. 60km/h 초과	1) 승합 등 : 17만원 2) 승용 등 : 16만원
나. 40km/h 초과 60km/h 이하	1) 승합 등 : 14만원 2) 승용 등 : 13만원
다. 20km/h 초과 40km/h 이하	1) 승합 등 : 11만원 2) 승용 등 : 10만원
라. 20km/h 이하	1) 승합 등 : 7만원 2) 승용 등 : 7만원
3. 법 제32조부터 제34조까지의 규정을 위반하여 정차 또는 주차를 한 차의 고용주등	1) 승합 등 : 9만원(10만원) 2) 승용 등 : 8만원(9만원)

비고
1. 위 표에서 "승합 등"이란 승합자동차, 4ton 초과 화물자동차, 특수자동차, 건설기계 및 노면전차를 말한다.
2. 위 표에서 "승용 등"이란 승용자동차 및 4ton 이하 화물자동차를 말한다.
3. 위 표 제3호의 과태료 금액에서 괄호 안의 것은 같은 장소에서 2시간 이상 정차 또는 주차 위반을 하는 경우에 적용한다.

제9절 안전표지

▌ 안전표지의 종류(규칙 제8조제1항)

① **주의표지** : 도로상태가 위험하거나 도로 또는 그 부근에 위험물이 있는 경우에 필요한 안전조치를 할 수 있도록 이를 도로사용자에게 알리는 표지

② **규제표지** : 도로교통의 안전을 위하여 각종 제한 · 금지 등의 규제를 하는 경우에 이를 도로사용자에게 알리는 표지

③ **지시표지** : 도로의 통행방법 · 통행구분 등 도로교통의 안전을 위하여 필요한 지시를 하는 경우에 도로사용자가 이에 따르도록 알리는 표지

④ **보조표지** : 주의표지 · 규제표지 또는 지시표지의 주기능을 보충하여 도로사용자에게 알리는 표지

⑤ **노면표시** : 도로교통의 안전을 위하여 각종 주의 · 규제 · 지시 등의 내용을 노면에 기호 · 문자 또는 선으로 도로사용자에게 알리는 표지

▌ 발광형 안전표지의 설치 기준

안개 잦은 곳, 야간교통사고가 많이 발생하거나 발생가능성이 높은 곳, 도로의 구조로 인하여 가시거리가 충분히 확보되지 않은 곳 등

▌ 가변형 속도제한표지 설치 기준

비 · 안개 · 눈 등 악천후가 잦아 교통사고가 많이 발생하거나 발생 가능성이 높은 곳, 교통혼잡이 잦은 곳 등

▌ 주의표지

▌ 규제표지

▌지시표지

▌보조표지

여기부터 500m

차로엄수

▌노면표시

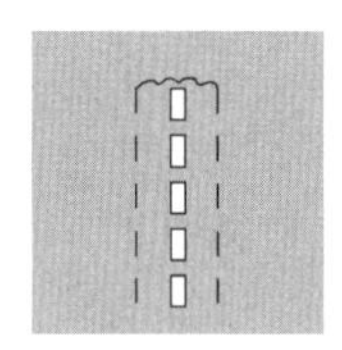

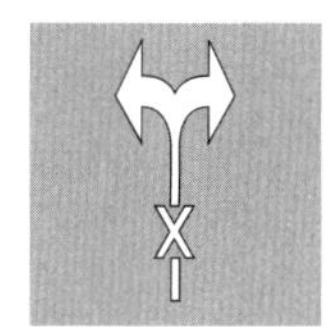

제 4 장 교통사고처리 특례법

제1절 특례의 적용

▌교통사고처리 특례법의 목적(법 제1조)

업무상과실(業務上過失) 또는 중대한 과실로 교통사고를 일으킨 운전자에 관한 형사처벌 등의 특례를 정함으로써 교통사고로 인한 피해의 신속한 회복을 촉진하고 국민생활의 편익을 증진함을 목적으로 한다.

▌용어의 정의(법 제2조)

① 차 : 「도로교통법」 제2조제17호가목에 따른 차(車)와 「건설기계관리법」 제2조제1항제1호에 따른 건설기계를 말한다.

※ 「도로교통법」 제2조제17호가목

자동차, 건설기계, 원동기장치자전거, 자전거, 사람 또는 가축의 힘이나 그 밖의 동력(動力)으로 도로에서 운전되는 것(단, 철길이나 가설(架設)된 선을 이용하여 운전되는 것, 유모차와 행정안전부령으로 정하는 보행보조용 의자차는 제외)

② **교통사고** : 차의 교통으로 인하여 사람을 사상하거나 물건을 손괴하는 것을 말한다.

※ 교통사고로 처리되지 않는 경우

- 명백한 자살이라고 인정되는 경우
- 확정적인 고의 범죄에 의해 타인을 사상하거나 물건을 손괴한 경우
- 건조물 등이 떨어져 운전자 또는 동승자가 사상한 경우
- 축대 등이 무너져 도로를 진행 중인 차량이 손괴되는 경우
- 사람이 건물, 육교 등에서 추락하여 운행 중인 차량과 충돌 또는 접촉하여 사상한 경우
- 기타 안전사고로 인정되는 경우

처벌의 특례(법 제3조)

① 차의 운전자가 교통사고로 인하여 「형법」 제268조의 죄를 범한 경우에는 5년 이하의 금고 또는 2천만원 이하의 벌금에 처한다.

※ 형법 제268조(업무상과실 · 중과실 치사상) : 업무상과실 또는 중대한 과실로 인하여 사람을 사상에 이르게 한 자는 5년 이하의 금고 또는 2천만원 이하의 벌금에 처한다.

② 차의 교통으로 제1항의 죄 중 업무상과실치상죄 또는 중과실치상죄(重過失致傷罪)와 「도로교통법」 제151조의 죄를 범한 운전자에 대하여는 피해자의 명시적인 의사에 반하여 공소(公訴)를 제기할 수 없다.

※ 도로교통법 제151조(벌칙) : 차 또는 노면전차의 운전자가 업무상 필요한 주의를 게을리하거나 중대한 과실로 다른 사람의 건조물이나 그 밖의 재물을 손괴한 경우에는 2년 이하의 금고나 500만원 이하의 벌금에 처한다.

보험 또는 공제에 가입된 경우의 특례 적용(법 제4조)

① 교통사고를 일으킨 차가 보험 또는 공제에 가입된 경우에는 교통사고처리특례법상의 특례 적용사고가 발생한 경우에 운전자에 대하여 공소를 제기할 수 없다.

② 다만, 다음의 어느 하나에 해당하는 경우에는 공소를 제기할 수 있다.

㉠ 교통사고처리특례법상 특례 적용이 배제되는 사고에 해당하는 경우

㉡ 피해자가 신체의 상해로 인하여 생명에 대한 위험이 발생하거나 불구 또는 불치나 난치의 질병이 생긴 경우

㉢ 보험계약 또는 공제계약이 무효로 되거나 해지되거나 계약상의 면책 규정 등으로 인하여 보험회사, 공제조합 또는 공제사업자의 보험금 또는 공제금 지급의무가 없어진 경우

③ 보험 또는 공제 : 교통사고의 경우 「보험업법」에 따른 보험회사나 「여객자동차 운수사업법」 또는 「화물자동차 운수사업법」에 따른 공제조합 또는 공제사업자가 인가된 보험약관 또는 승인된 공제약관에 따라 피보험자와 피해자 간 또는 공제조합원과 피해자 간의 손해배상에 관한 합의 여부와 상관없이 피보험자나 공제조합원을 갈음하여 피해자의 치료비에 관하여는 통상비용의 전액을, 그 밖의 손해에 관하여는 보험약관이나 공제약관으로 정한 지급기준금액을 대통령령으로 정하는 바에 따라 우선 지급하되, 종국적으로는 확정판결이나 그 밖에 이에 준하는 집행권원(執行權原)상 피보험자 또는 공제조합원의 교통사고로 인한 손해배상금 전액을 보상하

는 보험 또는 공제를 말한다.

※ 우선 지급할 치료비에 관한 통상비용의 범위(영 제2조)

- 진찰료
- 일반병실의 입원료. 다만, 진료상 필요로 일반 병실보다 입원료가 비싼 병실에 입원한 경우에는 그 병실의 입원료
- 처치·투약·수술 등 치료에 필요한 모든 비용
- 인공팔다리·의치·안경·보청기·보철구 및 그 밖에 치료에 부수하여 필요한 기구 등의 비용
- 호송, 다른 보호시설로의 이동, 퇴원 및 통원에 필요한 비용
- 보험약관 또는 공제약관에서 정하는 환자식대·간병료 및 기타 비용

④ 보험 또는 공제에 가입된 사실은 보험회사, 공제조합 또는 공제사업자가 작성한 서면에 의하여 증명되어야 한다.

특례의 배제, 사고운전자가 형사처벌 대상이 되는 경우(법 제3조제2항 단서)

① 사망사고

② 차의 교통으로 업무상과실치상죄 또는 중과실치상죄를 범하고 피해자를 구호하는 등의 조치를 하지 아니하고 도주하거나, 피해자를 사고장소로부터 옮겨 유기하고 도주한 경우

③ 차의 교통으로 업무상과실치상죄 또는 중과실치상죄를 범하고 음주측정 요구에 불응한 경우(운전자가 채혈 측정을 요청하거나 동의한 경우는 제외)

④ 신호·지시 위반 사고

⑤ 중앙선침범 사고, 횡단, 유턴 또는 후진 중 사고

⑥ 과속(20km/h 초과) 사고

⑦ 앞지르기의 방법·금지시기·금지장소 또는 끼어들기의 금지 위반하거나 고속도로에서의 앞지르기 방법 위반 사고

⑧ 철길건널목 통과방법 위반 사고

⑨ 횡단보도에서 보행자 보호의무 위반 사고

⑩ 무면허 운전 중 사고

⑪ 주취·약물복용 운전 중 사고

⑫ 보도침범, 통행방법 위반 사고

⑬ 승객추락방지의무 위반 사고

⑭ 어린이 보호구역 내 어린이 보호의무 위반 사고

⑮ 자동차의 화물이 떨어지지 아니하도록 필요한 조치를 하지 아니하고 운전한 경우

⑯ 민사상 손해배상을 하지 않은 경우

⑰ 중상해 사고를 유발하고 형사상 합의가 안 된 경우

※ 중상해의 범위

- 생명에 대한 위험 : 생명유지에 불가결한 뇌 또는 주요장기에 중대한 손상
- 불구 : 사지절단 등 신체 중요부분의 상실·중대변형 또는 시각·청각·언어·생식기능 등 중요한 신체기능의 영구적 상실

• 불치나 난치의 질병 : 사고 후유증으로 중증의 정신장애 • 하반신 마비 등 완치 가능성이 없거나 희박한 중대질병

제2절 특정범죄 가중처벌 등에 관한 법률

▌ 도주차량 운전자의 가중처벌(법 제5조의3)

① 자동차 • 원동기장치자전거의 교통으로 인하여 「형법」 제268조의 죄를 범한 해당 차량의 운전자(이하 "사고운전자")가 피해자를 구호(救護)하는 등 조치를 하지 아니하고 도주한 경우에는 다음의 구분에 따라 가중처벌한다.

㉠ 피해자를 사망에 이르게 하고 도주하거나, 도주 후에 피해자가 사망한 경우에는 무기 또는 5년 이상의 징역에 처한다.

㉡ 피해자를 상해에 이르게 한 경우에는 1년 이상의 유기징역 또는 500만원 이상 3천만원 이하의 벌금에 처한다.

② 사고운전자가 피해자를 사고 장소로부터 옮겨 유기하고 도주한 경우에는 다음의 구분에 따라 가중처벌한다.

㉠ 피해자를 사망에 이르게 하고 도주하거나, 도주 후에 피해자가 사망한 경우에는 사형, 무기 또는 5년 이상의 징역에 처한다.

㉡ 피해자를 상해에 이르게 한 경우에는 3년 이상의 유기징역에 처한다.

▌ 위험운전 등 치사상의 가중처벌(법 제5조의11제1항)

음주 또는 약물의 영향으로 정상적인 운전이 곤란한 상태에서 자동차(원동기장치자전거를 포함)를 운전하여 사람을 상해에 이르게 한 사람은 1년 이상 15년 이하의 징역 또는 1천만원 이상 3천만원 이하의 벌금에 처하고, 사망에 이르게 한 사람은 무기 또는 3년 이상의 징역에 처한다.

제3절 교통사고조사규칙

▌ 용어의 정의(제2조)

① **교통** : 차를 운전하여 사람 또는 화물을 이동시키거나 운반하는 등 차를 그 본래의 용법에 따라 사용하는 것을 말한다.

② **교통사고** : 차의 교통으로 인하여 사람을 사상하거나 물건을 손괴한 것을 말한다.

③ **대형사고** : 3명 이상이 사망(교통사고 발생일부터 30일 이내에 사망한 것을 말한다)하거나 20명 이상의 사상자가 발생한 사고를 말한다.

④ **교통조사관** : 교통사고 조사업무를 처리하는 경찰공무원을 말한다.

⑤ **스키드마크(Skid Mark)** : 차의 급제동으로 인하여 타이어의 회전이 정지된 상태에서 노면에 미끄러져 생긴 타이어 마모흔적 또는 활주흔적을 말한다.

⑥ **요마크(Yaw Mark)** : 급핸들 등으로 인하여 차의 바퀴가 돌면서 차축과 평행하게 옆으로 미끄러진 타이어의 마모흔적을 말한다.
⑦ **충돌** : 차가 반대방향 또는 측방에서 진입하여 그 차의 정면으로 다른 차의 정면 또는 측면을 충격한 것을 말한다.
⑧ **추돌** : 2대 이상의 차가 동일방향으로 주행 중 뒤차가 앞차의 후면을 충격한 것을 말한다.
⑨ **접촉** : 차가 추월, 교행 등을 하려다가 차의 좌우측면을 서로 스친 것을 말한다.
⑩ **전도** : 차가 주행 중 도로 또는 도로 이외의 장소에 차체의 측면이 지면에 접하고 있는 상태(좌측면이 지면에 접해 있으면 좌전도, 우측면이 지면에 접해 있으면 우전도)를 말한다.
⑪ **전복** : 차가 주행 중 도로 또는 도로 이외의 장소에 뒤집혀 넘어진 것을 말한다.
⑫ **추락** : 차가 도로변 절벽 또는 교량 등 높은 곳에서 떨어진 것을 말한다.
⑬ **뺑소니** : 교통사고를 야기한 차의 운전자가 피해자를 구호하는 등 「도로교통법」의 규정에 따른 조치를 취하지 아니하고 도주한 것을 말한다.
⑭ **교통사고 현장조사시스템(현장조사시스템)** : 교통사고 현장에 출동한 경찰관이 업무용 휴대전화를 이용하여 사고차량과 관련된 정보 조회, 증거수집, 초동조치 사항 및 피해자 진술 청취 보고 등을 전자적으로 입력·처리할 수 있도록 지원하는 시스템을 말한다.
⑮ **전자문서** : 형사사법정보시스템(KICS)에 의하여 전자적인 형태로 작성되어 송신·수신되거나 저장되는 정보로서 문서형식이 표준화된 것을 말한다.
⑯ **전자화문서** : 종이문서나 그 밖에 전자적 형태로 작성되지 아니한 문서를 형사사법정보시스템이 처리할 수 있는 형태로 변환한 문서를 말한다.

▌사고처리 기준(제20조)

① 사람을 사망하게 하거나 다치게 한 교통사고(이하 "인피사고")는 다음의 기준에 따라 처리한다.
㉠ 사람을 사망하게 한 교통사고의 가해자는 「교통사고처리특례법」(이하 "교특법")을 적용하여 송치 결정
㉡ 사람을 다치게 한 교통사고(이하 "부상사고")의 피해자가 가해자에 대하여 처벌을 희망하지 아니하는 의사표시를 한 때에는 같은 법을 적용하여 불송치 결정. 다만, 사고의 원인행위에 대하여는 「도로교통법」 적용하여 통고처분 또는 즉결심판 청구
㉢ 부상사고로써 피해자가 가해자에 대하여 처벌을 희망하지 아니하는 의사표시가 없거나 교특법 제3조제2항 단서에 해당하는 경우에는 같은 법 제3조제1항을 적용하여 송치 결정
㉣ 부상사고로써 피해자가 가해자에 대하여 처벌을 희망하지 아니하는 의사표시가 없는 경우라도 교특법 제4조제1항의 규정에 따른 보험 또는 공제(이하 "보험 등")에 가입된 경우에는 다음에 해당하는 경우를 제외하고 같은 조항을 적용하여 불송치 결정. 다만, 사고의 원인행위에 대하여는 「도로교통법」을 적용하여 통고처분 또는 즉결심판 청구
- 교특법 제3조제2항 단서에 해당하는 경우
- 피해자가 생명의 위험이 발생하거나 불구·불치·난치의 질병(이하 "중상해")에 이르게 된 경우
- 보험 등의 계약이 해지되거나 보험사 등의 보험금 등 지급의무가 없어진 경우

㉤ ㉣의 어느 하나에 해당하는 경우에는 ㉡·㉢의 기준에 따라 처리

② 다른 사람의 건조물이나 그 밖의 재물을 손괴한 교통사고(이하 "물피사고")는 다음의 기준에 따라 처리한다.

㉠ 피해자가 가해자에 대하여 처벌을 희망하지 아니하는 의사표시를 하거나 가해 차량이 보험 또는 공제에 가입되어 있는 경우

- 현장출동경찰관 등은 근무일지에 교통사고 발생 일시·장소 등을 기재 후 종결. 다만, 사고 당사자가 사고 접수를 원하는 경우에는 현장조사시스템에 입력
- 교통조사관은 교통경찰업무관리시스템(TCS)의 교통사고접수처리대장(이하 "대장")에 입력한 후 「도로교통법 시행규칙」의 "단순 물적피해 교통사고 조사보고서"를 작성하고 종결

㉡ 피해자가 가해자에 대하여 처벌을 희망하지 아니하는 의사표시가 없거나 보험 등에 가입되지 아니한 경우에는 「도로교통법」를 적용하여 송치 결정. 다만, 피해액이 20만원 미만인 경우에는 즉결심판을 청구하고 대장에 입력한 후 종결

③ 뺑소니 사고에 대하여는 다음의 기준에 따라 처리한다.

㉠ 인피 뺑소니 사고 : 「특정범죄가중처벌 등에 관한 법률」(이하 "특가법")을 적용하여 송치 결정

㉡ 물피 뺑소니 사고

- 도로에서 교통상의 위험과 장해를 발생시키거나 발생시킬 우려가 있는 물피 뺑소니 사고에 대해서는 「도로교통법」를 적용하여 송치 결정
- 주정차된 차만 손괴한 것이 분명하고 피해자에게 인적사항을 제공하지 않은 물피 뺑소니 사고에 대해서는 「도로교통법」를 적용하여 통고처분 또는 즉심청구를 하고 교통경찰업무관리시스템(TCS)에서 결과보고서 작성한 후 종결

④ 교통사고를 야기한 후 사상자 구호 등 사후조치는 하였으나 경찰공무원이나 경찰관서에 신고하지 아니한 때에는 ①, ② 및 「도로교통법」의 규정을 적용하여 처리한다. 다만, 도로에서의 위험방지와 원활한 소통을 위하여 필요한 조치를 한 경우에는 「도로교통법」의 규정은 적용하지 아니한다.

⑤ 「도로교통법」의 규정을 위반하여 주취운전 중 인피사고를 일으킨 운전자에 대하여는 다음의 사항을 종합적으로 고려하여 특가법 제5조의11의 규정의 위험운전치사상죄를 적용한다.

㉠ 가해자가 마신 술의 양

㉡ 사고발생 경위, 사고 위치 및 피해 정도

㉢ 비정상적 주행 여부, 똑바로 걸을 수 있는지 여부, 말할 때 혀가 꼬였는지 여부, 횡설수설하는지 여부, 사고 상황을 기억하는지 여부 등 사고 전후의 운전자 행태

⑥ 교통조사관은 부상사고로써 교특법 제3조제2항 단서에 해당하지 아니하는 사고를 일으킨 운전자가 보험 등에 가입되지 아니한 경우 또는 중상해 사고를 야기한 운전자에게는 특별한 사유가 없는 한 사고를 접수한 날부터 2주간 피해자와 손해배상에 합의할 수 있는 기간을 주어야 한다.

⑦ 교통조사관은 ⑥의 규정에 따른 합의기간 안에 가해자와 피해자가 손해배상에 합의한 경우에는 가해자와 피해자로부터 자동차교통사고합의서를 제출받아 교통사고조사 기록에 첨부하여야 한다.

안전사고 등(제21조)

① 교통조사관은 다음의 어느 하나에 해당하는 사고의 경우에는 교통사고로 처리하지 아니하고 업무 주무기능에 인계하여야 한다.

㉠ 자살·자해(自害)행위로 인정되는 경우

㉡ 확정적 고의(故意)에 의하여 타인을 사상하거나 물건을 손괴한 경우

㉢ 낙하물에 의하여 차량 탑승자가 사상하였거나 물건이 손괴된 경우

㉣ 축대, 절개지 등이 무너져 차량 탑승자가 사상하였거나 물건이 손괴된 경우

㉤ 사람이 건물, 육교 등에서 추락하여 진행 중인 차량과 충돌 또는 접촉하여 사상한 경우

㉥ 그 밖의 차의 교통으로 발생하였다고 인정되지 아니한 안전사고의 경우

② 교통조사관은 ①에 해당하는 사고의 경우라도 운전자가 이를 피할 수 있었던 경우에는 교통사고로 처리하여야 한다.

제 2 과목 **안전운행**

제 1 장 **안전운행**

제1절 교통사고 요인 등

교통사고의 요인

교통사고는 사람, 차량, 도로의 3개 요인 중 어느 하나에 결함이 있을 때 발생하게 된다.

① 인적 요인
- ㉠ 신체, 생리, 심리, 적성, 습관, 태도 요인 등을 포함하는 개념
- ㉡ 운전자 또는 보행자의 신체적·생리적 조건, 위험의 인지와 회피에 대한 판단, 심리적 조건 등에 관한 것
- ㉢ 운전자의 적성과 자질, 운전습관, 내적 태도 등에 관한 것

② 차량요인 : 차량구조장치, 부속품 또는 적하(積荷) 등

③ 도로요인(도로구조, 안전시설 등에 관한 것)
- ㉠ 도로구조 : 도로의 선형, 노면, 차로수, 노폭, 구배 등에 관한 것
- ㉡ 안전시설 : 신호기, 노면표시, 방호책 등 도로의 안전시설에 관한 것

④ 환경요인 : 자연환경, 교통환경, 사회환경, 구조환경 등의 하부요인으로 구성
- ㉠ 자연환경 : 기상, 일광 등 자연조건에 관한 것
- ㉡ 교통환경 : 차량 교통량, 운행차 구성, 보행자 교통량 등 교통상황에 관한 것
- ㉢ 사회환경 : 일반국민·운전자·보행자 등의 교통도덕, 정부의 교통정책, 교통단속과 형사처벌 등에 관한 것
- ㉣ 구조환경 : 교통여건변화, 차량점검 및 정비관리자와 운전자의 책임한계 등

운전자 요인

① 운전의 3단계(인지 - 판단 - 조작)
- ㉠ 자동차를 운행하고 있는 운전자는 교통상황을 알아차리고(인지), 어떻게 자동차를 움직여 운전할 것인가를 결정하고(판단), 그 결정에 따라 자동차를 움직이는 운전행위(조작)에 이르는 "인지-판단-조작"의 과정을 수없이 반복한다.

※ 운전 중의 판단의 기본 요소는 시인성, 시간, 거리, 안전공간 및 잠재적 위험원 등에 대한 평가이다. 평가의 내용은 다음과 같은 것이다.

- 주행로 : 다른 차의 진행 방향과 거리
- 행동 : 다른 차의 운전자가 할 것으로 예상되는 행동
- 타이밍 : 다른 차의 운전자가 행동하게 될 시점
- 위험원 : 특정 차량, 자전거 이용자 또는 보행자의 잠재적 위험
- 교차지점 : 교차하는 문제가 발생하는 정확한 지점

㉡ 운전자 요인에 의한 교통사고는 이 세 가지 과정의 어느 특정한 과정 또는 둘 이상의 연속된 과정의 결함에서 비롯된다.

② 운전특성

㉠ 감각기관의 수용기로부터 입수되는 차량 내외의 교통정보(운전정보)는 구심성 신경을 통하여 정보처리부인 뇌로 전달된다.

㉡ 전달된 교통정보는 운전자의 지식 · 경험 · 사고 · 판단을 바탕으로 의사결정과정을 거쳐 다시 원심성 신경을 통해 효과기(운동기)로 전달되어 운전조작행위가 이루어진다.

시각의 특성

① 정지시력

㉠ 아주 밝은 상태에서 1/3inch(0.85cm) 크기의 글자를 20ft(6.10m) 거리에서 읽을 수 있는 사람의 시력

㉡ 5m 거리에서 흰 바탕에 검정으로 그린 란돌트 고리시표(직경 7.5mm, 굵기와 틈의 폭이 각각 1.5mm)의 끊어진 틈을 식별할 수 있는 시력(정상시력은 1.0)

② 동체시력

㉠ 움직이는 물체(자동차, 사람 등) 또는 움직이면서(운전 중) 다른 자동차나 사람 등의 물체를 보는 시력

㉡ 물체의 이동속도가 빠를수록 상대적으로 저하된다.

㉢ 연령이 높을수록 더욱 저하된다.

㉣ 장시간 운전에 의한 피로상태에서도 저하된다.

③ 야간시력

㉠ 야간의 시력저하 : 가장 운전하기 힘든 시간은 해질 무렵이다.

㉡ 사람이 입고 있는 옷 색깔의 영향

- 무엇인가 있다는 것을 인지하기 쉬운 옷 색깔은 흰색 · 엷은 황색의 순이며, 흑색이 가장 어렵다.
- 무엇인가가 사람이라는 것을 확인하기 쉬운 옷 색깔은 적색 · 백색의 순이며, 흑색이 가장 어렵다.
- 주시대상인 사람이 움직이는 방향을 알아맞히는 데 가장 쉬운 옷 색깔은 적색이며, 흑색이 가장 어렵다.

㉢ 통행인의 노상위치와 확인거리

- 주간 : 운전자는 중앙선에 있는 통행인을 갓길에 있는 사람보다 쉽게 확인할 수 있다.
- 야간 : 대향차량 간의 전조등에 의한 현혹현상(눈부심현상)으로 중앙선상의 통행인을 우측 갓길에 있는 통행인보다 확인하기 어렵다.

④ 명순응과 암순응

㉠ 명순응

- 어두운 터널을 벗어나 밝은 도로로 주행할 때 운전자가 일시적으로 주변의 눈부심으로 인해 물체가 보이지 않는 시각장애
- 명순응에 걸리는 시간은 암순응보다 빠르며, 수 초에서 1~2분에 불과하다.

㉡ 암순응

- 명순응과는 반대로 맑은 날 낮에 터널 밖을 운행하던 운전자가 갑자기 어두운 터널 안으로 주행하는 순간 일시적으로 일어나는 운전자의 심한 시각장애
- 시력회복이 명순응에 비해 매우 느림

⑤ 시 야

㉠ 시야와 주변시력

- 정상적인 시력을 가진 사람의 시야범위는 180~200°이다.
- 주행 중인 운전자는 전방의 한곳에만 주의를 집중하기보다는 시야를 넓게 갖도록 하고 주시점을 끊임없이 이동시키거나 머리를 움직여 상황에 대응하는 운전을 해야 한다.
- 한쪽 눈의 시야는 좌우 각각 약 160° 정도이며 양쪽 눈으로 색채를 식별할 수 있는 범위는 약 70°이다.

㉡ 속도와 시야 : 시야의 범위는 자동차 속도에 반비례하여 좁아진다.

㉢ 주의의 정도와 시야 : 어느 특정한 곳에 주의가 집중되었을 경우의 시야 범위는 집중의 정도에 비례해 좁아진다.

운전피로

① 운전피로의 개념 : 운전 작업에 의해서 일어나는 신체적인 변화, 신체적으로 느끼는 피로감, 객관적으로 측정되는 운전기능의 저하를 총칭

② 운전피로의 특징

㉠ 피로의 증상은 전신에 걸쳐 나타남

㉡ 대뇌의 피로(나른함, 불쾌감 등)

㉢ 피로는 운전 작업의 생략이나 착오를 일으킴

③ 운전피로의 요인

㉠ 생활요인 : 수면·생활환경 등

㉡ 운전 작업 중의 요인 : 차내 환경, 차외 환경, 운행조건 등

㉢ 운전자 요인 : 신체조건, 경험조건, 연령조건, 성별조건, 성격, 질병 등

음주와 운전

① 음주운전 교통사고의 특징
㉠ 주차 중인 자동차와 같은 정지물체 등에 충돌한다.
㉡ 전신주, 가로시설물, 가로수 등과 같은 고정물체와 충돌한다.
㉢ 대향차의 전조등에 의한 현혹 현상 발생 시 정상운전보다 교통사고 위험이 증가된다.
㉣ 치사율이 높다.
㉤ 차량단독사고의 가능성이 높다(차량단독 도로이탈사고 등).

② 알코올이 운전에 미치는 영향
㉠ 심리-운동 협응 능력 저하
㉡ 시력의 지각능력 저하
㉢ 주의 집중능력 감소
㉣ 정보 처리능력 둔화
㉤ 판단능력 감소
㉥ 차선을 지키는 능력 감소

제2절 안전운전의 기본 기술

교통행동과정

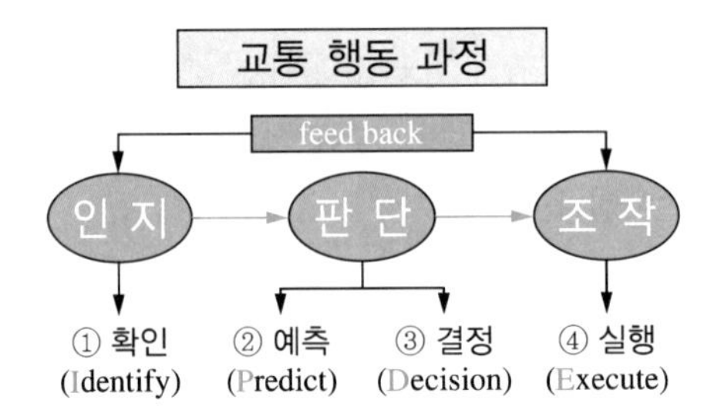

① 운전 중에 전방을 멀리 본다.
㉠ 전방을 멀리 본다는 것은 직진, 회전, 후진 등에 관계없이 항상 진행 방향 멀리 바라보는 것을 말한다.
㉡ 가능한 한 시선은 전방 먼 쪽에 두되, 바로 앞 도로 부분을 내려다보지 않도록 한다.

② 전체적으로 살펴본다.
㉠ 교통상황을 폭넓게 전반적으로 확인해야 한다는 것을 말한다.
㉡ 이때 중요한 것은 어떤 특정한 부분에 사로잡혀 다른 것을 보는 것을 놓쳐서는 안 된다는 이다.
㉢ 핵심이 되는 다시 살펴보되 다른 곳을 확인하는 것을 잊어서는 안 된다.

③ 눈을 계속해서 움직인다.
㉠ 좌우를 살피는 운전자는 움직임과 사물, 조명을 파악하지만 시선이 한 방향에 고정된 운전자는 주변에서 다른 위험 사태가 발생하더라도 파악할 수 없다.

④ 다른 사람들이 자신을 볼 수 있게 한다.

㉠ 회전을 하거나 차로 변경을 할 경우에 다른 사람이 미리 알 수 있도록 신호를 보내야 한다.

- 시내주행 시 30m 전방, 고속도로 주행 시 100m 전방에서 방향지시등을 켠다.
- 추월이나 진로변경 시 앞차의 속도·진로와 그 밖의 도로 상황에 따라 방향지시기·등화 또는 경음기를 사용하여 알려야 한다.

㉡ 어두울 때는 주차등이 아니라 전조등을 사용해야 다른 운전자들이 더 잘 볼 수 있다.

㉢ 비가 올 경우에는 항상 전조등을 사용해야 한다.

㉣ 보행자나 자전거 운전자에게 경고를 보내기 위해 경적을 사용할 때는 30m 이상의 거리에서 미리 경적을 울려야 한다. 가까운 곳에서 경적을 크게 울릴 경우에는 오히려 놀라서 피하지 못할 수도 있다.

⑤ 차가 빠져나갈 공간을 확보한다.

㉠ 운전자는 주행 시 앞뒤뿐만 아니라 좌우로 안전 공간을 확보하도록 노력해야 한다.

㉡ 좌우로 차가 빠져나갈 공간이 없을 때에는 앞차와의 차간거리를 더 확보해야 한다.

㉢ 의심스러운 상황은 방어해야 한다.

㉣ 안전공간을 확보하기 위해 다음으로 중요한 것은 뒤차가 바짝 붙어 오는 상황을 피하는 것이다.

제3절 안전운전방법

안전운전과 방어운전

① **안전운전** : 교통사고를 유발하지 않도록 주의하여 운전하는 것을 말한다.

② **방어운전** : 타인의 부정확한 행동과 악천후 등에 관계없이 사고를 미연에 방지하는 운전을 말한다.

실전 방어운전 요령

① 운전자는 앞차의 전방까지 시야를 멀리 둔다.

② 뒤차의 움직임을 룸미러나 사이드미러로 끊임없이 확인하면서 방향지시등이나 비상등으로 자기 차의 진행방향과 운전 의도를 분명히 알린다.

③ 교통신호가 바뀐다고 해서 무작정 출발하지 말고 주위 자동차의 움직임을 관찰한 후 진행한다.

④ 보행자가 갑자기 나타날 수 있는 골목길이나 주택가에서는 상황을 예견하고 속도를 줄여 충돌을 피할 시간적·공간적 여유를 확보한다.

⑤ 눈이나 비가 올 때는 가시거리 단축, 수막현상 등 위험요소를 염두에 두고 운전한다.

⑥ 교통량이 많은 길이나 시간을 피해 운전하도록 한다. 교통이 혼잡할 때는 조심스럽게 교통의 흐름을 따르고, 끼어들기 등을 삼간다.

⑦ 과로로 피로하거나 심리적으로 흥분된 상태에서는 운전을 자제한다.

⑧ 앞차를 뒤따라 갈 때는 앞차가 급제동을 하더라도 추돌하지 않도록 차간거리를 충분히 유지하고, 4~5대 앞차의 움직임까지 살핀다.

⑨ 뒤에 다른 차가 접근해 올 때는 속도를 낮춘다. 뒤차가 앞지르기를 하려고 하면 양보해 준다. 뒤차가 바싹 뒤따라올 때는 가볍게 브레이크 페달을 밟아 제동등을 켠다.

⑩ 진로를 바꿀 때는 상대방이 잘 알 수 있도록 여유 있게 신호를 보낸다. 보낸 신호를 상대방이 알았는지 확인한 다음에 서서히 행동한다.

⑪ 교차로를 통과할 때는 신호를 무시하고 튀어나오는 차나 사람이 있을 수 있으므로 반드시 안전을 확인한 뒤에 서서히 주행한다.

⑫ 밤에 마주 오는 차가 전조등 불빛을 줄이거나 아래로 비추지 않고 접근해 올 때는 불빛을 정면으로 보지 말고 시선을 약간 오른쪽으로 돌린다. 감속 또는 서행하거나 일시 정지한다.

⑬ 횡단하려고 하거나 횡단중인 보행자가 있을 때는 속도를 줄이고 주의해 진행한다. 보행자가 차의 접근을 알고 있는지 확인한다.

⑭ 다른 차의 옆을 통과할 때는 상대방 차가 갑자기 진로를 변경할 수도 있으므로 미리 대비하고, 충분한 간격을 두고 통과한다.

교차로 안전운전 방법

① 신호등이 있는 경우 : 신호등이 지시하는 신호에 따라 통행한다.

② 교통경찰관 수신호의 경우 : 교통경찰관의 지시에 따라 통행한다.

③ 신호등 없는 교차로의 경우 : 통행의 우선순위에 따라 주의하며 진행한다.

④ 섣부른 추측운전은 하지 않는다.

⑤ 언제든 정지할 수 있는 준비태세를 갖춘다.

⑥ 신호가 바뀌는 순간을 주의한다.

⑦ 교차로 정차 시 안전운전

㉠ 신호를 기다릴 때는 브레이크 페달에 발을 올려놓는다.

㉡ 정지할 때까지는 앞차에서 눈을 떼지 않는다.

⑧ 교차로 통과 시 안전운전

㉠ 신호는 자기의 눈으로 확실히 확인(보는 것만이 아니고 안전을 확인)한다.

㉡ 직진할 경우에는 좌·우회전하는 차를 주의한다.

㉢ 교차로의 대부분이 앞이 잘 보이지 않는 곳임을 알아야 한다.

㉣ 좌·우회전 시의 방향신호는 정확히 해야 한다.

㉤ 성급한 좌회전은 보행자를 간과하기 쉽다.

㉥ 앞차를 따라서 갈 때는 차간거리를 유지해야 하며, 맹목적으로 앞차를 추종해서는 안 된다.

이면도로 안전운전 방법

① 항상 위험을 예상하면서 운전한다.

② 위험 대상물을 계속 주시한다.

커브길 안전운전 방법

① 커브길에서는 미끄러지거나 전복될 위험이 있으므로 부득이한 경우가 아니면 급핸들 조작이나 급제동은 하지 않는다.
② 핸들을 조작할 때는 가속이나 감속을 하지 않는다.
③ 중앙선을 침범하거나 도로의 중앙으로 치우쳐 운전하지 않는다.
④ 주간에는 경음기, 야간에는 전조등을 사용하여 내 차의 존재를 알린다.
⑤ 항상 반대 차로에 차가 오고 있다는 것을 염두에 두고 차로를 준수하며 운전한다.
⑥ 커브길에서 앞지르기는 대부분 안전표지로 금지하고 있으나 금지표지가 없더라도 절대로 하지 않는다.
⑦ 겨울철에는 빙판이 그대로 노면에 있는 경우가 있으므로 사전에 조심하여 운전한다.

차로 폭에 따른 안전운전 방법

① **차로 폭이 넓은 경우** : 주관적인 판단을 가급적 자제하고 계기판의 속도계에 표시되는 객관적인 속도를 준수할 수 있도록 노력한다.
② **차로 폭이 좁은 경우** : 보행자, 노약자, 어린이 등에 주의하여 즉시 정지할 수 있는 안전한 속도로 주행속도를 감속하여 운행한다.

언덕길 운전 방법

① 내리막길 안전운전 방법
  ㉠ 내리막길을 내려가기 전에는 미리 감속해 천천히 내려가며 엔진 브레이크로 속도를 조절하는 것이 바람직하다.
  ㉡ 엔진 브레이크를 사용하면 페이드(Fade) 현상을 예방하여 운행 안전도를 더욱 높일 수 있다.
  ㉢ 배기 브레이크가 장착된 차량의 경우 배기 브레이크를 사용하면 운행의 안전도를 더욱 높일 수 있다.
  ㉣ 도로의 오르막길 경사와 내리막길 경사가 같거나 비슷한 경우라면, 변속기 기어의 단수도 오르막・내리막을 동일하게 사용하는 것이 적절하다.
  ㉤ 커브 주행 시와 마찬가지로 중간에 불필요하게 속도를 줄이거나 급제동하는 것은 금물이다.
② 오르막길 안전운전 방법
  ㉠ 정차할 때는 앞차가 뒤로 밀려 충돌할 가능성을 염두에 두고 충분한 차간거리를 유지한다.
  ㉡ 오르막길의 사각지대는 정상 부근이다. 마주 오는 차가 바로 앞에 다가올 때까지는 보이지 않으므로 서행하여 위험에 대비한다.
  ㉢ 정차 시에는 풋 브레이크와 핸드 브레이크를 동시에 사용한다.
  ㉣ 출발 시에는 핸드 브레이크를 사용하는 것이 안전하다.
  ㉤ 오르막길에서 앞지르기할 때는 힘과 가속력이 좋은 저단 기어를 사용하는 것이 안전하다.

앞지르기 안전운전 방법

① 자차가 앞지르기할 때

㉠ 과속은 금물이다. 앞지르기에 필요한 속도가 그 도로의 최고속도 범위 이내일 때 앞지르기를 시도한다.

㉡ 앞지르기에 필요한 충분한 거리와 시야가 확보되었을 때 앞지르기를 시도한다.

㉢ 앞차가 앞지르기를 하고 있는 때는 앞지르기를 시도하지 않는다.

㉣ 앞차의 오른쪽으로 앞지르기하지 않는다.

㉤ 점선의 중앙선을 넘어 앞지르기하는 때에는 대향차의 움직임에 주의한다.

② 다른 차가 자차를 앞지르기할 때

㉠ 자차의 속도를 앞지르기를 시도하는 차의 속도 이하로 적절히 감속한다.

㉡ 앞지르기 금지 장소나 앞지르기를 금지하는 때에도 앞지르기하는 차가 있다는 사실을 항상 염두에 두고 주의 운전한다.

철길건널목 안전운전 방법

① 일시정지 후, 좌우의 안전을 확인한다.

② 건널목 통과 시 기어는 변속하지 않는다.

③ 건널목 건너편 여유 공간을 확인한 후 통과한다.

고속도로 안전운전 방법

① 속도의 흐름과 도로사정, 날씨 등에 따라 안전거리를 충분히 확보한다.

② 주행 중 속도계를 수시로 확인하여 법정속도를 준수한다.

③ 차로 변경 시는 최소한 100m 전방으로부터 방향지시등을 켜고, 전방 주시점은 속도가 빠를수록 멀리 둔다.

④ 앞차의 움직임뿐 아니라 가능한 한 앞차 앞의 3~4대 차량의 움직임도 살핀다.

⑤ 고속도로 진・출입 시 속도 감각에 유의하여 운전한다.

⑥ 고속도로 진입 시 충분한 가속으로 속도를 높인 후 주행차로로 진입하여 주행 차량에 방해를 주지 않도록 한다.

⑦ 주행차로 운행을 준수하고 2시간마다 휴식한다.

⑧ 뒤차가 자기 차를 추월하고 있는 상황에서 경쟁하는 것은 위험하다.

교통사고 및 고장 발생 시 대처 요령

① 2차 사고의 방지

㉠ 2차 사고는 선행 사고나 고장으로 정차한 차량 또는 사람(선행차량 탑승자 또는 사고처리자)을 후방에서 접근하는 차량이 재차 충돌하는 사고를 말한다.

㉡ 고속도로는 차량이 고속으로 주행하는 특성상 2차 사고 발생 시 사망사고로 이어질 가능성이 매우 높다(고속도로 2차 사고 치사율은 일반사고보다 6배 높음).

㉢ 2차 사고 예방 안전행동요령은 다음과 같다.

- 첫째, 신속히 비상등을 켜고 다른 차의 소통에 방해가 되지 않도록 갓길로 차량을 이동시킨다(트렁크를 열어 위험을 알리는 것도 좋은 방법). 만일, 차량 이동이 어려운 경우 탑승자들은 안전조치 후 신속하고 안전하게 가드레일 바깥 등의 안전한 장소로 대피한다.
- 둘째, 후방에서 접근하는 차량의 운전자가 쉽게 확인할 수 있도록 고장자동차의 표지(안전삼각대)를 한다. 야간에는 적색 섬광신호・전기제등 또는 불꽃신호를 추가로 설치한다(시인성 확보를 위한 안전조끼 착용 권장).
- 셋째, 운전자와 탑승자가 차량 내 또는 주변에 있는 것은 매우 위험하므로 가드레일(방호벽) 밖 등 안전한 장소로 대피한다.
- 넷째, 경찰관서(112), 소방관서(119) 또는 한국도로공사 콜센터(1588-2504)로 연락하여 도움을 요청한다.

② **부상자의 구호**

㉠ 사고 현장에 의사, 구급차 등이 도착할 때까지 부상자에게는 가제나 깨끗한 손수건으로 지혈하는 등 응급조치를 한다.

㉡ 함부로 부상자를 움직여서는 안 되며, 특히 두부에 상처를 입었을 때에는 움직이지 말아야 한다. 단, 2차 사고의 우려가 있을 경우에는 안전한 장소로 이동시킨다.

㉢ 경찰공무원 등에게 신고

- 사고를 낸 운전자는 사고 발생 장소, 사상자 수, 부상정도, 그 밖의 조치상황을 경찰공무원이 현장에 있을 때에는 경찰공무원에게, 경찰공무원이 없을 때에는 가장 가까운 경찰관서에 신고한다.
- 사고발생 신고 후 사고 차량의 운전자는 경찰공무원이 말하는 부상자 구호와 교통안전상 필요한 사항을 지켜야 한다.

> ※ 고속도로 2504 긴급견인 서비스(1588-2504, 한국도로공사 콜센터)
> - 고속도로 본선, 갓길에 멈춰 2차 사고가 우려되는 소형 차량을 안전지대(휴게소, 영업소, 졸음쉼터 등)까지 견인하는 제도로서 한국도로공사에서 비용을 부담하는 무료서비스
> - 대상차량 : 승용차, 16인 이하 승합차, 1.4ton 이하 화물차

도로 터널구간 안전운전

① **도로터널 화재의 위험성** : 터널은 반밀폐된 공간으로 화재가 발생할 경우, 내부에 열기가 축적되며 급속한 온도 상승과 종 방향으로의 연기 확산이 빠르게 진행되어 시야 확보가 어렵고 연기 질식에 의한 다수의 인명피해가 발생될 수 있다.

② 터널 안전운전수칙은 다음과 같다.

㉠ 터널 진입 전 입구 주변에 표시된 도로정보를 확인하다.

㉡ 터널 진입 시 라디오를 켠다.

㉢ 선글라스를 벗고 라이트를 켠다.

㉣ 교통신호를 확인한다.

㉤ 안전거리를 유지한다.

㉥ 차선을 바꾸지 않는다.

ⓢ 비상시를 대비하여 피난연결통로, 비상주차대 위치를 확인한다.

③ 터널 내 화재 시 행동요령은 다음과 같다.

㉠ 운전자는 차량과 함께 터널 밖으로 신속히 이동한다.

㉡ 터널 밖으로 이동이 불가능한 경우 최대한 갓길 쪽으로 정차한다.

㉢ 엔진을 끈 후 키를 꽂아 둔 채 신속하게 하차한다.

㉣ 비상벨을 누르거나 비상전화로 화재발생을 알려 줘야 한다.

㉤ 사고 차량의 부상자에게 도움을 준다(비상전화 및 휴대폰 사용 터널관리소 및 119 구조요청, 한국도로공사 1588-2504).

㉥ 터널에 비치된 소화기나 설치되어 있는 소화전으로 조기 진화를 시도한다.

㉦ 조기 진화가 불가능할 경우 젖은 수건이나 손등으로 코와 입을 막고 낮은 자세로 화재 연기를 피해 유도등을 따라 신속히 터널 외부로 대피한다.

야간 안전운전 방법

① 해가 저물면 곧바로 전조등을 점등할 것

② 주간보다 속도를 낮추어 주행할 것

③ 야간에 흑색이나 감색의 복장을 입은 보행자는 발견하기 곤란하므로 보행자의 확인에 더욱 세심한 주의를 기울일 것

④ 실내를 불필요하게 밝게 하지 말 것

⑤ 전조등이 비치는 곳보다 앞쪽까지 살필 것

⑥ 대향차의 전조등을 바로 보지 말 것

⑦ 자동차가 교행할 때에는 조명장치를 하향 조정할 것

악천후 시의 운전

① 안개길 안전운전

㉠ 전조등, 안개등 및 비상점멸표시등을 켜고 운행한다.

㉡ 가시거리가 100m 이내인 경우에는 최고속도를 50% 정도 감속하여 운행한다.

㉢ 앞차와의 차간거리를 충분히 확보하고, 앞차의 제동이나 방향지시등의 신호를 예의 주시하며 운행한다.

㉣ 앞을 분간하지 못할 정도의 짙은 안개로 운행이 어려울 때에는 차를 안전한 곳에 세우고 잠시 기다린다. 이때에는 지나가는 차에게 내 차량의 위치를 알릴 수 있도록 미등과 비상점멸표시등(비상등) 등을 점등시켜 충돌사고 등이 발생하지 않도록 조치한다.

㉤ 커브길 등에서는 경음기를 울려 자신이 주행하고 있다는 것을 알린다.

② 빗길 안전운전

㉠ 비가 내려 노면이 젖어 있는 경우에는 최고속도의 20%를 줄인 속도로 운행한다.

㉡ 폭우로 가시거리가 100m 이내인 경우에는 최고속도의 50%를 줄인 속도로 운행한다.

㉢ 물이 고인 길을 통과할 때에는 속도를 줄여 저속으로 통과한다. 브레이크에 물이 들어가면 브레이크 기능이 약해지거나 불균등하게 제동되면서 제동력을 감소시킬 수 있다.

㉣ 물이 고인 길을 벗어난 경우에는 브레이크를 여러 번 나누어 밟아 마찰열로 브레이크 패드나 라이닝의 물기를 제거한다.

㉤ 보행자 옆을 통과할 때에는 속도를 줄여 흙탕물이 튀기지 않도록 주의한다.

㉥ 공사현장의 철판 등을 통과할 때에는 사전에 속도를 충분히 줄여 미끄러지지 않도록 천천히 통과하여야 하며, 급브레이크를 밟지 않는다.

㉦ 급출발, 급핸들・급브레이크 조작은 미끄러짐이나 전복사고의 원인이 되므로 엔진브레이크를 적절히 사용하고, 브레이크를 밟을 때에는 페달을 여러 번 나누어 밟는다.

제4절 경제운전

경제운전(에코드라이빙)의 개념

연료 소모율을 낮추고, 공해배출을 최소화하며, 방어운전으로 도로환경의 변화에 즉시 대처할 수 있는 급가속, 급제동, 급감속 등 위험운전을 하지 않음으로 안전운전의 효과를 가져 오고자 하는 운전방식이다.

경제운전의 기본적인 방법

① 가속(가속페달은 부드럽게)을 피한다.

② 급제동을 피한다.

③ 급한 운전을 피한다.

④ 불필요한 공회전을 피한다.

⑤ 일정한 차량속도(정속주행)를 유지한다.

제5절 계절별 안전운전

봄철 안전운전

① 교통사고 위험요인

㉠ 도로조건

- 이른 봄에는 일교차가 심해 새벽에 결빙된 도로가 발생할 수 있다.
- 날씨가 풀리면서 겨우내 얼어 있던 땅이 녹아 지반 붕괴로 인한 도로의 균열이나 낙석 위험이 크다.
- 지반이 약한 도로의 가장자리를 운행할 때에는 도로변의 붕괴 등에 주의해야 한다.
- 황사현상에 의한 모래바람은 운전자 시야 장애요인이 되기도 한다.

㉡ 운전자

- 기온이 상승함에 따라 긴장이 풀리고 몸도 나른해진다.
- 춘곤증에 의한 전방주시태만 및 졸음운전은 사고로 이어질 수 있다.

- 보행자 통행이 많은 장소(주택가, 학교주변, 정류장) 등에서는 무단 횡단하는 보행자 등 돌발 상황에 대비하여야 한다.

ⓒ 보행자
- 추웠던 날씨가 풀리면서 통행하는 보행자가 증가하기 시작한다.
- 교통상황에 대한 판단능력이 떨어지는 어린이와 신체능력이 약화된 노약자들의 보행이나 교통수단이용이 증가한다.

② 안전운행 및 교통사고 예방

㉠ 교통 환경 변화
- 춘곤증이 발생하는 봄철 안전운전을 위해서 과로한 운전을 하지 않도록 건강관리에 유의한다.
- 해빙기로 인한 도로의 지반 붕괴와 균열에 대비하기 위해 산악도로 및 하천도로 등을 주행하는 운전자는 노면상태 파악에 신경을 써야 한다.
- 포장도로 곳곳에 파인 노면은 차량 주행 시 사고를 유발시킬 수 있으므로 운전자는 운행하는 도로 정보를 사전에 파악하도록 노력한다.

㉡ 주변 환경 대응
- 주변 환경 변화
  - 포근하고 화창한 기후조건은 보행자나 운전자의 집중력을 떨어트린다.
  - 신학기를 맞이하여 학생들의 보행인구가 늘어난다.
  - 본격적인 행락철을 맞이하여 교통수요가 많아지고 통행량이 증가한다.
- 주변 환경에 대한 대응
  - 충분한 휴식을 통해 과로하지 않도록 주의한다.
  - 운행 시에 주변 환경 변화를 인지하여 위험이 발생하지 않도록 방어운전을 한다.

ⓒ 춘곤증
- 봄이 되면 낮의 길이가 길어짐에 따라 활동 시간이 늘어나지만 휴식·수면시간이 줄어든다.
- 신진대사 기능이 활발해지고 각종 영양소의 필요량이 증가하지만 이를 충분히 섭취하지 못하면 비타민의 결핍 등 영양상의 불균형이 발생하여 춘곤증이 나타나기 쉽다.
- 춘곤증이 의심되는 현상은 나른한 피로감, 졸음, 집중력 저하, 권태감, 식욕부진, 소화불량, 현기증, 손발의 저림, 두통, 눈의 피로, 불면증 등이 있다.
- 춘곤증을 예방은 운동은 몰아서 하지 않고 조금씩 자주하는 것이 바람직하며, 운행 중에는 스트레칭 등으로 긴장된 근육을 풀어 주는 것이 좋다.

③ 자동차관리 : 봄철 자동차관리는 해빙기라는 계절적 변화에 착안하여 기본적인 사항에 대한 점검을 실시한다.

㉠ 세 차
- 차량부식을 촉진시키는 제설작업용 염화칼슘을 제거하기 위해 세차할 때는 차량 및 차체 하부 구석구석을 씻어 주는 것이 좋다.
- 창문, 화물적재함 등을 활짝 열어 겨우내 찌들은 먼지와 이물질 등은 제거한다. 봄철은 고압 물세차를 1회 정도는 반드시 해 주는 것이 좋다.

㉡ 월동장비 정리

- 스노타이어, 체인 등 월동 장비는 물기 등을 제거하여 통풍이 잘되는 곳에 보관
- 스노타이어는 모양이 변형되지 않도록 가급적 휠에 끼워 습기가 없는 공기가 잘 통하는 곳에 보관
- 체인은 녹 방지제를 뿌리고 이물질을 제거하여 통풍이 잘되는 곳에 보관

㉢ 배터리 및 오일류 점검

- 배터리 액이 부족하면 증류수 등을 보충해 준다.
- 배터리 본체는 물걸레로 깨끗이 닦아 주고, 배터리 단자는 사용하지 않는 칫솔이나 쇠 브러시로 이물질을 깨끗이 제거한 후 단단히 조여 준다.
- 추운 날씨로 인해 엔진오일이 변질될 수 있기 때문에 엔진오일 상태를 점검

㉣ 기타 점검

- 전선의 피복이 벗겨졌는지, 소켓 부분은 부식되지 않았는지 등을 점검하여 화재가 발생하지 않도록 낡은 배선 및 부식된 부분은 교환
- 작은 누수라도 방치할 경우 엔진 전체를 교환할 수 있기 때문에 겨우내 냉각계통에서 부동액이 샜는지 확인
- 에어컨을 작동시켜 정상적으로 작동되는지 확인, 에어컨 냉방 성능이 떨어졌다면 에어컨 가스가 누출되었는지, 에어컨 벨트가 손상되었는지 점검

여름철 안전운전

① 교통사고 위험요인

㉠ 도로조건

- 갑작스런 악천후 및 무더위 등으로 운전자의 시각적 변화와 긴장·흥분·피로감이 복합적 요인으로 작용하여 교통사고를 일으킬 수 있으므로 기상 변화에 잘 대비하여야 한다.
- 장마와 더불어 소나기 등 변덕스런 기상 변화 때문에 젖은 노면과 물이 고인 노면 등은 빙판길 못지않게 미끄러우므로 급제동 등이 발생하지 않도록 주의해야 한다.

㉡ 운전자

- 대기의 온도와 습도의 상승으로 불쾌지수가 높아져 적절히 대응하지 못하면 주행 중에 변화하는 교통상황을 인지가 늦어지고, 판단이 부정확해질 수 있다.
- 수면부족과 피로로 인한 졸음운전 등도 집중력 저하 요인으로 작용한다.
- 불쾌지수가 높으면 나타날 수 있는 현상
  - 차량 조작이 민첩하지 못하고, 난폭운전을 하기 쉽다.
  - 사소한 일에도 언성을 높이고, 잘못을 전가하려는 신경질적인 반응을 보이기 쉽다.
  - 불필요한 경음기 사용, 감정에 치우친 운전으로 사고 위험이 증가한다.
  - 스트레스가 가중되어 운전이 손에 잡히지 않고, 두통, 소화불량 등 신체 이상이 나타날 수 있다.

㉢ 보행자

- 장마철은 우산을 받치고 보행함에 따라 전후방 시야를 확보하기 어렵다.

• 무더운 날씨 및 열대야 등으로 낮에는 더위에 지치고 밤에는 잠을 제대로 자지 못해 피로가 쌓일 수 있다.
• 불쾌지수가 높아지면 위험한 상황에 대한 인식이 둔해지고, 교통법규를 무시하려는 경향이 강하게 나타날 수 있다.

② 안전 운행 및 교통사고 예방

㉠ 뜨거운 태양 아래 장시간 주차하는 경우 : 기온이 상승하면 차량의 실내 온도는 뜨거운 양철 지붕 속과 같이 뜨거우므로 출발하기 전에 창문을 열어 실내의 더운 공기를 환기시킨 다음 운행하는 것이 좋다.

㉡ 주행 중 갑자기 시동이 꺼졌을 경우 : 기온이 높은 날에 연료계통(파이프 내)에 엔진의 고온으로 끓어서 증기가 발생해 파이프 내에 기포가 발생하여 연료 공급이 단절되면 운행 도중 엔진이 저절로 꺼지는 현상이 발생할 수 있다. 자동차를 길 가장자리 통풍이 잘되는 그늘진 곳으로 옮긴 다음 열을 식힌 후 재시동을 건다.

㉢ 비가 내리고 있을 때 주행하는 경우 : 건조한 도로에 비해 노면과의 마찰력이 떨어져 미끄럼에 의한 사고가 발생할 수 있으므로 충분한 감속 운행을 한다.

③ 자동차관리 : 여름철에는 무더위와 장마, 그리고 휴가철을 맞아 장거리 운전하는 경우가 있다는 계절적인 특징이 있으므로 이에 대한 대비를 한다.

㉠ 냉각장치 점검 : 여름철에는 무더운 날씨로 인해 엔진이 과열되기 쉬우므로 냉각수의 양은 충분한지, 냉각수가 새는 부분은 없는지, 팬 벨트의 장력은 적절한지를 수시로 확인해야 한다.

㉡ 와이퍼의 작동상태 점검사항 : 와이퍼가 정상적으로 작동되는지, 유리면과 접촉하는 와이퍼 블레이드가 닳지 않았는지, 노즐의 분출구가 막히지 않았는지, 노즐의 분사 각도는 양호한지 그리고 워셔액은 충분한지 등을 점검한다.

㉢ 타이어 마모상태 점검
• 타이어가 많이 마모되었을 때에는 빗길에 잘 미끄러지고, 제동거리도 길어지며, 고인 물을 통과할 때 수막현상이 발생하여 사고 위험이 높아진다.
• 노면과 접촉하는 트레드 홈 깊이가 최저 1.6mm 이상이 되는지 확인하고, 적정공기압을 유지하도록 한다.

㉣ 차량 내부의 습기 제거
• 차량 내부에 습기가 있는 경우에는 습기를 제거하여 차체의 부식이나 악취의 발생을 방지한다.
• 폭우 등으로 물에 잠긴 차량은 각종 배선의 수분을 완전히 제거하지 않은 상태에서 시동을 걸면 전기장치의 합선이나 퓨즈가 단선될 수 있으므로 우선적으로 습기를 제거해야 한다. 습기를 제거할 때에는 배터리를 분리한 후 작업한다.

㉤ 에어컨 관리
• 차가운 바람이 적게 나오거나 나오지 않을 때에는 엔진룸 내의 팬 모터가 작동되는지 확인한다. 모터가 돌지 않는다면 퓨즈가 단선되었는지, 배선에 문제가 있는지, 통풍구에 먼지가 쌓여 통로가 막혔는지 점검한다.

- 에어컨은 압축된 냉매가스가 순화하면서 주위로부터 열을 빼앗는 원리로 냉매 가스가 부족하면 냉각능력이 떨어지고 압축기(Compressor) 등 다른 부품에 영향을 주게 되므로 냉매가스의 양이 적절한지 점검한다. 에어컨을 오랫동안 사용하지 않으면 압축기(Compressor) 내부가 산화되어 부식되기 쉽다.

ⓑ 기타 자동차관리

- 브레이크 : 여름철 장거리 운전 뒤에는 브레이크 패드와 라이닝, 브레이크액 등을 점검하여 제동거리가 길어지는 현상을 방지하여야 한다.
- 전기배선 : 여름철 외부의 높은 온도와 엔진룸의 열기로 배선테이프의 접착제가 녹아 테이프가 풀리면 전기장치에 고장이 발생할 수 있으므로 엔진룸 등의 연결부위의 배선테이프 상태를 점검한다. 전선의 피복이 벗겨져 있을 때 습도가 높으면 누전이 발생하여 화재로 이어질 수 있다.
- 세차 : 해수욕장 또는 해안 근처는 소금기가 강하고, 이 소금기는 금속의 산화작용을 일으키기 때문에 해안 부근을 주행한 경우에는 세차를 통해 소금기를 제거해야 한다.

가을철 안전운전

① 교통사고 위험요인

㉠ 도로조건 : 추석절 귀성객 등으로 전국 도로가 교통량이 증가하여 지・정체가 발생하지만 다른 계절에 비하여 도로조건은 비교적 양호한 편이다.

㉡ 운전자 : 추수철 국도 주변에는 저속으로 운행하는 경운기・트랙터 등의 통행이 늘고, 단풍 등 주변 환경에 관심을 가지게 되면 집중력이 떨어져 교통사고 발생가능성이 존재한다.

㉢ 보행자 : 맑은 날씨, 곱게 물든 단풍, 풍성한 수확 등 계절적 요인으로 인해 교통신호 등에 대한 주의집중력이 분산될 수 있다.

② 안전운행 및 교통사고 예방

㉠ 이상기후 대처

- 안개 속을 주행할 때 갑자기 감속하면 뒤차에 의한 추돌이 우려되며, 반대로 감속하지 않으면 앞차를 추돌하기 쉬우므로 안개 지역을 통과할 때에는 처음부터 감속 운행한다.
- 늦가을에 안개가 끼면 기온차로 인해 노면이 동결되는 경우가 있는데, 이때는 엔진브레이크를 사용하여 감속한 다음 풋 브레이크를 밟아야 하며, 핸들이나 브레이크를 급하게 조작하지 않도록 주의한다.

㉡ 보행자에 주의하여 운행

- 보행자는 기온이 떨어지면 몸을 움츠리는 등 행동이 부자연스러워 교통상황에 대한 대처능력이 떨어진다.
- 보행자의 통행이 많은 곳을 운행할 때에는 보행자의 움직임에 주의한다.

㉢ 행락철 주의 : 행락철인 계절특성으로 각급 학교의 소풍, 회사나 가족단위의 단풍놀이 등 단체여행의 증가로 주차장 등이 혼잡하고, 운전자의 주의력이 산만해질 수 있으므로 주의해야 한다.

㉣ 농기계 주의

- 추수시기를 맞아 경운기 등 농기계의 빈번한 도로운행은 교통사고의 원인이 되기도 한다.

- 지방도로 등 농촌 마을에 인접한 도로에서는 농지로부터 도로로 나오는 농기계에 주의하면서 운행한다.
- 도로변 가로수 등에 가려 간선도로로 진입하는 경운기를 보지 못하는 경우가 있으므로 주의한다.
- 경운기는 고령의 운전자가 많으며, 경운기 자체 소음으로 자동차가 뒤에서 접근하고 있다는 사실을 모르고 갑자기 진행방향을 변경하는 경우가 발생할 수 있으므로 운전자는 경운기와의 안전거리를 유지하고, 접근할 때에는 경음기를 울려 자동차가 가까이 있다는 사실을 알려주어야 한다.

③ 자동차관리

㉠ 세차 및 곰팡이 제거

- 바닷가 등을 운행한 차량은 바닷가의 염분이 차체를 부식시키므로 깨끗이 씻어 내고 페인트가 벗겨진 곳은 녹이 슬지 않도록 조치한다.
- 도어와 트렁크를 활짝 열고, 진공청소기 및 곰팡이제거제 등을 사용하여 차 내부 바닥에 쌓인 먼지 및 곰팡이를 제거한다.

㉡ 히터 및 서리제거 장치 점검

- 여름 내 사용하지 않았던 히터는 작동시켜 정상적으로 작동되는지 확인
- 기온이 낮아지면 유리창에 서리가 끼게 되므로 열선의 연결부분이 이탈하지 않았는지, 열선이 정상적으로 작동하는지 점검

㉢ 장거리 운행 전 점검사항

- 장거리 운행, 추석절 귀성객 등을 운송할 때에는 출발 전에 차량에 대한 점검을 철저히 한다.
- 타이어 공기압은 적절한지, 타이어에 파손된 부위는 없는지, 예비타이어는 이상 없는지 점검한다.
- 엔진룸 도어를 열어 냉각수와 브레이크액의 양을 점검하고, 엔진오일의 양 및 상태 등에 대한 점검을 병행하며, 팬 벨트의 장력은 적정한지 점검한다.
- 전조등 및 방향지시등과 같은 각종 램프의 작동여부를 점검한다.
- 운행 중에 발생하는 고장이나 점검에 필요한 휴대용 작업등 예비부품 등을 준비한다.

겨울철 안전운전

① 교통사고 위험요인

㉠ 도로조건

- 겨울철에는 내린 눈이 잘 녹지 않고 쌓이며, 적은 양의 눈이 내려도 바로 빙판길이 될 수 있기 때문에 자동차간의 충·추돌 또는 도로 이탈 등의 사고가 발생할 수 있다.
- 먼 거리에서는 도로의 노면이 평탄하고 안전해 보이지만 실제로는 빙판길인 구간이나 지점을 접할 수 있다.

㉡ 운전자

- 한 해를 마무리하는 시기로 사람들의 마음이 바쁘고 들뜨기 쉬우며, 각종 모임 등에서 마신 술이 깨지 않은 상태에서 운전할 가능성이 있다.

- 추운 날씨로 방한복 등 두꺼운 옷을 착용하고 운전하는 경우에는 움직임이 둔해져 위기상황에 민첩한 대처능력이 떨어지기 쉽다.

㉢ 보행자

- 겨울철 보행자는 추위와 바람을 피하고자 두꺼운 외투, 방한복 등을 착용하고 앞만 보면서 목적지까지 최단거리로 이동하려는 경향이 있다.
- 날씨가 추워지면 안전한 보행을 위해 보행자가 확인하고 통행하여야 할 사항을 소홀히 하거나 생략하여 사고에 직면하기 쉽다.

② 안전운행 및 교통사고 예방

㉠ 출발할 때

- 도로 노면에 눈이 쌓였거나 결빙되어 미끄러운 곳에서 출발하고자 할 때 차가 나가지 못하고 헛바퀴가 돌아 위험에 처할 수도 있다.
- 도로가 미끄러울 때에는 급출발하거나 갑작스런 동작을 하지 않고, 부드럽게 천천히 출발하면서 도로 상태를 느끼도록 한다.
- 미끄러운 길에서는 기어를 2단에 넣고 출발하는 것이 구동력을 완화시켜 바퀴가 헛도는 것을 방지할 수 있다.
- 핸들이 한쪽 방향으로 꺾여 있는 상태에서 출발하면 앞바퀴의 회전각도로 인해 바퀴가 헛도는 결과를 초래할 수 있으므로 앞바퀴를 직진 상태로 변경한 후 출발한다.
- 체인은 구동바퀴에 장착하고, 과속으로 심한 진동 등이 발생하면 체인이 벗겨지거나 절단될 수 있으므로 주의한다.

㉡ 주행할 때

- 미끄러운 도로에서의 제동할 때에는 정지거리가 평소보다 2배 이상 길어질 수 있기 때문에 충분한 차간거리 확보 및 감속운행이 요구되며, 다른 차량과 나란히 주행하지 않도록 주의한다.
- 겨울철은 밤이 길고, 약간의 비나 눈만 내려도 물체를 판단할 수 있는 능력이 감소하므로 전・후방의 교통 상황에 대한 주의가 필요하다.
- 미끄러운 도로를 운행할 때에는 돌발 사태에 대처할 수 있는 시간과 공간이 필요하므로 보행자나 다른 차량의 움직임을 주시한다.
- 주행 중에 차체가 미끄러질 때에는 핸들을 미끄러지는 방향으로 틀어주면 스핀(Spin)현상을 방지할 수 있다.
- 눈이 내린 후 타이어자국이 나 있을 때에는 앞 차량의 타이어자국 위를 달리면 미끄러짐을 예방할 수 있으며, 기어는 2단 혹은 3단으로 고정하여 구동력을 바꾸지 않은 상태에서 주행하면 미끄러움을 방지할 수 있다.
- 미끄러운 오르막길에서는 앞서가는 자동차가 정상에 오르는 것을 확인한 후 올라가야 하며, 도중에 정지하는 일이 없도록 밑에서부터 탄력을 받아 일정한 속도로 기어변속 없이 한 번에 올라가야 한다.
- 주행 중 노면의 동결이 예상되는 그늘진 장소는 주의해야 한다. 햇볕을 받는 남향 쪽의 도로보다 북쪽 도로는 동결되어 있는 경우가 많다.

- 교량 위 · 터널 근처는 동결되기 쉬운 대표적인 장소로 교량은 지면에서 떨어져 있어 열기를 쉽게 빼앗기고, 터널 근처는 지형이 험한 곳이 많아 동결되기 쉬우므로 감속 운행한다.
- 커브길 진입 전에는 충분히 감속해야 하며, 햇빛 · 바람 · 기온 차이로 커브길의 입구와 출구 쪽의 노면 상태가 다르므로 도로 상태를 확인하면서 운행하여야 한다.

㉢ 장거리 운행 시

- 장거리를 운행할 때에는 목적지까지의 운행 계획을 평소보다 여유 있게 세워야 하며, 도착지 · 행선지 · 도착시간 등을 승객에게 고지하여 기상악화나 불의의 사태에 신속히 대처할 수 있도록 한다.
- 월동 비상 장구는 항상 차량에 싣고 운행한다.

③ **자동차관리** : 자동차도 사람처럼 추위를 타기 때문에 차량관리에 각별히 유의하지 않으면 사고의 위험성이 커진다.

㉠ 월동장비 점검

- 스크래치 : 유리에 끼인 성에를 제거할 수 있도록 비치한다.
- 스노타이어 또는 차량의 타이어에 맞는 체인 구비하고, 체인의 절단이나 마모부분은 없는지 점검한다.

㉡ 냉각장치 점검

- 냉각수의 동결을 방지하기 위해 부동액의 양 및 점도를 점검한다. 냉각수가 얼어붙으면 엔진과 라디에이터에 치명적인 손상을 초래할 수 있다.
- 냉각수를 점검할 때에는 뜨거운 냉각수에 손을 데일 수 있으므로 엔진이 완전히 냉각될 때까지 기다렸다가 냉각장치 뚜껑을 열어 점검한다.

㉢ 정온기(온도조절기, Thermostat) 상태 점검

- 정온기는 실린더헤드 물 재킷 출구 부분에 설치되어 냉각수의 온도에 따라 냉각수 통로를 개폐하여 엔진의 온도를 알맞게 유지하는 장치를 말한다. 즉 엔진이 차가울 때는 냉각수가 라디에이터로 흐르지 않도록 차단하고, 실린더 내에서만 순환되도록 하여 엔진의 온도가 빨리 적정온도에 도달하도록 한다.
- 정온기가 고장으로 열려 있다면 엔진의 온도가 적정수준까지 올라가는데 많은 시간이 필요함에 따라 엔진의 워밍업 시간이 길어지고, 히터의 기능이 떨어지게 된다.

제1절 동력전달 장치

동력발생장치

실린더 내에 혼합기를 흡입, 압축하여 전기점화나 고온에 의한 자기착화로 연소시켜 열에너지를 얻으며, 이 열에너지는 피스톤을 움직여 기계적 에너지를 얻는다. 즉, 기관은 열에너지를 만들고 이를 기계적 에너지로 변화시켜 바퀴까지 전달되어 운동에너지로 자동차가 주행하게 된다. 엔진은 열기관이고, 연소기관이며, 열에너지가 동력으로 이용되는 효율은 30~40% 가량이다.

동력전달장치

동력발생장치(엔진)는 자동차의 주행과 주행에 필요한 보조 장치들을 작동시키기 위한 동력을 발생시키는 장치이며, 동력전달장치는 동력발생장치에서 발생한 동력을 주행상황에 맞는 적절한 상태로 변화를 주어 바퀴에 전달하는 장치이다.

클러치

클러치는 수동 변속기 자동차에 적용되는 구조로서 엔진의 동력을 변속기에 전달하거나 차단하는 역할을 하며, 엔진 시동을 작동시킬 때나 기어를 변속할 때에는 동력을 끊고, 출발할 때에는 엔진의 동력을 서서히 연결하는 일을 한다.

① 클러치의 필요성
  ㉠ 엔진을 작동시킬 때 엔진을 무부하 상태로 유지한다.
  ㉡ 변속기의 기어를 변속할 때 엔진의 동력을 일시 차단한다.
  ㉢ 속도에 따른 변속기의 기어를 저속 또는 고속으로 바꾸는 데 필요하며 관성운전, 고속운전, 저속운전, 등판운전, 내리막길 엔진브레이크 등 운전자의 의사대로 변속을 자유롭게 할 수 있게 한다.

② 클러치가 미끄러지는 원인과 영향

구분	내용
원 인	• 클러치 페달의 자유간극(유격)이 없다. • 클러치 디스크의 마멸이 심하다. • 클러치 디스크에 오일이 묻어 있다. • 클러치 스프링의 장력이 약하다.
영 향	• 연료 소비량이 증가한다. • 엔진이 과열한다. • 등판능력이 감소한다. • 구동력이 감소하여 출발이 어렵고, 증속이 잘되지 않는다.

③ 클러치 차단이 잘 안 되는 원인
  ㉠ 클러치 페달의 자유간극이 크다.
  ㉡ 릴리스 베어링이 손상되었거나 파손되었다.
  ㉢ 클러치 디스크의 흔들림이 크다.

㉣ 유압장치에 공기가 혼입되었다.
㉤ 클러치 구성부품이 심하게 마멸되었다.

수동 변속기

변속기는 도로의 상태, 주행속도, 적재하중 등에 따라 변하는 구동력에 대응하기 위해 엔진과 추진축 사이에 설치되어 엔진의 출력을 자동차 주행속도에 알맞게 회전력과 속도로 바꾸어서 구동 바퀴에 전달하는 장치를 말한다.

자동변속기

① 클러치와 변속기의 작동이 자동차의 주행속도나 부하에 따라 자동적으로 이루어지는 장치를 말한다.
② 수동변속기와 비교하였을 때에 장단점은 다음과 같다.

구분	내용
장 점	• 기어변속이 자동으로 이루어져 운전이 편리하다. • 발진과 가·감속이 원활하여 승차감이 좋다. • 조작 미숙으로 인한 시동 꺼짐이 없다. • 유체가 댐퍼 역할을 하기 때문에 충격이나 진동이 적다.
단 점	• 구조가 복잡하고 가격이 비싸다. • 차를 밀거나 끌어서 시동을 걸 수 없다. • 연료소비율이 약 10% 정도 많아진다.

③ 자동변속기의 오일 색깔
㉠ 정상 : 투명도가 높은 붉은 색
㉡ 갈색 : 가혹한 상태에서 사용되거나, 장시간 사용한 경우
㉢ 투명도가 없어지고 검은색을 띨 때 : 자동변속기 내부의 클러치 디스크의 마멸분말에 의한 오손, 기어가 마멸된 경우
㉣ 니스 모양으로 된 경우 : 오일이 매우 높은 고온에 노출된 경우
㉤ 백색 : 오일에 수분이 다량으로 유입된 경우

④ 구성 부품과 기능
㉠ 토크 컨버터 : 기관의 회전력을 변속기에 전달
㉡ 클러치 및 브레이크 : 운전자의 선택레버 위치에 따라 유압 작동하여 입력축의 구동력을 유성기어에 전달
㉢ 유성기어 : 클러치 및 브레이크에 작동 요소에 의하여 구동
㉣ 전자제어 장치 : 운행 상태에 알맞은 정보를 TCU로 입력하여 솔레노이드 밸브 구동하여 클러치 및 브레이크에 들어가는 유압조절
㉤ 토크 컨버터
• 역할 : 유체 커플링 역할 및 토크 증대
• 구성 : 펌프(구동축), 터빈(피동축), 스테이터

제2절 제동장치

제동장치의 개요

① 제동장치 : 주행하는 자동차를 감속 또는 정지시킴과 동시에 주차 상태를 유지하기 위하여 사용하는 장치

② 승용차 브레이크의 종류

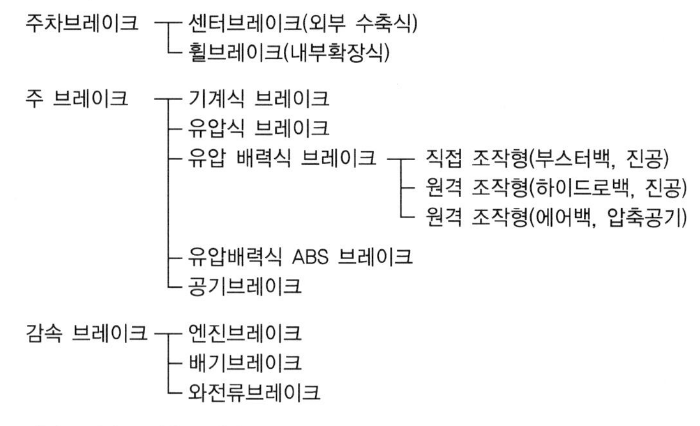

③ 브레이크 조작 방법

㉠ 풋 브레이크를 밟을 때 약 2~3회에 걸쳐 밟게 되면 안정적으로 제동할 수 있고, 뒤따라오는 차량 운전자에게 안전 조치를 취할 수 있는 시간을 주게 되어 후미 추돌을 방지할 수 있다.

㉡ 길이가 긴 내리막 도로에서 계속해서 풋브레이크만을 작동시키면 브레이크 파열 등 제동력에 영향을 미칠 수 있기 때문에 저단 기어로 변속하여 엔진 브레이크가 작동되게 한다.

㉢ 주행 중에 브레이크를 작동시킬 때는 핸들을 안정적으로 잡고 변속 기어가 들어가 있는 상태에서 제동한다.

㉣ 내리막길에서 운행할 때 연료 절약 등을 위해 기어를 N(중립)에 두고 운행하지 않는다(현저한 제동력의 감소로 이어질 수 있다).

④ 브레이크의 이상 현상

㉠ 페이드(Fade) 현상 : 비탈길을 내려갈 경우 브레이크를 반복하여 사용하면 마찰열이 라이닝에 축적되어 브레이크의 제동력이 저하되는 현상

㉡ 베이퍼 록(Vapour Lock) 현상

- 액체를 사용하는 계통에서 열에 의하여 액체가 증기(베이퍼)로 되어 어떤 부분에 갇혀 계통의 기능이 상실되는 것
- 유압식 브레이크의 휠 실린더나 브레이크 파이프 속에서 브레이크액이 기화하여 페달을 밟아도 스펀지를 밟는 것 같고 유압이 전달되지 않아 브레이크가 작동하지 않는 현상

㉢ 모닝 록(Morning Lock) 현상

- 장마철이나 습도가 높은 날, 장시간 주차 후 브레이크 드럼 등에 미세한 녹이 발생하는 현상이다.

- 브레이크 디스크와 패드 간의 마찰 계수가 높아져 평소보다 브레이크가 민감하게 작동될 수 있다.

자동차 제동관련 용어

① **공주거리** : 운전자가 위험을 느끼고 브레이크를 밟았을 때 자동차가 제동되기 전까지 주행한 거리를 말한다.

② **제동거리** : 제동되기 시작하여 정지될 때까지 주행한 거리를 말한다.

③ **안전거리** : 같은 방향으로 가고 있는 앞차가 갑자기 정지하게 되는 경우 그 앞차와의 추돌을 피할 수 있는 필요한 거리로 정지거리보다 약간 긴 정도의 거리를 말한다.

④ **정지거리** : 공주거리와 제동거리를 합한 거리로 도로 요인(노면 종류 및 상태), 운전자 요인(인지 반응속도, 운행속도, 피로도 등), 자동차 요인(종류, 타이어 상태, 브레이크 성능 등)에 따라 차이가 난다.

제3절 주행장치

타이어의 기능

① 휠의 림에 끼워져서 일체로 회전하며 엔진의 구동력 및 브레이크의 제동력을 노면에 전달하는 기능을 한다.

② 자동차의 중량을 떠받쳐 주는 기능을 한다.

③ 지면으로부터 받는 충격을 완화시키는 기능을 한다.

④ 자동차의 진행방향을 전환 또는 유지시키는 기능을 한다.

타이어의 구분 – 구조 및 형상에 따라

① **튜브리스 타이어(튜브 없는 타이어)**

㉠ 자동차의 고속화에 따라 고속주행 중에 펑크 사고 위험에서 운전자와 차를 보호하고자 하는 목적으로 개발되었다.

㉡ 장단점

- 튜브 타이어에 비해 공기압을 유지하는 성능이 좋다.
- 못에 찔려도 공기가 급격히 새지 않는다.
- 타이어 내부의 공기가 직접 림에 접촉하고 있기 때문에 주행 중에 발생하는 열의 발산이 좋아 발열이 적다.
- 튜브 물림 등 튜브로 인한 고장이 없다.
- 튜브 조립이 없으므로 펑크 수리가 간단하고, 작업능률이 향상된다.
- 림이 변형되면 타이어와의 밀착이 불량하여 공기가 새기 쉽다.
- 유리 조각 등에 의해 손상되면 수리하기가 어렵다.

② 바이어스 타이어 : 바이어스 타이어의 카커스는 1 플라이씩 서로 번갈아 가면서 코드의 각도가 다른 방향으로 엇갈려 있어 코드가 교차하는 각도는 지면에 닿는 부분에서 원주방향에 대해 40° 전후로 되어 있다.

③ 레이디얼 타이어 : 카커스를 구성하는 코드가 타이어의 원주방향에 대해 직각으로 즉 타이어의 측면에서 보면 원의 중심에서 방사상으로 비드에서 비드를 직각으로 배열한 상태이고 구조의 안정성을 위하여 트레드 고무층 바로 밑에 원주방향에 가까운 각도로 코드를 배치한 벨트로 단단히 조여져 있다.

④ 스노타이어 : 눈길에서 미끄러짐이 적게 주행할 수 있도록 제작된 타이어로 바퀴가 고정되면 제동거리가 길어진다.

타이어의 특성

① 스탠딩 웨이브 현상(Standing Wave)

㉠ 타이어의 회전속도가 빨라지면 접지부에서 받은 타이어의 변형(주름)이 다음 접지 시점까지도 복원되지 않고 접지의 뒤쪽에 진동의 물결이 일어나는 현상

㉡ 스탠딩 웨이브 현상의 예방

- 속도를 낮춘다.
- 공기압을 높인다.

② 수막현상(Hydroplaning)

㉠ 자동차가 물이 고인 노면을 고속으로 주행할 때 타이어는 타이어 홈 사이에 있는 물을 배수하는 기능이 감소되어 물의 저항에 의해 노면으로부터 떠올라 물위를 미끄러지듯이 달리게 되는 수막현상이 발생한다.

㉡ 수막현상의 예방

- 고속으로 주행하지 않는다.
- 마모된 타이어를 사용하지 않는다.
- 공기압을 조금 높게 한다.
- 배수효과가 좋은 타이어를 사용한다.

제4절 조향장치

▌조향장치는 운전석에 있는 핸들(Steering Wheel)에 의해 앞바퀴의 방향을 틀어서 자동차의 진행방향을 바꾸는 장치이다.

▌조향장치의 고장 원인

조향핸들이 무거운 원인	조향핸들이 한쪽으로 쏠리는 원인
• 타이어의 공기압이 부족하다. • 조향기어의 톱니바퀴가 마모되었다. • 조향기어 박스 내의 오일이 부족하다. • 앞바퀴의 정렬 상태가 불량하다. • 타이어의 마멸이 과다하다.	• 타이어의 공기압이 불균일하다. • 앞바퀴의 정렬 상태가 불량하다. • 쇽업소버의 작동 상태가 불량하다. • 허브 베어링의 마멸이 과다하다.

▌동력조향장치

자동차의 대형화 및 저압 타이어의 사용으로 앞바퀴의 접지압력과 면적이 증가하여 신속한 조향이 어렵게 됨에 따라 가볍고 원활한 조향조작을 위해 엔진의 동력으로 오일펌프를 구동시켜 발생한 유압을 이용하여 조향핸들의 조작력을 경감시키는 장치를 말한다.

장 점	• 조향 조작력이 작아도 된다. • 노면에서 발생한 충격 및 진동을 흡수한다. • 앞바퀴의 시미 현상(바퀴가 좌우로 흔들리는 현상)을 방지할 수 있다. • 조향조작이 신속하고 경쾌하다. • 앞바퀴가 펑크 났을 때 조향핸들이 갑자기 꺾이지 않아 위험도가 낮다.
단 점	• 기계식에 비해 구조가 복잡하고 값이 비싸다. • 고장이 발생한 경우에는 정비가 어렵다. • 오일펌프 구동에 엔진의 출력이 일부 소비된다.

▌휠 얼라인먼트

① 휠 얼라인먼트의 역할
- ㉠ 조향핸들의 조작을 확실하게 하고 안전성을 부여 : 캐스터의 작용
- ㉡ 조향핸들에 복원성을 부여 : 캐스터와 조향축(킹핀) 경사각의 작용
- ㉢ 조향핸들의 가벼운 조작감 부여 : 캠버와 조향축(킹핀) 경사각의 작용
- ㉣ 타이어 마멸을 최소화 : 토인의 작용

② 휠 얼라인먼트가 필요한 시기
- ㉠ 자동차 하체가 충격을 받았거나 사고가 발생한 경우
- ㉡ 타이어를 교환한 경우
- ㉢ 핸들의 중심이 어긋난 경우
- ㉣ 타이어 편마모가 발생한 경우
- ㉤ 자동차가 한쪽으로 쏠림 현상이 발생한 경우
- ㉥ 자동차에서 롤링(좌우 진동)이 발생한 경우

ⓢ 핸들이나 자동차의 떨림이 발생한 경우

③ 휠 얼라인먼트의 요소

㉠ 캠버(Camber) : 자동차를 앞에서 보았을 때, 위쪽이 아래보다 약간 바깥쪽으로 기울어져 있는 것을 말한다.

㉡ 캐스터(Caster) : 자동차 앞바퀴를 옆에서 보았을 때 앞 차축을 고정하는 조향축(킹핀)이 수직선과 어떤 각도를 두고 설치되어 있는 것을 말한다.

㉢ 토인(Toe-in) : 앞바퀴를 위에서 보았을 때 앞쪽이 뒤쪽보다 좁은 상태를 말한다.

㉣ 조향축(킹핀) 경사각 : 캠버와 함께 조향핸들의 조작을 가볍게 하며, 캐스터와 함께 앞바퀴에 복원성을 부여하여 직진 방향으로 쉽게 되돌아가게 한다.

제5절 현가장치

▌ 차량의 무게를 지탱하여 차체가 직접 차축에 얹히지 않도록 해 주며 도로 충격을 흡수하여 운전자와 화물에 더욱 유연한 승차 상태를 제공하는 장치

▌ 현가장치의 주요기능

① 적정한 자동차의 높이를 유지한다.

② 상하 방향이 유연하여 차체가 노면에서 받는 충격을 완화시킨다.

③ 올바른 휠 밸런스 유지한다.

④ 차체의 무게를 지탱한다.

⑤ 타이어의 접지상태를 유지한다.

⑥ 주행방향을 일부 조정한다.

▌ 현가장치의 구성

① **스프링** : 차체와 차축사이에 설치되어 주행 중 노면에서의 충격이나 진동을 흡수하여 차체에 전달되지 않게 하는 것

㉠ 판스프링(Leaf Spring) : 판스프링은 적당히 구부린 띠 모양의 스프링 강을 몇 장 겹쳐 그 중심에서 볼트로 조인 것을 말한다. 버스나 화물차에 사용한다.

㉡ 코일 스프링(Coil Spring) : 코일 스프링은 스프링 강을 코일 모양으로 감아서 제작한 것으로 외부의 힘을 받으면 비틀려진다. 승용차에 많이 사용한다.

㉢ 비틀림 막대 스프링(Torsion Bar Spring) : 토션바 스프링은 비틀었을 때 탄성에 의해 원위치하려는 성질을 이용한 스프링 강의 막대이다.

㉣ 공기 스프링(Air Spring) : 공기의 탄성을 이용한 스프링으로 다른 스프링에 비해 유연한 탄성을 얻을 수 있고, 노면으로부터의 작은 진동도 흡수할 수 있다.

② 충격흡수장치(Shock Absorber, 스프링 진동 감압시켜 진폭을 줄이는 기능)

㉠ 노면에서 발생한 스프링의 진동을 재빨리 흡수하여 승차감을 향상시키고 동시에 스프링의 피로를 줄이기 위해 설치하는 장치이다.

㉡ 쇽업소버는 움직임을 멈추려고 하지 않는 스프링에 대하여 역 방향으로 힘을 발생시켜 진동의 흡수를 앞당긴다.

㉢ 스프링이 수축하려고 하면 쇽업소버는 수축하지 않도록 하는 힘을 발생시키고, 반대로 스프링이 늘어나려고 하면 늘어나지 않도록 하는 힘을 발생시키는 작용을 하므로 스프링의 상하 운동에너지를 열에너지로 변환시켜 준다.

③ 스태빌라이저 : 좌우 바퀴가 동시에 상하 운동을 할 때에는 작용을 하지 않으나 좌우 바퀴가 서로 다르게 상하 운동을 할 때 작용하여 차체의 기울기를 감소시켜 주는 장치이다.

㉠ 커브 길에서 자동차가 선회할 때 원심력 때문에 차체가 기울어지는 것을 감소시켜 차체가 롤링(좌우 진동)하는 것을 방지하여 준다.

㉡ 스태빌라이저는 토션바의 일종으로 양끝이 좌우의 로어 컨트롤 암에 연결되며 가운데는 차체에 설치된다.

제6절 자동차 점검

▌예방정비

① 예방정비 : 자동차는 운행되어 시간이 지남에 따라 각 구조 장치가 정해진 내구성이 소멸되어 가면서 고장이 발생되어 자동차가 도로에서 고장으로 인한 교통사고가 발생하거나, 더 큰 기계적 고장으로 확대하여 자동차 및 부품의 수명감축이나 정비비용 손실을 예방하기 위한 사전에 미리 고장개소를 찾아내어 일상적, 정기적인 정비 관리함을 말한다.

② 예방정비 점검의 종류 : 운행 전 점검, 운행 후 점검, 정기점검 등으로 구분하며 자동차여객운수사업에 있어 예방정비는 운수종사자의 필수 의무사항이기도 하다.

▌일상 점검 항목 및 내용

① 일상점검 : 자동차를 운행하는 사람이 매일 자동차를 운행하기 전에 점검하는 것

② 주의사항

㉠ 경사가 없는 평탄한 장소에서 점검한다.

㉡ 변속레버는 P(주차)에 위치시킨 후 주차 브레이크를 당겨 놓는다.

㉢ 엔진 시동 상태에서 점검해야 할 사항이 아니면 엔진 시동을 끄고 한다.

㉣ 점검은 환기가 잘되는 장소에서 실시한다.

㉤ 엔진 점검 시에는 반드시 엔진을 끄고, 열이 식은 다음에 실시한다(화상예방).

㉥ 연료장치나 배터리 부근에서는 불꽃을 멀리 한다(화재예방).

㉦ 배터리, 전기 배선을 만질 때에는 미리 배터리의 ⊖단자를 분리한다(감전예방).

③ 일상점검 항목 및 내용

점검 항목		점검 내용
엔진룸 내부	엔 진	• 엔진오일, 냉각수 • 브레이크 오일 • 배터리액 • 윈도 워셔액 • 팬 벨트 장력
	변속기	• 변속기 오일 • 누유 여부
	기 타	• 라디에이터 상태 • 엔진룸 오염 정도
자동차의 외관	완충 스프링	스프링 연결 부위의 손상 또는 균열은 없는가?
	타이어	• 타이어 공기압 • 타이어의 균열/마모 정도 • 타이어 홈 깊이 • 휠 볼트 및 너트의 조임 정도
	램 프	라이트의 점등상황
	등록번호판	• 번호판이 손상 여부 • 번호판 식별이 가능 여부
	배기가스	배기가스의 색깔
운전석	엔 진	• 엔진의 시동 상태 • 이상 소리 확인
	브레이크 (풋브레이크/ 주차 브레이크)	• 브레이크 페달의 밟히는 정도 • 브레이크의 작동 상태 • 주차 브레이크의 작동 상태
	변속기	• 클러치의 자유 간극 적정 여부 • 변속 레버의 정상 조작 여부 • 변속 시 반발력 확인
	후사경	운전자 입장에서 시야 정상 확보 여부
	경음기	정상 작동 여부
	와이퍼	• 정상 작동 여부 • 워셔액 적정량
	각종 계기	오작동 신호 확인

운행 전 자동차 점검

① 운전석에서 점검

㉠ 연료 게이지량

㉡ 브레이크 페달 유격 및 작동 상태

㉢ 룸미러 각도, 경음기 작동 상태, 계기 점등 상태

㉣ 와이퍼 작동상태

㉤ 스티어링 휠(핸들) 및 운전석 조정

② 엔진점검

㉠ 엔진오일의 양은 적당하며 불순물은 없는지?

㉡ 냉각수의 양은 적당하며 색이 변하지는 않았는가?

㉢ 각종 벨트의 장력은 적당하며 손상된 곳은 없는가?

㉣ 배선은 깨끗이 정리 되어 있으며 배선이 벗겨져 있거나 연결부분에서 합선 등 누전의 염려는 없는가?

③ 외관점검

㉠ 유리는 깨끗하며 깨진 곳은 없는가?

㉡ 차체에 굴곡된 곳은 없으며 후드(보닛)의 고정은 이상이 없는가?

㉢ 타이어의 공기압력 마모 상태는 적절한가?

㉣ 차체가 기울지는 않았는가?

㉤ 후사경의 위치는 바르며 깨끗한가?

㉥ 차체에 먼지나 외관상 바람직하지 않은 것은 없는가?

㉦ 반사기 및 번호판의 오염, 손상은 없는가?

㉧ 휠 너트의 조임 상태는 양호한가?

㉨ 파워스티어링 오일 및 브레이크액의 양과 상태는 양호한가?

㉩ 차체에서 오일이나 연료, 냉각수 등이 누출되는 곳은 없으며 라디에이터 캡과 연료탱크 캡은 이상 없이 채워져 있는가?

㉪ 각종 등화는 이상 없이 잘 작동되는가?

④ 경고등·표시등 확인

㉠ 주행빔(상향등) 작동 표시등 : 전조등이 주행빔(상향등)일 때 점등

㉡ 안전벨트 미착용 경고등 : 시동키「ON」했을 때 안전벨트를 착용하지 않으면 경고등이 점등

㉢ 연료잔량 경고등 : 연료의 잔류량이 적을 때 경고등이 점등

㉣ 엔진오일 압력 경고등 : 엔진오일이 부족하거나 유압이 낮아지면 경고등이 점등

㉤ ABS 표시등 : ABS 경고등은 키「ON」하면 약 3초간 점등된 후 소등되면 정상

㉥ 브레이크 에어 경고등 : 키가「ON」상태에서 AOH 브레이크 장착 차량의 에어탱크에 공기압이 $4.5 \pm 0.5 kg/cm^2$ 이하가 되면 점등

㉦ 비상경고 표시등 : 비상경고등 스위치를 누르면 점멸

㉧ 배터리 충전 경고등 : 벨트가 끊어졌을 때나 충전장치가 고장 났을 때 경고등이 점등

㉨ 주차 브레이크 경고등 : 주차 브레이크가 작동되어 있을 경우에 경고등이 점등

㉩ 엔진 정비 지시등 : 키를「ON」하면 약 2~3초간 점등된 후 소등, 엔진의 전자제어장치나 배기가스 제어에 관계되는 각종 센서에 이상이 있을 때 점등

㉪ 엔진 예열작동 표시등 : 엔진 예열상태에서 점등되고 예열이 완료되면 소등

㉫ 냉각수 경고등 냉각수가 규정 이하일 경우에 경고등 점등

■ 운행 후 자동차 점검

① 외관 점검
  ㉠ 차체에 굴곡이나 손상된 곳 등 여부 확인
  ㉡ 타이어 공기압 차이에 의한 기울어짐 여부 확인
  ㉢ 보닛의 고리 빠짐 여부 확인
  ㉣ 주차 후 바닥에 오일/냉각수가 보이는지 확인

② 짧은 점검 주기가 필요한 주행(가혹) 조건
  ㉠ 짧은 거리를 반복해서 주행
  ㉡ 모래, 먼지가 많은 지역 주행
  ㉢ 과도한 공회전
  ㉣ 33℃ 이상의 온도에서 교통 체증이 심한 도로를 절반 이상 주행
  ㉤ 험한 길(자갈길, 비포장길)의 주행 빈도가 높은 경우
  ㉥ 산길, 오르막길, 내리막길의 주행 횟수가 많은 경우
  ㉦ 고속 주행(약 180km/h)의 빈도가 높은 경우
  ㉧ 해변, 부식 물질이 있는 곳, 한랭 지역을 주행한 경우

제7절 자동차 관리 요령

■ 세차시기

① 겨울철에 동결 방지제(염화칼슘, 모래 등)가 뿌려진 도로를 주행하였을 경우
② 해안 지대를 주행하였을 경우
③ 진흙 및 먼지 등으로 심하게 오염되었을 경우
④ 옥외에서 장시간 주차하였을 경우
⑤ 아스팔트 공사 도로를 주행하였을 경우
⑥ 새의 배설물, 벌레 등이 붙어 도장이 손상되었을 가능성이 있는 경우

■ 세차할 때의 주의 사항

① 세차할 때 엔진룸은 에어를 이용하여 세척한다.
  ※ 엔진룸에 있는 전기장치들의 배선에 수분이 침투했을 경우에는 차량의 고장 원인이 된다.
② 겨울철에 세차하는 경우에는 물기를 완전히 제거한다.
③ 기름 또는 왁스가 묻어 있는 걸레로 전면 유리를 닦지 않는다.
  ※ 야간 운전 시 빛이 반사되어 안전 운전에 방해가 된다.

외장 손질

① 차량 표면에 녹이 발생하거나, 부식되는 것을 방지하도록 깨끗이 세척한다.
② 차량의 도장보호를 위해 소금, 먼지, 진흙 또는 다른 이물질들이 퇴적되지 않도록 깨끗이 제거한다.
③ 자동차의 더러움이 심할 경우 고무 제품의 변색을 예방하기 위해 가정용 중성세제 대신 자동차 전용 세척제를 사용한다.
④ 범퍼나 차량 외부를 세차 시 부드러운 브러시나 스펀지를 사용하여 닦아낸다.
⑤ 차량 외부의 합성수지 부품에 엔진 오일, 방향제 등이 묻은 경우 변색이나 얼룩이 발생하므로 즉시 깨끗이 닦아낸다.
⑥ 도장의 보호를 위해 차체의 먼지나 오물을 마른걸레로 닦아내지 않는다.

내장 손질

① 차량 내장을 아세톤, 에나멜 및 표백제 등으로 세척할 경우 변색되거나 손상이 발생할 수 있다.
② 액상 방향제가 유출되어 계기판 부분이나 인스트루먼트 패널 및 공기 통풍구에 묻으면 액상 방향제의 고유 성분으로 인해 손상될 수 있다.

타이어 마모에 영향을 주는 요소

① 타이어 공기압
　㉠ 타이어의 공기압이 낮으면 승차감은 좋아지나, 타이어 숄더 부분에 마찰력이 집중되어 타이어 수명이 짧아지게 된다.
　㉡ 타이어의 공기압이 높으면 승차감이 나빠지며, 트레드 중앙부분의 마모가 촉진된다.
② 차의 하중
　㉠ 타이어에 걸리는 차의 하중이 커지면 공기압이 부족한 것처럼 타이어는 크게 굴곡 되어 타이어의 마모를 촉진하게 된다.
　㉡ 타이어에 걸리는 차의 하중이 커지면 마찰력과 발열량이 증가하여 타이어의 내마모성(마찰에도 닳지 아니하고 잘 견디는 성질)을 저하시키게 된다.
③ 차의 속도
　㉠ 타이어가 노면과의 사이에서 발생 하는 마찰력은 타이어의 마모를 촉진시킨다.
　㉡ 속도가 증가하면 타이어의 내부온도도 상승하여 트레드 고무의 내마모성이 저하된다.
④ 커브(도로의 굽은 부분)
　㉠ 차가 커브를 돌 때에는 관성에 의한 원심력과 타이어의 구동력 간의 마찰력 차이에 의해 미끄러짐 현상이 발생하면 타이어 마모를 촉진하게 된다.
　㉡ 커브의 구부러진 상태나 커브구간이 반복될수록 타이어 마모는 촉진된다.
⑤ 브레이크
　㉠ 고속주행 중에 급제동한 경우는 저속주행 중에 급제동한 경우보다 타이어 마모는 증가한다.
　㉡ 브레이크를 밟는 횟수가 많으면 많을수록 또는 브레이크를 밟기 직전의 속도가 빠르면 빠를수록 타이어의 마모량은 커진다.

⑥ 노 면

㉠ 포장도로는 비포장도로를 주행하였을 때보다 타이어 마모를 줄일 수 있다.

㉡ 콘크리트 포장도로는 아스팔트 포장도로보다 타이어 마모가 더 발생한다.

※ 노면의 사고율 : 결빙노면 > 눈덮인 노면 > 습윤노면 > 건조노면

⑦ 기 타

㉠ 정비불량 : 타이어 휠의 정렬 불량이나 차량의 서스펜션 불량 등은 타이어의 자연스런 회전을 방해하여 타이어 이상마모 등의 원인이 된다.

㉡ 기온 : 기온이 올라가는 여름철은 타이어 마모가 촉진되는 경향이 있다.

㉢ 운전자의 운전습관, 타이어의 트레드 패턴 등도 타이어 마모에 영향을 미친다.

제 3 장 LPG 자동차

제1절 LPG 자동차 안전관리 법규(액화석유가스의 안전관리 및 사업법)

액화석유가스 사용시설의 설치와 검사

① 설치 : 액화석유가스를 사용하려는 자는 산업통상자원부령으로 정하는 시설기준과 기술기준에 맞도록 액화석유가스의 사용시설과 가스용품을 갖추어야 한다(법 제44조제1항).

② 완성검사 : 가스시설시공업자는 액화석유가스 특정사용자의 액화석유가스 사용시설의 설치공사나 산업통상자원부령으로 정하는 변경공사를 완공하면 액화석유가스 특정사용자가 그 시설을 사용하기 전에 시장·군수·구청장의 완성검사를 받아야 한다(법 제44조제2항).

③ 완성검사나 정기검사를 받은 것으로 볼 수 있는 경우(규칙 제71조제8항)

㉠ 완성검사를 받은 것으로 보는 경우

- 자동차관리법 제30조에 따라 자기인증을 한 경우
- 자동차관리법 제43조제1항제3호에 따른 튜닝검사를 받은 경우

㉡ 정기검사를 받은 것으로 보는 경우 : 자동차관리법 제43조제1항제2호에 따른 정기검사를 받은 경우

자동차에 대한 액화석유가스 충전행위의 제한(법 제29조)

액화석유가스를 자동차의 연료로 사용하려는 자는 액화석유가스 충전사업소에서 액화석유가스를 충전 받아야 하며, 자기가 직접 충전하여서는 아니 된다. 다만, 자동차의 운행 중 연료가 떨어지거나 자동차의 수리를 위하여 연료의 충전이 필요한 경우 등 산업통상자원부령으로 정하는 경우에는 그러하지 아니하다.

※ 충전행위제한 제외대상(규칙 제41조)

- 자동차의 운행 중 연료가 소진되어 내용적 1리터 미만의 용기로 고압가스안전관리법 제17조에 따른 검사를 받은 접속장치를 사용하여 충전하는 경우
- 자동차의 수리를 위하여 용기 안의 잔가스를 임시로 회수하고, 수리가 끝난 후 운행을 하기 위하여 회수한 가스를 재충전하는 경우

제2절 LPG 자동차의 일반적 특성 등

LPG의 일반적 특징

① 가스 비중 : 프로판의 공기에 대한 비중은 1.52, 부탄의 경우는 2이기 때문에 공기보다 무겁다.

② 비점(끓는점)과 증기압

㉠ 비점 : 프로판과 부탄의 1기압에서의 끓는점은 각각 -42.1℃, -0.5℃이다.

㉡ 액화석유가스의 증기압 : 프로판과 부탄의 2성분계의 액화석유가스는 증기압이 높은 프로판의 비율이 증대될수록 증기압이 크며 프로판의 비율이 감소되면 증기압도 작아진다.

㉢ 프로판・n-부탄의 증기압(게이지압력)

온도(℃)		0	10	20	30	40
증기압 (kg/cm^2)	프로판	3.9	5.4	7.4	10.0	12.9
	부 탄	0	0.4	1.0	1.8	2.7

③ 증발 : LPG의 경우 빠른 속도로 계속해서 가스를 소비하게 되면 LPG가 증발하면서 주위로부터 열을 빼앗아 액화가스와 용기의 온도가 낮아져 용기 표면에 이슬이 맺히는 현상이다.

※ 증발잠열 : 액체프로판 1kg이 증발하면서 주위로부터 102kcal의 열을 빼앗아 가게 되는데 이를 프로판의 증발잠열(기화열)이라 한다.

④ 가스의 액화

㉠ 액상태의 액화석유가스는 기체의 경우보다 상당히 작은 용적인 1/250로 된다.

㉡ 프로판은 약 0.74MPa, 부탄은 약 0.11MPa 정도로 가압하면 액화된다.

⑤ 액화가스의 팽창 : 액상의 프로판이 온도 상승한 경우 팽창하는 양은 상당히 크고, 실제 물팽창량의 약 20배 정도이며, 구리 등 금속의 팽창하는 양의 약 100배 정도이다.

LPG의 연소특성

① 폭발성

㉠ 액화석유가스는 공기나 산소와 혼합하여 폭발성 혼합가스가 된다.

㉡ 프로판의 폭발(연소) 범위는 공기 중 2.1~9.5Vol%, 부탄은 1.8~8.4Vol%로 폭발하한계가 낮다.

㉢ 상온・상압하에서는 기체로 인화점이 낮아 소량 누출 시에도 인화하여 화재 및 폭발의 위험성이 크므로 취급에 주의하여야 한다.

※ 폭발(연소) 범위

- 연소가 일어날 수 있는 가스와 공기의 혼합비율을 연소범위 또는 폭발범위라 한다. 연소범위는 가연성가스의 부피(%)로 표시하며, 가스중의 최고농도를 상한, 최저농도를 하한이라 한다.
- LPG와 가솔린의 폭발한계 및 위험도

연료의 종류	폭발한계		위험도
	하 한	상 한	
휘발유	1.5	4.7	2.1
LPG	1.8	9.5	4.2

② 인화성

㉠ 액화석유가스는 전기절연성이 높고, 유동・여과・분무 시 정전기가 발생하는 성질이 있다.

㉡ 방전스파크에 의해 인화폭발의 위험이 있으므로 주의하여야 한다.

휘발유 자동차와 LPG 자동차의 연료계통 비교

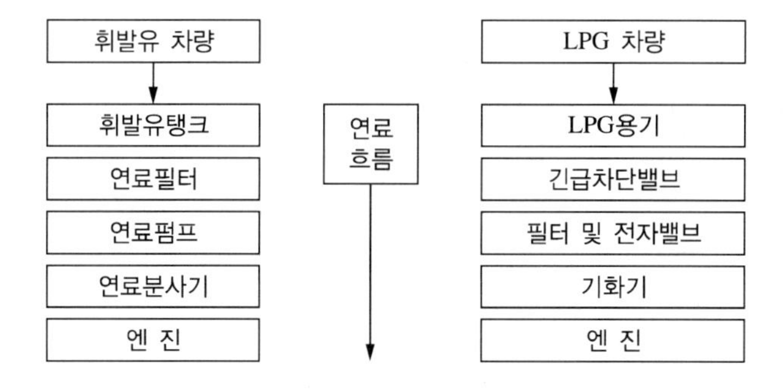

LPG 자동차의 분류

① 분 류

㉠ 제조 방법에 따른 구분

- LP가스 연료를 사용하도록 설계된 엔진과 연료장치를 부착한 자동차를 자동차 제조사에서 제조한 차량(또는 완성 차량)
- 휘발유를 사용하도록 제조된 자동차의 연료장치를 시공업소에서 LP가스 연료 사용에 적합한 장치로 구조 변경하는 차량

㉡ 연료의 공급 방법에 따른 구분

- 단일 연료 공급 방식 : 자동차 연료로 LP가스만을 사용
- 다중 연료(Bi-fuel) 공급 방식 : 휘발유 또는 LP가스 중 원하는 연료를 선택적으로 사용

② LPG 자동차의 장단점

구분	내용
장 점	• 연료비가 싸다. • 옥탄가가 높다(노킹에 유리). • 베이퍼 록 등이 발생하지 않고 내열성이 우수하다. • 기체연료이기 때문에 각 기통으로의 혼합기 분배성이 양호하다. • 연료 자체의 증기압을 이용하므로 연료펌프가 필요없다.
단 점	• LPG 충전소가 적기 때문에 장거리 운행이 불안하다. • 큰 용기가 필요하기 때문에 트렁크 룸이 좁다. • 타르 빼기 등 정비가 필요하다. • 용기가 고압용이기 때문에 정기점검이 필요하다. • 가스누출 시 체류하여 점화원에 의해 폭발의 위험성이 있다.

제3절 LPG 연료장치의 구조와 기능

가스용기

① 규 격

㉠ LP가스 자동차에 사용되는 가스용기는 KS D 3533(고압 가스용기용 강판 및 강대)에서 규정하는 인장강도 42kg/mm^2 이상, 두께 3.2mm의 강판을 사용하여 제조

㉡ 제조 후에는 31kg/cm^2 이상의 수압으로 시험하는 내압시험과 18kg/cm^2 이상의 공기압으로 시험하는 기밀시험, 용접부에 대한 비파괴 시험 등을 통하여 검사함

② **부착장치** : 자동차용 용기에는 각종 밸브 이외에 액면 표시 장치와 과충전방지장치 등이 부착된다.

③ **용기의 종류** : 용기는 구조에 따라 일반 용기, 풀 컨테이너 케이스 방식과 세미 컨테이너케이스 방식 용기로 구분된다.

㉠ 풀 컨테이너 케이스 방식의 용기 : 용기 몸체와 용기밸브 및 배관 접속부가 밀폐된 컨테이너 케이스 내에 수납되어 차체에 고정되는 용기

㉡ 세미 컨테이너 케이스 방식의 용기 : 용기 몸체를 제외한 용기밸브 및 배관 접속부만이 밀폐된 컨테이너 케이스 내에 수납되어 차체에 고정되는 용기

용기밸브

① **압력 안전장치(안전밸브)** : 연료 충전밸브의 압력 안전장치는 연료용기가 화염에 노출되는 등 고온에 노출되어 비정상적으로 내부 압력이 증가할 경우, 용기의 손상을 방지하기 위해 용기 내부의 압력을 제거하는 장치이다.

② **액체 출구밸브(과류방지밸브)** : 액체의 유량이 적절한 경우 스프링에 의해 차단용 디스크와 노즐이 떨어져 있으나, 배관이 파손되는 등 연료가 급격하게 유출되면 스프링의 탄력보다 연료가 디스크를 누르는 힘이 커져 디스크가 노즐을 막아 연료 가스의 과다 누출을 방지하는 안전용 밸브이다.

■ 과충전방지장치

① 가스용기에 연료를 충전할 때에는 액팽창에 의한 가스의 누출 또는 용기의 손상을 방지하기 위하여 최고 충전량의 85% 이하를 충전하도록 규정되어 있다.
② LP가스 자동차에는 이러한 충전량 제한을 만족시키기 위하여 충전밸브에 과충전방지장치를 부착하여야 한다.
③ 과충전방지장치는 가스용기 내에 설치하며 배관을 통하여 안전밸브, 충전밸브 및 충전구와 연결되어 있다.

■ 긴급차단장치(전자식 밸브)

① **기능** : 긴급차단장치는 운전자가 시동을 끄거나, 자동차의 사고 등에 의해 엔진의 회전이 멈춘 경우 또는 각종 사고나 고장에 의해 엔진으로 공급되는 전원이 차단된 경우 안전을 위하여 연료의 흐름을 차단하는 전자식 밸브이다.
② **전자식 밸브의 구조** : 전자식 밸브는 구조상 철분, 먼지 등이 부착되면 정상적으로 작동하기 어려우므로 전자식 밸브의 전방에 필터를 부착하고 스위치의 작동에 의해 연료를 공급・차단하는 구조이다.

■ 기화기 및 혼합기

① **기화기** : 열교환기와 압력조정기로 구성되는 연료공급 장치
② **혼합기** : 혼합기는 기화기에서 기화된 LP가스를 공기와 혼합하여 엔진에 공급하는 장치

■ LPG 자동차의 일반적 구조

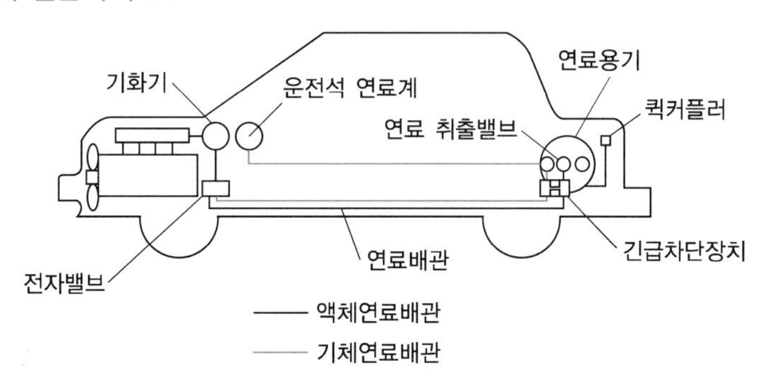

제4절 LPG 자동차 GAS 취급방법

■ 정기점검

① 기화기
㉠ 장기간 사용 또는 연료의 성분에 의한 차량의 성능저하 등이 감지될 때 1차실 압력점검 및 가스의 누출점검을 하고, 이상이 있을 경우는 재조정 또는 교환한다.

㉡ Idling(공회전) 상태가 불안정할 때는 공회전RPM, CO(Duty)값을 확인, 규정 내를 벗어날 경우 재조정한다. 이때는 혼합기의 RPM 조정 스크루와 기화기의 CO 조정 스크루를 동시에 조정한다.

㉢ LPG 특성상 연료 내에 함유되어 있는 타르 성분이 기화기의 성능을 저하시키는 주원인이 되므로 반드시 월 1회 이상 배출하여 주는 것이 좋다. 타르는 기화기가 따뜻할 때 드레인 코크(Drain Cock)을 열어 배출한다.

② **혼합기**

㉠ Idling(공회전) 상태가 불안정할 때는 RPM을 확인하고 규정을 벗어났을 경우는 혼합기, 기화기의 조정스크루로 재조정한다.

㉡ 장기사용의 경우는 연료의 타르성분과 엔진의 카본이 스로틀 밸브 및 Bore 내, 각 포트(Port)에 부착되어 성능 불량의 원인이 되므로 정기적으로(1년) 점검・정비(탈착하여 세정)한다.

③ **전자식 밸브 및 필터** : 연료관 내의 이물질에 의한 작동불량 또는 필터의 막힘이 있을 수 있으므로 점검 후 청소・교환한다.

일상점검(연료의 누출점검)

① 용기의 충전밸브(녹색)는 LPG 충전 시를 제외하고 잠겨 있는지 점검한다.

② 용기가 트렁크 내에 있는 잭, 부속공구, 예비타이어 등과 접촉하여 손상을 주지 않도록 단단하게 고정되어 있는지 점검한다.

③ LPG는 본래 무색・무취이나 극소량의 부취제를 첨가하여 LPG 특유의 냄새가 나므로 항상 냄새에 유의한다.

※ 비눗물을 이용하여 점검하고, 이상이 있으면 즉시 정비업소에서 조치를 받는다.

엔진시동 전 점검사항

① **LPG 용기 밸브개폐 확인** : 용기의 충전밸브는 연료충전 시 이외에는 반드시 잠겨져있는지 확인한다. 확인한 다음 연료출구밸브는 반드시 완전히 열어 준다.

② **비눗물을 사용하여 각 연결부로부터 누출이 있는지 점검**

㉠ 가스가 샐 경우에는 냄새가 나며, 비눗물을 사용하여 점검하고 만일, 누출이 있다면 LPG 누설방지용 씰 테이프를 감아 준다.

㉡ 누출을 확인할 때에는 반드시 엔진점화스위치를 'On' 위치시킨다.

시동요령

① LPG 스위치를 누른다.

② 외기온도에 따라 초크손잡이를 적당히 당긴다.

㉠ 여름철 기온이 15℃ 이상일 때는 손잡이를 약간 당긴다.

㉡ 봄/가을철 기온이 0~15℃일 때는 손잡이를 1/2~1/3까지 당긴다.

㉢ 겨울철 기온이 0℃ 이하일 때는 손잡이를 끝까지 당긴다.

③ 클러치페달을 밟고(수동변속기 차량의 경우) 시동을 건다.
④ 일단 시동이 걸리면 기체, 액체 전환램프가 꺼질 때까지 기다렸다가 출발하면 원활한 주행이 가능하다.
⑤ 엔진의 온도가 적당하게 상승한 후에는 반드시 초크손잡이를 원위치로 밀어 넣고 주행한다.

주행 중 준수사항

① 주행 중 LPG 스위치에 손을 대지 않는다. LPG 스위치가 꺼졌을 경우 엔진이 정지되어 안전운전에 지장을 초래할 우려가 있다.
② LPG 용기의 구조특성상 급가속, 급제동, 급선회 시 및 경사길을 지속 주행할 경우 경고등이 점등될 수 있으나 이상현상은 아니다.
③ 평지 주행상태에서 계속 경고등이 점등되면 바로 연료를 충전한다.

시동을 끄는 요령

① 적당히 공회전을 유지한다.
② LPG 스위치를 눌러(Off시켜) 자동적으로 시동이 꺼지도록 한다.
③ 시동키를 뺀다.
④ 지하 주차장 및 밀폐된 장소는 통풍이 잘되지 않아 가스가 잘 빠져 나가지 못하므로 인화성 물질에 의해 화재가 발생할 수 있다, 따라서 장시간 주차할 경우에는 충전밸브 및 2개의 출구밸브를 반드시 잠그고 지하주차장과 밀폐된 장소는 피한다.

LPG 충전방법

① 시동을 끈다.
② 출구밸브 핸들(적색)을 잠근 다음, 충전밸브 핸들(녹색)을 연다.
③ LPG 주입 뚜껑을 연 다음, 원터치밸브를 통해 LPG를 주입시킨다.
④ 주입이 끝난 다음, LPG 주입뚜껑을 닫는다.
⑤ 먼저 충전밸브 핸들을 잠근 후, 출구밸브 핸들을 연다.
※ 반드시 85%를 넘지 않도록 LPG를 주입한다.

응급 시 조치요령

① 가스 누출 시
㉠ 엔진을 정지시킨다.
㉡ LPG 스위치를 끈 후 트렁크 안에 있는 용기의 연료출구밸브(적색, 황색) 2개를 잠근다.
㉢ 필요한 정비를 한다.

② 교통사고 발생 시
㉠ LPG 스위치를 끈 후 엔진을 정지한다.
㉡ 승객을 대피시킨다.
㉢ LPG 용기의 출구밸브를 잠근다.

㉣ 누출 부위에 불이 붙었을 경우 재빨리 소화기 또는 물로 불을 끈다.

③ 응급조치 불가능 시

㉠ 부근의 화기를 제거한다.

㉡ 경찰서, 소방서 등에 신고한다.

㉢ 차량에서 떨어져서 주변차량의 접근을 통제한다.

운전자의 기본수칙

① 화기 주의 : 취급부주의로 인한 LPG 누출이 있더라도 화기가 없으면 화재발생이 안 되므로 화기(난로, 모닥불, 담뱃불, 전깃불) 옆에서 LPG 용기 및 배관 등을 점검, 분해 수리를 해서는 안 된다.

② LPG 누출 확인

㉠ 우선 냄새로 확인한다. LPG 차량 승하차 시 냄새로 LPG누출 여부의 점검을 습관화해야 한다.

㉡ 누출 부위를 확인할 경우에는 비눗물을 사용하는 것이 바람직하다.

㉢ 누출량이 많은 부위에는 주위의 열을 흡수, 기화하기 때문에 하얗게 서리현상이 발생한다.

㉣ 동상에 걸릴 위험이 있으므로 누출 부위를 손으로 막지 않는다.

㉤ LPG 용기의 수리는 절대로 금하고 교환을 원칙으로 한다.

㉥ 누출이 확인되면 LPG 용기의 연료출구밸브를 잠그고 정비해야 한다.

㉦ 정비가 필요할 때는 LPG 차량 정비업 등록이 된 지정 정비공장을 이용하며, 구조변경을 할 경우는 허가업소에서 새 부품을 사용한다.

③ 운전자 준수사항

㉠ LPG 자동차의 일반적인 유지보수 방법, 가스누출 점검방법, 타르제거 방법, 가스누출 시 조치방법, 각종 밸브의 종류 및 기능에 대하여 충분히 숙지하여야 한다.

㉡ 과류방지밸브의 원활한 작동을 위하여 액체연료밸브를 완전히 개방한 상태로 운행하여야 한다.

㉢ 환기구가 밀폐되지 않은 상태에서 운행하고 충전 중에는 반드시 엔진을 정지시켜 오발진의 가능성을 없애야 한다.

㉣ 연료 충전 후에는 반드시 먼지막이용 캡을 씌우고 충전밸브를 잠그고 운행하여야 한다.

㉤ 차량을 장기간 사용하지 않을 경우에는 모든 용기밸브를 잠그거나 엔진을 가동하여 배관 내 가스를 모두 소진하는 것이 바람직하다.

㉥ 취급설명서의 안전운전 및 취급요령을 숙지하여 생활화한다.

제4장 자동차 응급조치 요령

제1절 상황별 응급조치

응급처치

응급조치란 긴급하고 위급한 일이 발생하였을 때 우선적 임시로 처리함을 말하여, 교통사고로부터 안전하게 대피하도록 하거나 주변 정비업소까지 이동하기 위한 응급조치는 운전자가 갖추어야 할 기본이며 평상시에 학습과 경험을 통해 필수적으로 익혀야 한다.

① 팬 벨트
- ㉠ 가속페달을 힘껏 밟는 순간 '끼익'하는 소리 발생
- ㉡ 팬 벨트 등이 이완되어 걸려 있는 풀리와의 미끄러짐 여부 점검

② 엔진의 점화 장치
- ㉠ 주행 시작 전 특이한 진동이 느껴질 때
- ㉡ 엔진에서의 고장이 주요 원인
- ㉢ 플러그 배선의 빠짐 여부와 플러그 불량 여부 확인

③ 클러치
- ㉠ 클러치를 밟고 있을 때 '달달달' 떨리는 소리와 함께 차체에서 진동이 발생
- ㉡ 클러치 릴리스 베어링 고장 여부 확인

④ 브레이크
- ㉠ 브레이크 페달을 밟아 정지하려 할 때 바퀴에서 '끼익' 하는 소리 발생
- ㉡ 브레이크 라이닝의 마모 정도나 라이닝의 결함 여부 확인

⑤ 조향장치
- ㉠ 운행 중 매우 심한 핸들의 흔들림 발생
- ㉡ 전륜의 정열(휠 얼라인먼트)의 부조화 여부 및 바퀴의 휠 밸런스 확인

⑥ 바퀴 부분
- ㉠ 주행 중 차량 하체 부분에서 비틀거리는 흔들림 발생
- ㉡ 특히 커브를 돌았을 때 휘청거리는 현상 발생
- ㉢ 바퀴의 휠 너트의 이완 및 바퀴의 공기 부족 확인

⑦ 완충(현가) 장치
- ㉠ 비포장도로의 울퉁불퉁하고 험한 노면을 달릴 때 '딱각딱각' 하는 소리 발생
- ㉡ '킁킁' 하는 소리 발생
- ㉢ 충격 완충 장치인 쇽업소버의 고장 여부 확인

냄새와 열이 날 때의 점검 사항

① 전기 장치
- ㉠ 고무 같은 것이 타는 냄새 발생
- ㉡ 가급적 빨리 차를 세운다.

㉢ 엔진실 내의 전기 배선 등의 피복이 벗겨져 합선에 의해 전선이 타는지 확인
㉣ 보닛을 열고 잘 살펴보면 그 부위를 발견할 수 있다.

② 바퀴 부분
㉠ 각 바퀴의 드럼에 손을 대보았을 때 어느 한쪽만 뜨거울 경우
㉡ 브레이크 라이닝 간격이 좁아 브레이크가 끌리는지 확인

③ 브레이크 부분
㉠ 치과에서 이을 갈아낼 때 나는 냄새가 나는 경우
㉡ 풋 브레이크가 너무 좁지는 않는지 확인
㉢ 주차 브레이크를 당겼다 풀었으나 완전히 풀리지 않았는지 확인
㉣ 긴 언덕길을 내려갈 때 계속 풋 브레이크를 밟았을 경우 현상이 발생

배출 가스에 의한 점검 사항

자동차 후면에 장착된 머플러(소음기) 배관에서 배출되는 가스의 색을 자세히 살펴보면 엔진 상태를 알 수 있다.

① 무색 : 완전 연소 시 정상 배출 가스의 색은 무색 또는 약간 엷은 청색을 띤다.

② 검은색
㉠ 농후한 혼합 가스가 들어가 불완전하게 연소되는 경우이다.
㉡ 초크 고장이나 에어 클리너 엘리먼트의 막힘, 연료 장치 고장 등을 확인

③ 백 색
㉠ 엔진 안에서 다량의 엔진 오일이 실린더 위로 올라와 연소되는 경우
㉡ 헤드 개스킷 파손, 밸브의 오일 씰 노후 또는 피스톤링의 마모 등 확인

엔진 시동이 걸리지 않는 경우 대처 · 점검 사항

① 동승자 또는 주위의 도움을 받아 차를 안전한 장소로 이동시킨다.
② 철길 건널목에서 엔진 시동이 꺼지고 차가 움직이지 않을 경우 즉시 동승자를 피난시키고 비상사태를 알린다.
③ 시동 모터가 회전하지 않을 경우 : 배터리의 방전 상태, 배터리 단자의 연결 상태 확인
④ 시동 모터는 회전하나 시동이 걸리지 않을 경우 : 연료의 유무 확인
⑤ 배터리가 방전되어 있을 경우
㉠ 주차 브레이크를 작동시켜 차량이 움직이지 않도록 한다.
㉡ 변속기는 '중립'에 위치시킨다.
㉢ 보조 배터리를 사용하는 경우 점프 케이블을 연결한 후 시동을 건다.
㉣ 타 차량의 배터리에 점프 케이블을 연결하여 시동을 거는 경우에는 타 차량의 시동을 먼저 건 후 방전된 차량의 시동을 건다.
㉤ 시동이 걸린 후 배터리가 일부 충전되면 먼저 점프 케이블의 '–'단자를 분리한 후 +단자를 분리한다.
㉥ 방전된 배터리가 충분히 충전되도록 일정 시간 시동을 걸어둔다.

㉦ 주의 사항

• 점프 케이블의 양극(+)과 음극(-)이 서로 닿는 경우에는 불꽃이 발생하여 위험하므로 서로 닿지 않도록 한다.

• 방전된 배터리가 얼었거나 배터리액이 부족한 경우에는 점프 도중에 배터리의 파열 및 폭발이 발생할 수 있다.

전기 장치에 고장이 있는 경우

① 퓨즈의 단선 여부 확인
② 규정된 용량의 퓨즈만을 사용하여 교체
③ 높은 용량의 퓨즈로 교체한 경우에는 전기 배선 손상 및 화재 발생의 원인이 된다.

엔진 오버히트가 발생하는 경우 점검 사항

① 오버히트가 발생하는 경우
㉠ 냉각수의 부족 여부 확인
㉡ 엔진 내부가 얼어 냉각수가 순환하지 않는 경우인지 확인

② 엔진 오버히트가 발생할 때의 징후
㉠ 운행 중 수온계가 H 부분을 가리키는 경우
㉡ 엔진 출력이 갑자기 떨어지는 경우
㉢ 노킹 소리가 들리는 경우
※ 노킹(Knocking) : 압축된 공기와 연료 혼합물의 일부가 내연 기관의 실린더에서 비정상적으로 폭발할 때 나는 날카로운 소리

③ 엔진 오버히트가 발생할 때의 안전 조치 사항
㉠ 비상 경고등을 작동시킨 후 도로의 가장자리로 안전하게 이동하여 정차한다.
㉡ 여름에는 에어컨, 겨울에는 히터의 작동을 중지시킨다.
㉢ 엔진이 작동하는 상태에서 보닛(Bonnet)을 열어 엔진을 냉각시킨다.
㉣ 엔진을 충분히 냉각시킨 다음에는 냉각수의 양을 점검하고 라디에이터 호스의 연결 부위 등의 누수 여부를 확인한다.
㉤ 특이한 사항이 없다면 냉각수를 보충하여 운행하고, 누수나 오버히트가 발생할 만한 문제가 발견된다면 점검을 받아야 한다.

타이어에 펑크가 난 경우 조치 사항

① 운행 중 타이어가 펑크 났을 경우에는 핸들이 돌아가지 않도록 견고하게 잡고, 비상 경고등을 작동시킨다(한쪽으로 쏠리는 현상 예방).
② 가속페달에서 발을 떼어 속도를 서서히 감속시키면서 길 가장자리로 이동한다(급브레이크를 밟게 되면서 양쪽 바퀴의 제동력 차이로 자동차가 회전하는 것을 예방).
③ 브레이크를 밟아 차를 도로 옆 평탄하고 안전한 장소에 주차한 후 주차 브레이크를 당겨 놓는다.

④ 자동차의 운전자가 고장 난 자동차의 표지를 직접 설치하는 경우 그 자동차의 후방에서 접근하는 차량들의 운전자들이 확인할 수 있는 위치에 설치하여야 한다. 밤에는 사방 500m 지점에서 식별할 수 있는 적색의 섬광 신호, 전기제등 또는 불꽃 신호를 추가로 설치한다.

⑤ 잭을 사용하여 차체를 들어 올릴 때 자동차가 밀려 나가는 현상을 방지하기 위해 교환할 타이어의 대각선에 위치한 타이어에 고임목을 설치한다.

▌운행 중 차가 구덩이에 빠진 경우 조치 사항

① 눈이나 진흙 구덩이 등에 바퀴가 빠졌을 경우 수동 변속기는 2단으로, 자동변속기는 (+), (−) 모드를 이용하여 2단을 선택, 눈길 2단 출발할 수 있는 기능을 가진 차량은 HOLD, SLOW 모드 스위치를 눌러 선택하여 핸들을 좌우로 빨리 움직이면서 빠져나온다.

② 갑작스러운 급가속은 더욱 미끄러질 수 있으므로 하지 아니한다.

③ 바퀴 밑에 돌이나 나무 등을 집어넣어서 마찰력을 높여 빠져 나온다.

▌운행 중 충전 경고등이 점멸되는 경우

① 엔진이 회전하는 상태에서 모든 전원의 공급은 발전기에서 담당한다.

② 배터리는 발전기에 남는 전기를 저장해두었다가 시동을 걸 때 시동모터를 회전시키는 역할을 한다.

③ 충전 경고등에 불이 들어온다는 것은 발전기에서 전기가 발생되지 않았을 경우이다.

④ 충전 경고등에 불이 들어온 상태에서 계속 운행을 하게 되면 남은 전기를 사용하게 되어 배터리가 방전되어 시동이 꺼질 가능성이 매우 높아진다.

⑤ 충전 경고등이 들어오면 우선 안전한 장소로 이동하여 주차하고 시동을 끈다.

⑥ 보닛(Bonnet)을 열어 구동 벨트가 끊어지거나 헐거워졌는지 확인한다.

⑦ 수리할 조건이 안 되면 가까운 정비업소에서 정비를 받고 운행한다.

▌기타 응급조치사항

① 풋 브레이크가 작동하지 않는 경우 : 고단 기어에서 저단 기어로 한 단씩 줄여 감속한 뒤에 주차 브레이크를 이용하여 정지한다.

② 견인자동차로 견인하는 경우

㉠ 구동되는 바퀴를 들어 올려 견인되도록 한다.

㉡ 견인되기 전에 주차 브레이크를 해제한 후 변속 레버를 N(중립)에 놓는다.

제2절 장치별 응급조치

엔진 계통 응급조치요령

① 시동 모터가 작동되나 시동이 걸리지 않는 경우

추정 원인	조치 사항
• 연료가 떨어졌다. • 예열작동이 불충분하다. • 연료 필터가 막혀 있다.	• 연료를 보충한 후 공기 빼기를 한다. • 예열시스템을 점검한다. • 연료 필터를 교환한다.

② 시동 모터가 작동되지 않거나 천천히 회전하는 경우

추정 원인	조치 사항
• 배터리가 방전되었다. • 배터리 단자의 부식, 이완, 빠짐 현상이 있다. • 접지 케이블이 이완되어 있다. • 엔진 오일의 점도가 너무 높다.	• 배터리를 충전하거나 교환한다. • 배터리 단자의 부식된 부분을 깨끗하게 처리하고 단단하게 고정한다. • 접지 케이블을 단단하게 고정한다. • 적정 점도의 오일로 교환한다.

③ 저속 회전하면 엔진이 쉽게 꺼지는 경우

추정 원인	조치 사항
• 공회전 속도가 낮다. • 에어 클리너 필터가 오염되었다. • 연료 필터가 막혀 있다. • 밸브 간극이 비정상이다.	• 공회전 속도를 조절한다. • 에어 클리너 필터를 청소 또는 교환한다. • 연료 필터를 교환한다. • 밸브 간극을 조정한다.

④ 엔진 오일의 소비량이 많다.

추정 원인	조치 사항
• 사용하는 오일이 부적당하다. • 엔진 오일이 누유되고 있다.	• 규정에 맞는 엔진 오일로 교환한다. • 오일 계통을 점검하여 풀려 있는 부분은 다시 조인다.

⑤ 연료 소비량이 많다.

추정 원인	조치 사항
• 연료 누출이 있다. • 타이어 공기압이 부족하다. • 클러치가 미끄러진다. • 브레이크가 제동된 상태에 있다.	• 연료 계통을 점검하고 누출 부위를 정비한다. • 적정 공기압으로 조정한다. • 클러치의 간극을 조정하거나 클러치 디스크를 교환한다. • 브레이크 라이닝 간극을 조정한다.

⑥ 배기가스의 색이 검다.

추정 원인	조치 사항
• 에어 클리너 필터가 오염되었다. • 밸브 간극이 비정상이다.	• 에어 클리너 필터를 청소 또는 교환한다. • 밸브 간극을 조정한다.

⑦ 오버히트 되었다(엔진이 과열되었다).

추정 원인	조치 사항
• 냉각수가 부족하거나 누수가 되고 있다. • 팬 벨트의 장력이 지나치게 느슨하다(워터펌프 작동이 원활하지 않아 냉각수의 순환이 불량해지고 엔진이 과열됨). • 냉각팬이 작동되지 않는다. • 라디에이터 캡의 장착이 불완전하다. • 서모스탯(온도조절기, Thermostat)이 정상 작동하지 않는다.	• 냉각수를 보충하거나 누수 부위를 수리한다. • 팬 벨트 장력을 조정한다. • 냉각팬, 전기배선 등을 수리한다. • 라디에이터 캡을 확실하게 장착한다. • 서모스탯을 교환한다.

조향 계통 응급조치요령

① 핸들이 무겁다.

추정 원인	조치 사항
• 앞바퀴의 공기압이 부족하다. • 파워스티어링 오일이 부족하다.	• 적정 공기압으로 조정한다. • 파워스티어링 오일을 보충한다.

② 스티어링 휠(핸들)이 떨린다.

추정 원인	조치 사항
• 타이어의 무게 중심이 맞지 않는다. • 휠 너트(허브 너트)가 풀려 있다. • 타이어의 공기압이 타이어마다 다르다. • 타이어가 편마모되어 있다.	• 타이어를 점검하여 무게중심을 조정한다. • 규정 토크(주어진 회전축을 중심으로 회전시키는 능력)로 조인다. • 적정 공기압으로 조정한다. • 편마모된 타이어를 교환한다.

제동 계통 응급조치요령

① 브레이크의 제동 효과가 나쁘다.

추정 원인	조치 사항
• 공기압이 과다하다. • 공기누설(타이어 공기가 빠져나가는 현상)이 있다. • 라이닝 간극 과다 또는 마모상태가 심하다. • 타이어 마모가 심하다.	• 적정 공기압으로 조정한다. • 브레이크 계통을 점검하여 풀려 있는 부분은 다시 조인다. • 라이닝 간극을 조정 또는 라이닝을 교환한다. • 타이어를 교환한다.

② 브레이크가 편제동된다.

추정 원인	조치 사항
• 좌우 타이어 공기압이 다르다. • 타이어가 편마모되어 있다. • 좌우 라이닝 간극이 다르다.	• 적정 공기압으로 조정한다. • 편마모된 타이어를 교환한다. • 라이닝 간극을 조정한다.

전기 계통 응급조치요령(배터리의 빈번한 방전 시)

추정 원인	조치 사항
• 배터리 단자의 벗겨짐, 풀림, 부식이 있다. • 팬 벨트가 느슨하게 되어 있다. • 배터리액이 부족하다. • 배터리의 수명이 다 되었다.	• 배터리 단자의 부식 부분을 제거하고 조인다. • 팬 벨트의 장력을 조정한다. • 배터리액을 보충한다. • 배터리를 교환한다.

와이퍼 고장 시 응급조치요령

① 눈이나 비가 많이 오는 날에 와이퍼는 필수 장치이다.

② 운행 중 와이퍼가 고장이 난다면 시야의 확보가 어려워 사고를 유발할 수 있다.

③ 와이퍼 고장 시 차량을 안전한 곳으로 이동시킨 후, 담배 가루나 나뭇잎, 비눗물로 차량 유리를 문질러주면 일정 시간 동안 시야가 확보된다.

운행 중 전조등 고장 시 응급조치요령

① 야간 운행 중 전조등이 고장 나면 안개등을 자동 점등시켜 운행한다.

② 퓨즈가 단락되었는지 확인하고 단락된 경우 예비용 퓨즈로 교체한다.

③ 안개등만으로 장거리 운행 시 시야의 확보가 어려워 사고가 일어날 가능성이 높아진다.

④ 임시로 전조등 바로 위 보닛(Bonnet) 부분을 쳐주면 전조등이 켜질 가능성이 있다.

⑤ 안전한 장소로 주차한 후 수리를 요청한다.

겨울철 주차 브레이크가 풀리지 않을 경우 응급조치요령

① 겨울철 옥외 주차 시 주차 브레이크를 작동하면 시동은 정상적으로 걸리나 바퀴가 잠기는 경우가 발생할 수 있다.

② 주차 브레이크를 해제하고 앞뒤로 이동하거나 뜨거운 물을 이용하여 동결된 부분을 녹여 준다.

③ 주차 브레이크 동결 현상을 예방하기 위해서는 변속 기어를 수동은 1단이나 후진으로, 자동은 P(주차) 상태로 주차하고 경사가 있는 지역이라면 고임목을 단단히 받치고 주차한다.

제 5 장 자동차 검사 및 보험 등

제1절 자동차 검사

▌자동차검사의 필요성

① 자동차 결함으로 인한 교통사고 예방으로 국민의 생명보호
② 자동차 배출가스로 인한 대기환경 개선
③ 불법튜닝 등 안전기준 위반 차량 색출로 운행질서 및 거래질서 확립
④ 자동차보험 미가입 자동차의 교통사고로부터 국민피해 예방

▌자동차검사(자동차관리법 제43조제1 · 2항)

① 자동차 소유자(㉠의 경우에는 신규등록 예정자를 말한다)는 해당 자동차에 대하여 다음의 구분에 따라 국토교통부령으로 정하는 바에 따라 국토교통부장관이 실시하는 검사를 받아야 한다.
　㉠ 신규검사 : 신규등록을 하려는 경우 실시하는 검사
　㉡ 정기검사 : 신규등록 후 일정 기간마다 정기적으로 실시하는 검사
　㉢ 튜닝검사 : 제34조에 따라 자동차를 튜닝한 경우에 실시하는 검사
　㉣ 임시검사 : 이 법 또는 이 법에 따른 명령이나 자동차 소유자의 신청을 받아 비정기적으로 실시하는 검사
　㉤ 수리검사 : 전손 처리 자동차를 수리한 후 운행하려는 경우에 실시하는 검사

② 국토교통부장관은 ①에 따라 자동차검사(이하 "자동차검사")를 할 때에는 해당 자동차의 구조 및 장치가 국토교통부령으로 정하는 검사기준(이하 "자동차검사기준")에 적합한지 여부와 차대번호 및 원동기형식이 자동차등록증에 적힌 것과 동일한지 여부를 확인하여야 하며, 자동차검사를 실시한 후 그 결과를 국토교통부령으로 정하는 바에 따라 자동차 소유자에게 통지하여야 한다. 이 경우 자동차검사기준은 사업용 자동차와 비사업용 자동차를 구분하여 정하여야 한다.

▌자동차 종합검사(배출가스 검사+안전도 검사)

① 「대기환경보전법」에 따른 운행차 배출가스 정밀검사 시행지역에 등록한 자동차 소유자 및 「대기관리권역의 대기환경개선에 관한 특별법」에 따른 특정경유자동차 소유자는 정기검사와 「대기환경보전법」에 따라 실시하는 배출가스 정밀검사(이하 "정밀검사") 또는 「대기관리권역의 대기환경개선에 관한 특별법」에 따른 특정경유자동차 배출가스 검사(이하 "특정경유자동차검사")를 통합하여 국토교통부장관과 환경부장관이 공동으로 다음에 대하여 실시하는 자동차종합검사(이하 "종합검사")를 받아야 한다. 종합검사를 받은 경우에는 정기검사, 정밀검사 및 특정경유자동차검사를 받은 것으로 본다(자동차관리법 제43조의2).
　㉠ 자동차의 동일성 확인 및 배출가스 관련 장치 등의 작동 상태 확인을 관능검사(官能檢査, 사람의 감각기관으로 자동차의 상태를 확인하는 검사) 및 기능검사로 하는 공통 분야
　㉡ 자동차 안전검사 분야
　㉢ 자동차 배출가스 정밀검사 분야

② 검사 유효기간의 계산 방법과 종합검사기간 등(자동차종합검사의 시행 등에 관한 규칙 제9조)

㉠ 검사 유효기간의 계산 방법

- 자동차관리법에 따라 신규등록을 하는 자동차 : 신규등록일부터 계산
- 종합검사기간 내에 종합검사를 신청하여 적합 판정을 받은 자동차 : 직전 검사 유효기간 마지막 날의 다음 날부터 계산
- 종합검사기간 전 또는 후에 종합검사를 신청하여 적합 판정을 받은 자동차 : 종합검사를 받은 날의 다음 날부터 계산
- 재검사 결과 적합 판정을 받은 자동차 : 종합검사를 받은 것으로 보는 날의 다음 날부터 계산

㉡ 자동차 소유자가 종합검사를 받아야 하는 기간(이하 "종합검사기간")은 검사 유효기간의 마지막 날(검사 유효기간을 연장하거나 검사를 유예한 경우에는 그 연장 또는 유예된 기간의 마지막 날을 말한다) 전후 각각 31일 이내로 한다.

㉢ 소유권 변동 또는 「자동차등록령」에 따른 사용본거지 변경 등의 사유로 종합검사의 대상이 된 자동차 중 「자동차관리법 시행규칙」에 따른 정기검사의 기간 중에 있거나 정기검사의 기간이 지난 자동차는 변경등록을 한 날부터 62일 이내에 종합검사를 받아야 한다.

③ 검사의 대상과 유효기간(자동차종합검사의 시행 등에 관한 규칙 [별표 1])

검사 대상		적용 차령(車齡)	검사 유효기간
승용자동차	비사업용	차령이 4년 초과	2년
	사업용	차령이 2년 초과	1년
경형·소형의 승합 및 화물자동차	비사업용	차령이 3년 초과	1년
	사업용	차령이 2년 초과	1년
사업용 대형 화물자동차		차령이 2년 초과	6개월
사업용 대형 승합자동차		차령이 2년 초과	차령 8년까지는 1년, 이후부터는 6개월
중형 승합자동차	비사업용	차령이 3년 초과	차령 8년까지는 1년, 이후부터는 6개월
	사업용	차령이 2년 초과	차령 8년까지는 1년, 이후부터는 6개월
그 밖의 자동차	비사업용	차령이 3년 초과	차령 5년까지는 1년, 이후부터는 6개월
	사업용	차령이 2년 초과	차령 5년까지는 1년, 이후부터는 6개월

※ 검사 유효기간이 6개월인 자동차의 경우 종합검사 중 규정에 따른 자동차 배출가스 정밀검사 분야의 검사는 1년마다 받는다.

④ 자동차 종합검사 재검사기간(자동차종합검사의 시행 등에 관한 규칙 제7조)

㉠ 종합검사기간 내에 종합검사를 신청한 경우

- 다음의 어느 하나에 해당하는 사유로 부적합 판정을 받은 경우 : 부적합 판정을 받은 날부터 10일 이내
  - 최고속도제한장치의 미설치, 무단 해체·해제 및 미작동
  - 자동차 배출가스 검사기준 위반
- 그 밖의 사유로 부적합 판정을 받은 경우 : 부적합 판정을 받은 날부터 종합검사기간 만료 후 10일 이내

㉡ 종합검사기간 전 또는 후에 종합검사를 신청한 경우 : 부적합 판정을 받은 날부터 10일 이내

⑤ 자동차 종합검사를 받지 않은 경우의 과태료 부과기준(자동차관리법 시행령 [별표 2])

㉠ 검사 지연기간이 30일 이내인 경우 : 2만원

㉡ 검사 지연기간이 30일 초과 114일 이내인 경우 : 2만원에 31일째부터 계산하여 3일 초과 시마다 1만원을 더한 금액

㉢ 검사 지연기간이 115일 이상인 경우 : 30만원

자동차 정기검사(안전도 검사)

① 자동차관리법에 따라 종합검사 시행지역 외 지역에 대하여 안전도 분야에 대한 검사를 시행하며, 배출가스검사는 공회전상태에서 배출가스 측정

② 검사방법 및 항목 : 종합검사의 안전도 검사 분야의 검사방법 및 검사항목과 동일하게 시행

③ 정기검사를 받지 않은 경우의 과태료 부과기준(자동차관리법 시행령 [별표 2])

㉠ 검사 지연기간이 30일 이내인 경우 : 2만원

㉡ 검사 지연기간이 30일 초과 114일 이내인 경우 : 2만원에 31일째부터 계산하여 3일 초과 시마다 1만원을 더한 금액

㉢ 검사 지연기간이 115일 이상인 경우 : 30만원

④ 검사유효기간(자동차관리법 시행규칙 [별표 15의2])

구 분		검사유효기간
비사업용 승용자동차 및 피견인자동차		2년(신조차로서 규정에 따른 신규검사를 받은 것으로 보는 자동차의 최초 검사유효기간은 4년)
사업용 승용자동차		1년(신조차로서 규정에 따른 신규검사를 받은 것으로 보는 자동차의 최초 검사유효기간은 2년)
경형·소형의 승합 및 화물자동차		1년
사업용 대형 화물자동차	차령이 2년 이하인 경우	1년
	차령이 2년 초과된 경우	6월
중형 승합자동차 및 사업용 대형 승합자동차	차령이 8년 이하인 경우	1년
	차령이 8년 초과된 경우	6월
그 밖의 자동차	차령이 5년 이하인 경우	1년
	차령이 5년 초과된 경우	6월

※ 10인 이하를 운송하기에 적합하게 제작된 자동차(제2조제1항제2호 가목 내지 다목에 해당하는 자동차를 제외)로서 2000년 12월 31일 이전에 등록된 승합자동차의 경우에는 승용자동차의 검사유효기간을 적용한다.

제2절 자동차 보험 및 공제(자동차손해배상 보장법)

보험 등의 가입 의무(법 제5조)

① 자동차보유자는 자동차의 운행으로 다른 사람이 사망하거나 부상한 경우에 피해자(피해자가 사망한 경우에는 손해배상을 받을 권리를 가진 자를 말한다. 이하 같다)에게 대통령령으로 정하는 금액을 지급할 책임을 지는 책임보험이나 책임공제(이하 "책임보험 등")에 가입하여야 한다.

> 책임보험금 등(영 제3조제1・2항)
>
> ① 법 제5조제1항에 따라 자동차보유자가 가입하여야 하는 책임보험 또는 책임공제(이하 "책임보험등")의 보험금 또는 공제금(이하 "책임보험금")은 피해자 1명당 다음의 금액과 같다.
>
> 1. 사망한 경우에는 1억5천만원의 범위에서 피해자에게 발생한 손해액. 다만, 그 손해액이 2천만원 미만인 경우에는 2천만원으로 한다.
> 2. 부상한 경우에는 별표 1에서 정하는 금액의 범위에서 피해자에게 발생한 손해액. 다만, 그 손해액이 법 제15조제1항에 따른 자동차보험진료수가(診療酬價)에 관한 기준(이하 "자동차보험진료수가기준"이라 한다)에 따라 산출한 진료비 해당액에 미달하는 경우에는 별표 1에서 정하는 금액의 범위에서 그 진료비 해당액으로 한다.
> 3. 부상에 대한 치료를 마친 후 더 이상의 치료효과를 기대할 수 없고 그 증상이 고정된 상태에서 그 부상이 원인이 되어 신체의 장애(이하 "후유장애"라 한다)가 생긴 경우에는 별표 2에서 정하는 금액의 범위에서 피해자에게 발생한 손해액
>
> ② 동일한 사고로 제1항 각 호의 금액을 지급할 둘 이상의 사유가 생긴 경우에는 다음 각 호의 방법에 따라 책임보험금을 지급한다.
>
> 1. 부상한 자가 치료 중 그 부상이 원인이 되어 사망한 경우에는 제1항제1호와 같은 항 제2호에 따른 한도금액의 합산액 범위에서 피해자에게 발생한 손해액
> 2. 부상한 자에게 후유장애가 생긴 경우에는 제1항제2호와 같은 항 제3호에 따른 금액의 합산액
> 3. 제1항제3호에 따른 금액을 지급한 후 그 부상이 원인이 되어 사망한 경우에는 제1항제1호에 따른 금액에서 같은 항 제3호에 따른 금액 중 사망한 날 이후에 해당하는 손해액을 뺀 금액

② 자동차보유자는 책임보험 등에 가입하는 것 외에 자동차의 운행으로 다른 사람의 재물이 멸실되거나 훼손된 경우에 피해자에게 대통령령으로 정하는 금액(사고 1건당 2천만원의 범위에서 사고로 인하여 피해자에게 발생한 손해액)을 지급할 책임을 지는 「보험업법」에 따른 보험이나 「여객자동차 운수사업법」, 「화물자동차 운수사업법」 및 「건설기계관리법」에 따른 공제에 가입하여야 한다.

③ 다음의 어느 하나에 해당하는 자는 책임보험 등에 가입하는 것 외에 자동차 운행으로 인하여 다른 사람이 사망하거나 부상한 경우에 피해자에게 책임보험 등의 배상책임한도를 초과하여 대통령령으로 정하는 금액을 지급할 책임을 지는 「보험업법」에 따른 보험이나 「여객자동차 운수사업법」, 「화물자동차 운수사업법」 및 「건설기계관리법」에 따른 공제에 가입하여야 한다.

㉠ 「여객자동차 운수사업법」 제4조제1항에 따라 면허를 받거나 등록한 여객자동차 운송사업자
㉡ 「여객자동차 운수사업법」 제28조제1항에 따라 등록한 자동차 대여사업자
㉢ 「화물자동차 운수사업법」 제3조 및 제29조에 따라 허가를 받은 화물자동차 운송사업자 및 화물자동차 운송가맹사업자
㉣ 「건설기계관리법」 제21조제1항에 따라 등록한 건설기계 대여업자

④ ① 및 ②은 대통령령으로 정하는 자동차와 도로(「도로교통법」 제2조제1호에 따른 도로를 말한다. 이하 같다)가 아닌 장소에서만 운행하는 자동차에 대하여는 적용하지 아니한다.

⑤ ①의 책임보험 등과 ② 및 ③의 보험 또는 공제에는 각 자동차별로 가입하여야 한다.

■ 의무보험 미가입 시

① 의무보험에 가입되어 있지 아니한 자동차를 운행한 자동차보유자는 1년 이하의 징역 또는 1천만 원 이하의 벌금에 처한다(법 제46조제2항제2호).

② 과태료 부과(영 [별표 5])

담 보	차 종	미가입(10일 이내)	미가입(10일 초과)	한도(대당)
대인 Ⅰ	이륜자동차	6천원	6천원에 매 1일당 1,200원 가산	20만원
	비사업용 자동차	1만원	1만원에 매 1일당 4천원 가산	60만원
	사업용 자동차	3만원	3만원에 매 1일당 8천원 가산	100만원
대인 Ⅱ	사업용 자동차	3만원	3만원에 매 1일당 8천원 가산	100만원
대 물	이륜자동차	3천원	3천원에 매 1일당 6백원 가산	10만원
	비사업용 자동차	5천원	5만원에 매 1일당 2천원 가산	30만원
	사업용 자동차	5천원	5천원에 매 1일당 2천원 가산	30만원

■ 특 성

① 강제성 보험으로 의무가입 대상

② 보험자의 계약인수 의무화 등

제 3 과목 운송서비스

제 1 장 여객운수종사자의 기본자세

제1절 서비스의 개념과 특징

▌올바른 서비스 제공을 위한 5요소

① 단정한 용모 및 복장
② 밝은 표정
③ 공손한 인사
④ 친근한 말
⑤ 따뜻한 응대

▌고객서비스

① **무형성** : 서비스는 형태가 없는 무형의 상품으로서 제품과 같이 객관적으로 누구나 볼 수 있는 형태로 제시되지도 않으며 측정하기도 어렵지만 누구나 느낄 수는 있다.
② **동시성** : 서비스는 공급자에 의하여 제공됨과 동시에 고객에 의하여 소비되는 성격을 갖는다.
③ **이질성(인간주체)** : 서비스는 사람에 의하여 생산되어 고객에게 제공되기 때문에 똑같은 서비스라 하더라도 그것을 행하는 사람에 따라 품질의 차이가 발생하기 쉽다.
④ **소멸성** : 서비스는 오래도록 남아있는 것이 아니고 제공한 즉시 사라져서 남아 있지 않는다.
⑤ **무소유권** : 서비스는 누릴 수는 있으나 소유할 수는 없다.

제2절 승객만족

▌고객만족

고객이 무엇을 원하고 있으며 무엇이 불만인지 알아내어 고객의 기대에 부응하는 좋은 제품과 양질의 서비스를 제공함으로써 고객으로 하여금 만족감을 느끼게 하는 것

▌ 고객의 욕구

① 기억되기를 바란다.
② 환영받고 싶어 한다.
③ 관심을 가져 주기를 바란다.
④ 중요한 사람으로 인식되기를 바란다.
⑤ 편안해지고 싶어 한다.
⑥ 칭찬받고 싶어 한다.
⑦ 기대와 욕구를 수용하여 주기를 바란다.

▌ 고객만족을 위한 서비스 품질의 분류

① **상품 품질** : 고객의 필요와 욕구 등을 각종 시장조사나 정보를 통해 정확하게 파악하여 상품에 반영시킴으로써 고객만족도를 향상시킨다.
② **영업 품질** : 고객에게 상품과 서비스를 제공하기까지의 모든 영업활동을 고객지향적으로 전개하여 고객만족도 향상에 기여하도록 한다.
③ **서비스 품질** : 고객으로부터 신뢰를 획득하기 위한 휴먼웨어(Human-ware) 품질이다.

제3절 승객을 위한 행동예절

▌ 이미지(Image) 관리

① 이미지란 개인의 사고방식이나 생김새, 성격, 태도 등에 대해 상대방이 받아들이는 느낌으로 개인의 이미지는 본인에 의해 결정되는 것이 아니라 상대방이 보고 느낀 것에 의해 결정된다.
② 긍정적인 이미지를 만들기 위한 3요소
㉠ 시선처리(눈빛)
㉡ 음성관리(목소리)
㉢ 표정관리(미소)

▌ 인 사

① 인사의 중요성
㉠ 인사는 평범하고도 대단히 쉬운 행동이지만 생활화되지 않으면 실천에 옮기기 어렵다.
㉡ 인사는 애사심, 존경심, 우애, 자신의 교양 및 인격의 표현이다.
㉢ 인사는 서비스의 주요 기법 중 하나이다.
㉣ 인사는 승객과 만나는 첫걸음이다.
㉤ 인사는 승객에 대한 마음가짐의 표현이다.
㉥ 인사는 승객에 대한 서비스 정신의 표시이다.
② 잘못된 인사
㉠ 턱을 쳐들거나 눈을 치켜뜨고 하는 인사

㉡ 할까 말까 망설이다 하는 인사
㉢ 성의 없이 말로만 하는 인사
㉣ 무표정한 인사
㉤ 경황없이 급히 하는 인사
㉥ 뒷짐을 지고 하는 인사
㉦ 상대방의 눈을 보지 않고 하는 인사
㉧ 자세가 흐트러진 인사
㉨ 머리만 까닥거리는 인사
㉩ 고개를 옆으로 돌리고 하는 인사

③ 올바른 인사

㉠ 표정 : 밝고 부드러운 미소를 짓는다.
㉡ 고개 : 반듯하게 들되, 턱을 내밀지 않고 자연스럽게 당긴다.
㉢ 시선 : 인사 전후에 상대방의 눈을 정면으로 바라보며, 상대방을 진심으로 존중하는 마음을 눈빛에 담아 인사한다.
㉣ 머리와 상체 : 일직선이 되도록 하며 천천히 숙인다.

구 분	인사 각도	인사 의미	인사말
가벼운 인사(목례)	15°	기본적인 예의 표현	• 안녕하십니까. • 네, 알겠습니다.
보통 인사(보통례)	30°	승객 앞에 섰을 때	• 처음 뵙겠습니다. • 감사합니다.
정중한 인사(정중례)	45°	정중한 인사 표현	• 죄송합니다. • 미안합니다.

㉤ 입 : 미소를 짓는다.
㉥ 손 : 남자는 가볍게 쥔 주먹을 바지 재봉 선에 자연스럽게 붙이고, 주머니에 넣고 하는 일이 없도록 한다.
㉦ 발 : 뒤꿈치를 붙이되, 양발의 각도는 여자 15°, 남자는 30° 정도를 유지한다.
㉧ 음성 : 적당한 크기와 속도로 자연스럽게 말한다.
㉨ 인사 : 본 사람이 먼저 하는 것이 좋으며, 상대방이 먼저 인사한 경우에는 응대한다.

호감받는 표정관리

① 표정의 중요성

㉠ 표정은 첫인상을 좋게 만든다.
㉡ 첫인상은 대면 직후 결정되는 경우가 많다.
㉢ 상대방에 대한 호감도를 나타낸다.
㉣ 상대방과의 원활하고 친근한 관계를 만들어 준다.
㉤ 업무 효과를 높일 수 있다.
㉥ 밝은 표정은 호감 가는 이미지를 형성하여 사회생활에 도움을 준다.
㉦ 밝은 표정과 미소는 신체와 정신 건강을 향상시킨다.

② 좋은 표정 만들기

㉠ 밝고 상쾌한 표정을 만든다.
㉡ 얼굴 전체가 웃는 표정을 만든다.
㉢ 돌아서면서 표정이 굳어지지 않도록 한다.
㉣ 입은 가볍게 다문다.
㉤ 입의 양 꼬리가 올라가게 한다.

③ 잘못된 표정

㉠ 상대의 눈을 보지 않는 표정
㉡ 무관심하고 의욕이 없는 무표정
㉢ 입을 일자로 굳게 다문 표정
㉣ 갑자기 표정이 자주 변하는 얼굴
㉤ 눈썹 사이에 세로 주름이 지는 찡그리는 표정
㉥ 코웃음을 치는 것 같은 표정

④ 승객 응대 마음가짐 10가지

㉠ 사명감을 가진다.
㉡ 승객의 입장에서 생각한다.
㉢ 원만하게 대한다.
㉣ 항상 긍정적으로 생각한다.
㉤ 승객이 호감을 갖도록 한다.
㉥ 공사를 구분하고 공평하게 대한다.
㉦ 투철한 서비스 정신을 가진다.
㉧ 예의를 지켜 겸손하게 대한다.
㉨ 자신감을 갖고 행동한다.
㉩ 부단히 반성하고 개선해 나간다.

악 수

① 악수는 상대방과의 신체접촉을 통한 친밀감을 표현하는 행위로 바른 동작이 필요하다.
② 악수를 할 경우에는 상사가 아랫사람에게 먼저 손을 내민다.
③ 상사가 악수를 청할 경우 아랫사람은 먼저 가볍게 목례를 한 후 오른손을 내민다.
④ 악수하는 손을 흔들거나, 손을 꽉 잡거나, 손끝만 잡는 것은 좋은 태도가 아니다.
⑤ 악수하는 도중 상대방의 시선을 피하거나 다른 곳을 응시하여서는 아니 된다.

용모 및 복장

① 단정한 용모와 복장의 중요성

㉠ 승객이 받는 첫인상을 결정한다.
㉡ 회사의 이미지를 좌우하는 요인을 제공한다.
㉢ 하는 일의 성과에 영향을 미친다.
㉣ 활기찬 직장 분위기 조성에 영향을 준다.

② 복장의 기본원칙
   ㉠ 깨끗하게
   ㉡ 단정하게
   ㉢ 품위 있게
   ㉣ 규정에 맞게
   ㉤ 통일감 있게
   ㉥ 계절에 맞게
   ㉦ 편한 신발을 신되, 샌들이나 슬리퍼는 삼가야 한다.

언어예절

① 대화란 정보전달, 의사소통, 정보교환, 감정이입의 의미로 의견, 정보, 지식, 가치관, 기호, 감정 등을 전달하거나 교환함으로써 상대방의 행동을 변화시키는 과정이다.

② 대화의 4원칙

구 분	내 용
밝고 적극적으로	• 밝고 긍정적인 어조로 적극적으로 승객에게 말을 건넨다. • 즐거운 기분으로 말한다. • 대화에 적절한 유머 등을 활용하여 말한다.
공손하게	승객에 대한 친밀감과 존경의 마음을 존경어, 겸양어, 정중한 어휘의 선택으로 공손하게 말한다.
명료하게	정확한 발음과 적절한 속도, 사교적인 음성으로 시원스럽고 알기 쉽게 말한다.
품위 있게	승객의 입장을 고려한 어휘의 선택과 호칭을 사용하는 배려를 아끼지 않아야 한다.

③ 승객에 대한 호칭과 지칭
   ㉠ 누군가를 부르는 말은 그 사람에 대한 예의를 반영하므로 매우 조심스럽게 써야 한다.
   ㉡ '고객'보다는 '차를 타는 손님'이라는 뜻이 담긴 '승객'이나 '손님'을 사용하는 것이 좋다.
   ㉢ 할아버지, 할머니 등 나이가 드신 분들은 '어르신'으로 호칭하거나 지칭한다.
   ㉣ '아줌마', '아저씨'는 상대방을 높이는 느낌이 들지 않으므로 호칭이나 지칭으로 사용하지 않는다.
   ㉤ 초등학생과 미취학 어린이에게는 ○○○어린이/학생의 호칭이나 지칭을 사용하고, 중・고등학생은 ○○○승객이나 손님으로 성인에 준하여 호칭하거나 지칭한다. 잘 아는 사람이라면 이름을 불러 친근감을 줄 수 있으나 존댓말을 사용하여 존중하는 느낌을 받도록 한다.

④ 대화를 나눌 때의 언어예절

구 분	의 미	사용방법
존경어	사람이나 사물을 높여 말해 직접적으로 상대에 대해 경의를 나타내는 말이다.	• 직접 승객이나 상사에게 말을 걸 때 • 승객이나 상사의 일을 이야기 할 때
겸양어	자신의 동작이나 자신과 관련된 것을 낮추어 말해 간접적으로 상대를 높이는 말이다.	• 자신의 일을 승객에게 말할 때 • 자신의 일을 상사에게 말할 때 • 회사의 일을 승객에게 말할 때
정중어	자신이나 상대와 관계없이 말하고자 하는 것을 정중히 말해 상대에 대해 경의를 나타내는 말이다.	• 승객이나 상사에게 직접 말을 걸 때 • 손아래나 동료라도 말끝을 정중히 할 때

⑤ 대화를 나눌 때의 표정 및 예절

구 분	듣는 입장	말하는 입장
눈	• 상대방을 정면으로 바라보며 경청한다. • 시선을 자주 마주친다.	• 듣는 사람을 정면으로 바라보고 말한다. • 상대방 눈을 부드럽게 주시한다.
몸	• 정면을 향해 조금 앞으로 내미는듯한 자세를 취한다. • 손이나 다리를 꼬지 않는다. • 끄덕끄덕하거나 메모하는 태도를 유지한다.	• 표정을 밝게 한다. • 등을 펴고 똑바른 자세를 취한다. • 자연스런 몸짓이나 손짓을 사용한다. • 웃음이나 손짓이 지나치지 않도록 의한다.
입	• 맞장구를 치며 경청한다. • 모르면 질문하여 물어본다. • 복창을 해준다.	• 입은 똑바로, 정확한 발음으로, 자연스럽고 상냥하게 말한다. • 쉬운 용어를 사용하고, 경어를 사용하며, 말끝을 흐리지 않는다. • 적당한 속도와 맑은 목소리를 사용한다.
마 음	• 흥미와 성의를 가지고 경청한다. • 말하는 사람의 입장에서 생각하는 마음을 가진다(역지사지의 마음).	• 성의를 가지고 말한다. • 최선을 다하는 마음으로 말한다.

흡연 예절

① 금연해야 하는 장소 : 다른 사람에게 흡연의 피해를 줄 수 있는 곳

㉠ 택시 안

㉡ 보행중인 도로

㉢ 승객대기실 또는 승강장

㉣ 금연식당 및 공공장소

㉤ 다른 사람에게 간접흡연의 영향을 줄 수 있는 장소

㉥ 사무실 내

② 담배꽁초를 처리하는 경우에 주의해야 할 사항

㉠ 담배꽁초는 반드시 재떨이에 버린다.

㉡ 차창 밖으로 버리지 않는다.

㉢ 화장실 변기에 버리지 않는다.

㉣ 꽁초를 바닥에다 버리지 않으며, 발로 비벼 끄지 않는다.

㉤ 꽁초를 손가락으로 튕겨 버리지 않는다.

직업관

① 직업의 의미

㉠ 경제적 의미

• 직업을 통해 안정된 삶을 영위해 나갈 수 있어 중요한 의미를 가진다.

• 직업은 인간 개개인에게 일할 기회를 제공한다.

• 일의 대가로 임금을 받아 본인과 가족의 경제생활을 영위한다.

• 인간이 직업을 구하려는 동기 중의 하나는 바로 노동의 대가, 즉 임금을 얻는 소득측면이 있다.

㉡ 사회적 의미

• 직업을 통해 원만한 사회생활, 인간관계 및 봉사를 하게 되며, 자신이 맡은 역할을 수행하여 능력을 인정받는 것이다.
• 직업을 갖는다는 것은 현대사회의 조직적이고 유기적인 분업 관계 속에서 분담된 기능의 어느 하나를 맡아 사회적 분업 단위의 지분을 수행하는 것이다.
• 사람은 누구나 직업을 통해 타인의 삶에 도움을 주기도 하고, 사회에 공헌하며 사회발전에 기여하게 된다.
• 직업은 사회적으로 유용한 것이어야 하며, 사회발전 및 유지에 도움이 되어야 한다.

㉢ 심리적 의미

• 삶의 보람과 자기실현에 중요한 역할을 하는 것으로 사명감과 소명의식을 갖고 정성과 정열을 쏟을 수 있는 것이다.
• 인간은 직업을 통해 자신의 이상을 실현한다.
• 인간의 잠재적 능력, 타고난 소질과 적성 등이 직업을 통해 계발되고 발전된다.
• 직업은 인간 개개인의 자아실현의 매개인 동시에 장이 되는 것이다.
• 자신이 갖고 있는 제반 욕구를 충족하고 자신의 이상이나 자아를 직업을 통해 실현함으로써 인격의 완성을 기하는 것이다.

② 올바른 직업윤리

㉠ 소명의식 : 직업에 종사하는 사람이 어떠한 일을 하든지 자신이 하는 일에 전력을 다하는 것이 하늘의 뜻에 따르는 것이라고 생각하는 것이다.

㉡ 천직의식 : 자신이 하는 일보다 다른 사람의 직업이 수입도 많고 지위가 높더라도 자신의 직업에 긍지를 느끼며, 그 일에 열성을 가지고 성실히 임하는 직업의식을 말한다.

㉢ 직분의식 : 사람은 각자의 직업을 통해서 사회의 각종 기능을 수행하고, 직접 또는 간접으로 사회구성원으로서 마땅히 해야 할 본분을 다해야 한다.

㉣ 봉사정신 : 현대 산업사회에서 직업 환경의 변화와 직업의식의 강화는 자신의 직무수행과정에서 협동정신 등이 필요로 하게 되었다.

㉤ 전문의식 : 직업인은 자신의 직무를 수행하는 데 필요한 전문적 지식과 기술을 갖추어야 한다.

㉥ 책임의식 : 직업에 대한 사회적 역할과 직무를 충실히 수행하고, 맡은 바 임무나 의무를 다해야 한다.

제2장 운송사업자 및 운수종사자 준수사항

제1절 운송사업자 준수사항(여객자동차 운수사업법)

▌일반적인 준수사항(규칙 [별표 4])

① 운송사업자는 노약자·장애인 등에 대해서는 특별한 편의를 제공해야 한다.

② 운송사업자는 여객에 대한 서비스의 향상 등을 위하여 관할관청이 필요하다고 인정하여 정하는 경우에는 운수종사자로 하여금 지정된 복장 및 모자를 착용하게 해야 한다.

③ 운송사업자는 자동차를 항상 깨끗하게 유지하여야 하며, 관할관청이 단독으로 실시하거나 관할관청과 조합이 합동으로 실시하는 청결상태 등의 검사에 대한 확인을 받아야 한다.

④ 운송사업자[대형(승합자동차를 사용하는 경우로 한정) 및 고급형 택시운송사업자는 제외한다]는 다음의 사항을 승객이 자동차 안에서 쉽게 볼 수 있는 위치에 게시하여야 한다. 이 경우 택시운송사업자는 앞좌석의 승객과 뒷좌석의 승객이 각각 볼 수 있도록 2곳 이상에 게시하여야 한다.

㉠ 회사명(개인택시운송사업자의 경우는 게시하지 아니함), 자동차번호, 운전자 성명, 불편사항 연락처 및 차고지 등을 적은 표지판

㉡ 운행계통도(노선운송사업자만 해당)

⑤ 운송사업자는 운수종사자로 하여금 여객을 운송할 때 다음의 사항을 성실하게 지키도록 하고, 이를 항시 지도·감독해야 한다.

㉠ 정류소 또는 택시승차대에서 주차 또는 정차할 때에는 질서를 문란하게 하는 일이 없도록 할 것

㉡ 정비가 불량한 사업용 자동차를 운행하지 않도록 할 것

㉢ 위험방지를 위한 운송사업자·경찰공무원 또는 도로관리청 등의 조치에 응하도록 할 것

㉣ 교통사고를 일으켰을 때에는 긴급조치 및 신고의 의무를 충실하게 이행하도록 할 것

㉤ 자동차의 차체가 헐었거나 망가진 상태로 운행하지 않도록 할 것

⑥ 운송사업자는 속도제한장치 또는 운행기록계가 장착된 운송사업용 자동차를 해당 장치 또는 기기가 정상적으로 작동되는 상태에서 운행되도록 해야 한다.

⑦ 택시운송사업자[대형(승합자동차를 사용하는 경우로 한정) 및 고급형 택시운송사업자는 제외]는 차량의 입·출고 내역, 영업거리 및 시간 등 택시 미터기에서 생성되는 택시운송사업용 자동차의 운행정보를 1년 이상 보존하여야 한다.

⑧ 일반택시운송사업자는 소속 운수종사자가 아닌 자(형식상의 근로계약에도 불구하고 실질적으로는 소속 운수종사자가 아닌 자를 포함)에게 관계 법령상 허용되는 경우를 제외하고는 운송사업용 자동차를 제공하여서는 아니 된다.

⑨ 운송사업자(개인택시운송사업자 및 특수여객자동차운송사업자는 제외)는 차량 운행 전에 운수종사자의 건강상태, 음주 여부 및 운행경로 숙지 여부 등을 확인해야 하고, 확인 결과 운수종사자가 질병·피로·음주 또는 그 밖의 사유로 안전한 운전을 할 수 없다고 판단되는 경우에는 해당 운수종사자가 차량을 운행하도록 해서는 안 된다. 이 경우 노선 여객자동차운송사업자는 대체 운수종사자를 투입하여 해당 차량을 운행하도록 해야 한다.

⑩ 운송사업자(개인택시운송사업자 및 특수여객자동차운송사업자는 제외)는 운수종사자를 위한 휴게실 또는 대기실에 난방장치, 냉방장치 및 음수대 등 편의시설을 설치해야 한다.

택시운송사업용 자동차 및 수요응답형 여객자동차(승용자동차만 해당)의 장치 및 설비 등에 관한 준수사항(규칙 [별표 4])

① 택시운송사업용 자동차[대형(승합자동차를 사용하는 경우로 한정) 및 고급형 택시운송사업용 자동차는 제외]의 안에는 여객이 쉽게 볼 수 있는 위치에 요금 미터기를 설치해야 한다.
② 대형(승합자동차를 사용하는 경우는 제외) 및 모범형 택시운송사업용 자동차에는 요금영수증 발급과 신용카드 결제가 가능하도록 관련기기를 설치해야 한다.
③ 택시운송사업용 자동차 및 수요응답형 여객자동차 안에는 난방장치 및 냉방장치를 설치해야 한다.
④ 택시운송사업용 자동차[대형(승합자동차를 사용하는 경우로 한정) 및 고급형 택시운송사업용 자동차는 제외] 윗부분에는 택시운송사업용 자동차임을 표시하는 설비를 설치하고, 빈차로 운행 중일 때에는 외부에서 빈차임을 알 수 있도록 하는 조명장치가 자동으로 작동되는 설비를 갖춰야 한다.
⑤ 대형(승합자동차를 사용하는 경우는 제외) 및 모범형 택시운송사업용 자동차에는 호출설비를 갖춰야 한다.
⑥ 택시운송사업자[대형(승합자동차를 사용하는 경우로 한정) 및 고급형 택시운송사업자는 제외]는 택시 미터기에서 생성되는 택시운송사업용 자동차 운행정보의 수집·저장 장치 및 정보의 조작을 막을 수 있는 장치를 갖추어야 한다.
⑦ 그 밖에 국토해양부장관이나 시·도지사가 지시하는 설비를 갖춰야 한다.

운송사업자의 운송수입금에 대한 준수사항(법 제21조)

대통령령으로 정하는 운송사업자는 운수종사자가 이용자에게서 받은 운임이나 요금(이하 "운송수입금")의 전액에 대하여 다음의 사항을 준수하여야 한다.

① 1일 근무시간 동안 택시요금미터(운송수입금 관리를 위하여 설치한 확인 장치를 포함한다. 이하 같다)에 기록된 운송수입금의 전액을 운수종사자의 근무종료 당일 수납할 것
② 일정금액의 운송수입금 기준액을 정하여 수납하지 않을 것
③ 차량 운행에 필요한 제반경비(주유비, 세차비, 차량수리비, 사고처리비 등을 포함)를 운수종사자에게 운송수입금이나 그 밖의 금전으로 충당하지 않을 것
④ 운송수입금 확인기능을 갖춘 운송기록출력장치를 갖추고 운송수입금 자료를 보관(보관기간은 1년)할 것
⑤ 운송수입금 수납 및 운송기록을 허위로 작성하지 않을 것

제2절 운수종사자 준수사항(여객자동차 운수사업법)

▌운수종사자의 준수사항(규칙 [별표 4])

① 여객의 안전과 사고예방을 위하여 운행 전 사업용 자동차의 안전설비 및 등화장치 등의 이상 유무를 확인해야 한다.

② 질병・피로・음주나 그 밖의 사유로 안전한 운전을 할 수 없을 때에는 그 사정을 해당 운송사업자에게 알려야 한다.

③ 자동차의 운행 중 중대한 고장을 발견하거나 사고가 발생할 우려가 있다고 인정될 때에는 즉시 운행을 중지하고 적절한 조치를 해야 한다.

④ 운전업무 중 해당 도로에 이상이 있었던 경우에는 운전업무를 마치고 교대할 때 다음 운전자에게 알려야 한다.

⑤ 여객이 다음 행위를 할 때에는 안전운행과 다른 여객의 편의를 위하여 이를 제지하고 필요한 사항을 안내해야 한다.

㉠ 다른 여객에게 위해(危害)를 끼칠 우려가 있는 폭발성 물질, 인화성 물질 등의 위험물을 자동차 안으로 가지고 들어오는 행위

㉡ 다른 여객에게 위해를 끼치거나 불쾌감을 줄 우려가 있는 동물(장애인 보조견 및 전용 운반상자에 넣은 애완동물은 제외)을 자동차 안으로 데리고 들어오는 행위

㉢ 자동차의 출입구 또는 통로를 막을 우려가 있는 물품을 자동차 안으로 가지고 들어오는 행위

⑥ 관계 공무원으로부터 운전면허증, 신분증 또는 자격증의 제시요구를 받으면 즉시 이에 따라야 한다.

⑦ 여객자동차운송사업에 사용되는 자동차 안에서 담배를 피워서는 안 된다.

⑧ 사고로 인하여 사상자가 발생하거나 사업용자동차의 운행을 중단할 때에는 사고의 상황에 따라 적절한 조치를 취해야 한다.

⑨ 영수증발급기 및 신용카드결제기를 설치해야 하는 택시의 경우 승객이 요구하면 영수증의 발급 또는 신용카드결제에 응해야 한다.

⑩ 관할관청이 필요하다고 인정하여 복장 및 모자를 지정할 경우에는 그 지정된 복장과 모자를 착용하고, 용모를 항상 단정하게 해야 한다.

⑪ 택시운송사업의 운수종사자[구간운임제 시행지역 및 시간운임제 시행지역의 운수종사자와 대형(승합자동차를 사용하는 경우로 한정) 및 고급형 택시운송사업의 운수종사자는 제외]는 승객이 탑승하고 있는 동안에는 미터기를 사용하여 운행해야 한다.

⑫ 그 밖에 이 규칙에 따라 운송사업자가 지시하는 사항을 이행해야 한다.

■ 운수종사자의 금지행위 및 운송수입금 등에 대한 준수사항(법 제26조)

① 운수종사자는 다음의 어느 하나에 해당하는 행위를 하여서는 아니 된다
   ㉠ 정당한 사유 없이 여객의 승차를 거부하거나 여객을 중도에서 내리게 하는 행위
   ㉡ 부당한 운임 또는 요금을 받는 행위
   ㉢ 일정한 장소에 오랜 시간 정차하여 여객을 유치(誘致)하는 행위
   ㉣ 문을 완전히 닫지 아니한 상태에서 자동차를 출발시키거나 운행하는 행위
   ㉤ 여객이 승하차하기 전에 자동차를 출발시키거나 승하차할 여객이 있는데도 정차하지 아니하고 정류소를 지나치는 행위
   ㉥ 안내방송을 하지 아니하는 행위(국토해양부령으로 정하는 자동차 안내방송 시설이 설치되어 있는 경우만 해당)
   ㉦ 여객자동차운송사업용 자동차 안에서 흡연하는 행위
   ㉧ 휴식시간을 준수하지 아니하고 운행하는 행위
   ㉨ 택시요금미터를 임의로 조작 또는 훼손하는 행위
   ㉩ 그 밖에 안전운행과 여객의 편의를 위하여 운수종사자가 지키도록 국토교통부령으로 정하는 사항을 위반하는 행위

② 운송사업자의 운수종사자는 운송수입금의 전액에 대하여 다음의 사항을 준수하여야 한다.
   ㉠ 1일 근무시간 동안 택시요금미터에 기록된 운송수입금의 전액을 운수종사자의 근무종료 당일 운송사업자에게 납부할 것
   ㉡ 일정금액의 운송수입금 기준액을 정하여 납부하지 않을 것

③ 운수종사자는 차량의 출발 전에 여객이 좌석안전띠를 착용하도록 안내하여야 한다.

④ 운행기록증을 붙여야 하는 자동차를 운행하는 운수종사자는 신고된 운행기간 중 해당 운행기록증을 식별하기 어렵게 하거나, 그러한 자동차를 운행하여서는 아니 된다.

제 3 장 운수종사자의 기본 소양

제1절 운전예절

▌운전자의 사명과 자세

① 운전자의 사명
　㉠ 남의 생명도 내 생명처럼 존중
　㉡ 운전자는 '공인'이라는 자각이 필요
② 운전자가 가져야 할 기본적 자세
　㉠ 교통법규의 이해와 준수
　㉡ 여유 있고 양보하는 마음으로 운전
　㉢ 주의력 집중
　㉣ 심신상태의 안정
　㉤ 추측 운전의 삼가
　㉥ 운전기술의 과신은 금물
　㉦ 저공해 등 환경보호, 소음공해 최소화 등

▌지켜야 할 운전예절

① **과신은 금물** : 안전운전은 운전 기술만이 뛰어나다고 해서 되는 것이 아니며, 교통규칙을 준수함은 물론 예절 바른 행동이 뒷받침될 때만이 비로소 가능해진다.
② **횡단보도에서의 예절** : 보행자가 먼저 지나가도록 일시 정지하여 보행자를 보호하는 데 앞장서고 횡단보도 내에 자동차가 들어가지 않도록 정지선을 반드시 지킨다.
③ **전조등 사용법** : 교차로나 좁은 길에서 마주 오는 차끼리 만나면 먼저 가도록 양보해 주고 전조등은 끄거나 하향으로 하여 상대방 운전자의 눈이 부시지 않도록 한다.
④ **고장차량의 유도** : 도로상에서 고장차량을 발견하였을 때에는 즉시 서로 도와 길 가장자리 구역으로 유도한다.
⑤ **올바른 방향전환 및 차로변경** : 방향지시등을 켜고 끼어들려고 하는 차량이 있을 때에는 눈인사를 하면서 양보해 주는 여유를 가지며, 이웃 운전자에게 도움이나 양보를 받았을 때에는 정중하게 손을 들어 답례한다.
⑥ **여유 있는 교차로 통과 등** : 교차로에 정체 현상이 있을 때에는 다 빠져나간 후에 여유를 가지고 서서히 출발한다.

▌삼가야 할 운전행동

① 욕설이나 경쟁심의 운전행위
② 도로상에서 사고 등으로 차량을 세워 둔 채로 시비, 다툼 등의 행위를 하여 다른 차량의 통행을 방해하는 행위
③ 음악이나 경음기 소리를 크게 하여 다른 운전자를 놀라게 하거나 불안하게 하는 행위

④ 신호등이 바뀌기 전에 빨리 출발하라고 전조등을 켰다 껐다 하거나 경음기로 재촉하는 행위
⑤ 자동차 계기판 윗부분 등에 발을 올려놓고 운행하는 행위
⑥ 교통 경찰관의 단속 행위에 불응하고 항의하는 행위
⑦ 방향지시등을 켜지 않고 갑자기 끼어들거나, 버스 전용차로를 무단 통행하거나 갓길로 주행하는 행위 등

제2절 운전자 상식

교통관련 용어 정의

① 대형사고(교통사고조사규칙 제2조제1항제3호)
㉠ 3명 이상이 사망(교통사고 발생일로부터 30일 이내에 사망한 것을 말함)
㉡ 20명 이상의 사상자가 발생한 사고

② 중대한 교통사고(여객자동차 운수사업법 제19조제2항)
㉠ 전복(顚覆)사고
㉡ 화재가 발생한 사고
㉢ 대통령령으로 정하는 수(數) 이상의 사람이 죽거나 다친 사고(영 제11조)
- 사망자 2명 이상
- 사망자 1명과 중상자 3명 이상
- 중상자 6명 이상

③ 교통사고의 용어(교통사고조사규칙 제2조)
㉠ 충돌 : 차가 반대방향 또는 측방에서 진입하여 그 차의 정면으로 다른 차의 정면 또는 측면을 충격한 것을 말한다.
㉡ 추돌 : 2대 이상의 차가 동일방향으로 주행 중 뒤차가 앞차의 후면을 충격한 것을 말한다.
㉢ 접촉 : 차가 추월, 교행 등을 하려다가 차의 좌우측면을 서로 스친 것을 말한다.
㉣ 전도 : 차가 주행 중 도로 또는 도로 이외의 장소에 차체의 측면이 지면에 접하고 있는 상태(좌측면이 지면에 접해 있으면 좌전도, 우측면이 지면에 접해 있으면 우전도)를 말한다.
㉤ 전복 : 차가 주행 중 도로 또는 도로 이외의 장소에 뒤집혀 넘어진 것을 말한다.
㉥ 추락 : 자동차가 도로변 절벽 또는 교량 등 높은 곳에서 떨어진 것을 말한다.

④ 자동차와 관련된 용어(자동차 및 자동차부품의 성능과 기준에 관한 규칙 제2조)
㉠ 공차상태 : 자동차에 사람이 승차하지 아니하고 물품(예비부분품 및 공구 기타 휴대물품을 포함)을 적재하지 아니한 상태로서 연료・냉각수 및 윤활유를 만재하고 예비타이어(예비타이어를 장착한 자동차만 해당)를 설치하여 운행할 수 있는 상태를 말한다.
㉡ 차량중량 : 공차상태의 자동차 중량을 말한다.
㉢ 차량총중량 : 적차상태의 자동차의 중량을 말한다.
㉣ 적차상태 : 공차상태의 자동차에 승차정원의 인원이 승차하고 최대적재량의 물품이 적재된 상태를 말한다. 이 경우 승차정원 1인(13세 미만의 자는 1.5인을 승차정원 1인으로 본다)의 중량은 65kg으로 계산한다.

ⓜ 승차정원 : 자동차에 승차할 수 있도록 허용된 최대인원(운전자를 포함)을 말한다.

교통사고 현장에서의 상황별 안전조치

① 교통사고 상황파악

㉠ 짧은 시간 안에 사고 정보를 수집하여 침착하고 신속하게 상황을 파악한다.

㉡ 피해자와 구조자 등에게 위험이 계속 발생하는지 파악한다.

㉢ 생명이 위독한 환자가 누구인지 파악한다.

㉣ 구조를 도와줄 사람이 주변에 있는지 파악한다.

㉤ 전문가의 도움이 필요한지 파악한다.

② 사고현장의 안전관리

㉠ 피해자를 위험으로부터 보호하거나 피신시킨다.

㉡ 사고위치에 노면표시를 한 후 도로 가장자리로 자동차를 이동시킨다.

교통사고 현장에서의 원인조사

① 노면에 나타난 흔적조사

㉠ 스키드마크, 요마크, 프린트자국 등 타이어자국의 위치 및 방향

㉡ 차의 금속부분이 노면에 접촉하여 생긴 파인 흔적 또는 긁힌 흔적의 위치 및 방향

㉢ 충돌 충격에 의한 차량파손품의 위치 및 방향

㉣ 충돌 후에 떨어진 액체잔존물의 위치 및 방향

㉤ 차량 적재물의 낙하위치 및 방향

㉥ 피해자의 유류품(遺留品) 및 혈흔자국

㉦ 도로구조물 및 안전시설물의 파손위치 및 방향

② 사고차량 및 피해자조사

㉠ 사고차량의 손상부위 정도 및 손상방향

㉡ 사고차량에 묻은 흔적, 마찰, 찰과흔(擦過痕)

㉢ 사고차량의 위치 및 방향

㉣ 피해자의 상처 부위 및 정도

㉤ 피해자의 위치 및 방향

③ 사고당사자 및 목격자조사(운전자, 탑승자, 목격자 대상)

④ 사고현장 시설물조사

㉠ 사고지점 부근의 가로등, 가로수, 전신주(電信柱) 등의 시설물 위치

㉡ 신호등(신호기) 및 신호체계

㉢ 차로, 중앙선, 중앙분리대, 갓길 등 도로횡단구성요소

㉣ 방호울타리, 충격흡수시설, 안전표지 등 안전시설요소

㉤ 노면의 파손, 결빙, 배수불량 등 노면상태요소

⑤ 사고현장 측정 및 사진촬영

㉠ 사고지점 부근의 도로선형(평면 및 교차로 등)

㉡ 사고지점의 위치
㉢ 차량 및 노면에 나타난 물리적 흔적 및 시설물 등의 위치
㉣ 사고현장에 대한 가로방향 및 세로방향의 길이
㉤ 곡선구간의 곡선반경, 노면의 경사도(종단구배 및 횡단구배)
㉥ 도로의 시거 및 시설물의 위치 등
㉦ 사고현장, 사고차량, 물리적 흔적 등에 대한 사진촬영

교통관련 법규 및 사내 안전관리 규정 준수

① 배차지시 없이 임의 운행 금지
② 정당한 사유 없이 지시된 운행경로를 임의로 변경운행 금지
③ 승차 지시된 운전자 이외의 타인에게 대리운전 금지
④ 사전승인 없이 타인을 승차시키는 행위 금지
⑤ 운전에 악영향을 미치는 음주 및 약물복용 후 운전 금지
⑥ 철길건널목에서는 일시정지 준수 및 정차 금지
⑦ 도로교통법에 따라 취득한 운전면허로 운전할 수 있는 차종 이외의 차량 운전 금지
⑧ 자동차 전용도로, 급한 경사길 등에서는 주정차 금지
⑨ 기타 사회적인 물의를 야기 시키거나 회사의 신뢰를 추락시키는 난폭운전 등의 행위 금지
⑩ 차량은 이동 홍보물로써 청결함이 요구된다. 차량의 청결은 회사든 개인이든 신뢰도를 제고하고 적재된 물품의 상태까지 신뢰하게 할 수 있는 요인으로 작용한다. 외관 뿐 아니라 운전석 등 내부도 청결하게 하여 쾌적한 운행환경을 유지

운행 전 준비

① 용모 및 복장 확인(단정하게)
② 승객에게는 항상 친절하게 불쾌한 언행 금지
③ 차의 내・외부를 항상 청결하게 유지
④ 운행 전 일상점검을 철저히 하고 이상이 발견되면 정비관리자에게 즉시 보고하여 조치받은 후 운행
⑤ 배차사항, 지시 및 전달사항 등을 확인한 후 운행

운행 중 주의

① 주정차 후 출발할 때에는 차량주변의 보행자, 승하차자 및 노상취객 등을 확인한 후 안전하게 운행한다.
② 내리막길에서는 풋 브레이크를 장시간 사용을 삼가고, 엔진 브레이크 등을 적절히 사용하여 안전하게 운행한다.
③ 보행자, 이륜차, 자전거 등과 교행, 병진, 추월운행 시 서행하며 안전거리를 유지하고 주의의무를 강화하여 운행한다.
④ 후진할 때에는 유도요원을 배치하여 수신호에 따라 안전하게 후진한다.

⑤ 후방카메라를 설치한 경우에는 카메라를 통해 후방의 이상 유무를 확인 후 안전하게 후진한다.
⑥ 눈길, 빙판길 등은 체인이나 스노타이어를 장착한 후 안전하게 운행한다.
⑦ 뒤따라오는 차량이 추월하는 경우에는 감속 등을 통해 양보운전을 한다.

교통사고에 따른 조치

① 교통사고를 발생시켰을 때에는 도로교통법령에 따라 현장에서의 인명구호, 관할경찰서 신고 등의 의무를 성실히 이행한다.
② 어떤 사고라도 임의로 처리하지 말고, 사고발생 경위를 육하원칙에 따라 거짓 없이 정확하게 회사에 즉시 보고한다.
③ 사고처리 결과에 대해 개인적으로 통보를 받았을 때에는 회사에 보고한 후 회사의 지시에 따라 조치한다.

제3절 응급처치방법

응급처치의 필요성

① 환자의 생명을 구하고 유지한다.
② 질병 등 병세의 악화를 방지한다.
③ 환자의 고통을 경감시킨다.
④ 환자의 치료, 입원기간을 단축시킨다.
⑤ 기타 불필요한 의료비 지출 등을 절감시킬 수 있다.

응급처치의 일반 원칙

① **환자를 수평으로 눕힘** : 심한 쇼크 시 머리는 낮게, 발은 높게 함
② **구토 또는 토혈해서 의식이 있을 때** : 얼굴을 옆으로 돌리고 머리를 발보다 낮게 함
③ **호흡 장애가 있는 경우 편한 자세 유지** : 대개 앉은 자세 또는 상체를 약간 눕힌 자세를 말함
④ **출혈, 질식, 쇼크 시 신속히 처리** : 인공호흡과 지혈 등
⑤ 부상자에게 상처를 보이지 말 것
⑥ 지혈 등(필요시 예외) 환부에 불필요한 접촉을 하지 말 것
⑦ 기도유지를 위해 의식불명 환자에게 먹을 것을 주지 말 것
⑧ 가능한 한 환자를 움직이지 않게 할 것
⑨ 들것 운반 시 부상자의 발을 앞으로 두고 운반할 것
⑩ 정상적인 체온 유지를 위하여 보온을 유지할 것

응급처치 순서

의식 확인 → 도움 요청 → 기도 확보 → 호흡 확인 → 인공호흡 → 맥박 확인 → 심폐소생술 실시

인공호흡법

① 제일 먼저 머리를 뒤로 젖혀 기도 확보

㉠ 가슴이 위아래로 움직이고 있는지 확인한다.

㉡ 귀를 가까이 대고, 입과 코에서 숨이 느껴지는지 살펴본다.

㉢ 기도확보를 시행했는 데도 호흡이 멎거나 호흡의 양이 극히 적을 때는 구강 대 구강 인공호흡을 실시한다.

② 구강 대 구강법

㉠ 환자의 코를 쥐고, 입 주위에서 숨이 새지 않도록 입을 덮고 숨을 불어 넣는다.

㉡ 숨이 잘 불어 넣어지고 있는가를 확인한다(숨을 불어 넣으면서 환자의 가슴이 움직이는지 확인).

㉢ 처음에는 강하게 그 후에는 5초 간격으로 1회씩 반복한다.

③ 구강 대 비강법

㉠ 환자의 입을 막고 코를 통해서 인공호흡을 실시한다.

㉡ 한 손으로 환자의 턱을 잡고 엄지손가락으로 환자의 입이 열리지 않도록 막는다.

㉢ 환자의 콧속으로 공기를 불어 넣는다.

㉣ 환자의 입을 열어주고 흡입된 공기가 외부로 유출될 수 있도록 해준다.

④ 유아 인공호흡법

1세 이하의 유아는 숨을 지나치게 강하게 불어 넣지 않도록 하며, 기준은 명치가 불룩해지지 않을 정도로 하고 횟수도 성인보다 적게 1분간 20회 정도로 한다.

⑤ 맥박확인

㉠ 2회의 인공호흡 후 경동맥을 손가락으로 눌러본 후 맥박을 확인한다.

㉡ 경동맥을 손가락으로 눌렀을 때 맥박이 없으면 즉시 심장 마사지를 실시한다.

심폐소생술

① 흉골압박 심장마사지 30회, 숨을 불어 넣는 인공호흡(구강 대 구강, 또는 구강 대 비강의 인공호흡법) 2회를 반복 실시한다.

② 시행자가 2인일 때에는 1명이 매 2분간 15 : 2로 흉부압박과 구조호흡을 실시하고, 심폐소생술을 실시하는 구조자의 피곤함을 예방하기 위하여 다른 구조자와 교대를 한다. 구조자의 역할을 교대할 경우에는 흉부압박의 중단시간을 최소화하기 위하여 5초 이내에 이루어지도록 한다.

③ 정상적인 심장박동과 호흡이 돌아오는지, 동공의 크기가 수축되어 지는지 계속 관찰한다.

> 심폐소생술법
>
> ① 환자를 단단히 지면 위에 누인다.
>
> ② 무릎 자세로 환자의 가슴 옆에 앉는다.
>
> ③ 손바닥의 손목에 가까운 부위를 포개서 흉골돌기 끝에서 5cm 위쪽에 놓는다.
>
> ④ 팔을 일직선으로 뻗어 체중을 실어서 흉골이 4~5cm 들어갈 정도로 누르기 시작한다(압박과 이완의 비율은 50 : 50 정도가 바람직함). 이때 동작은 규칙적이고 부드러워야 하며 중단되서는 안 된다.
>
> ⑤ 동작과 동작 사이에 손을 그대로 댄 채 힘을 충분히 빼주어서 심장에 피가 차도록 한다.

지혈법

① 대출혈의 경우

㉠ 손과 팔은 상완부, 발은 대퇴부에 지혈띠를 감는다.

㉡ 지혈대는 30분에 1회로 느슨하게 해준다.

㉢ 가느다란 끈과 철사는 지혈띠로 사용하지 않는다.

② 지혈띠 사용법

㉠ 지혈띠는 상처 부위에서 심장 가까운 곳에 감는다.

㉡ 넓이가 좁은 지혈띠는 사용하지 않는다.

㉢ 30분에 한번씩 느슨하게 한다.

※ 주의 : 지혈시간을 기록하여 둔다.

출혈의 응급처치

① 외부출혈

㉠ 직접 압박

- 상처부위를 직접 압박하면 대부분 출혈이 멈춘다.
- 소독된 거즈를 덮고 압박붕대로 덮는다.
- 상처부위를 심장보다 높게 한다.

㉡ 압박점 압박 : 팔이나 다리에서의 출혈이 직접 압박으로 지혈되지 않을 시 동맥 근위부를 압박하면 심한 출혈을 조절할 수 있다.

㉢ 지혈대 사용

- 지혈대는 신경이나 혈관에 손상을 줄 수 있으며 팔 또는 다리에 괴사를 초래할 수 있으므로 다른 방법으로 출혈을 멈추게 할 수가 없는 경우 최후의 수단으로 사용한다.
- 여러 가지 부목을 이용하여 골절부위를 고정하고 때로는 출혈부위를 압박한다.

② 내부출혈의 처치

㉠ 적어도 생체 징후 10분마다 측정한다.

㉡ 구토에 대비하여 환자에게 어떠한 음식물도 제공하지 않는다.

㉢ 심장으로부터 15~20cm 정도 높게 해준다.

㉣ 산소를 투여한다.

③ 혈액을 대량으로 토했을 경우

㉠ 얼굴을 옆으로 돌리게 하고, 안정을 취하게 한다.

㉡ 몸을 죄고 있는 벨트는 느슨하게 풀어주고 웃옷의 단추를 푼다.

㉢ 젖은 타월과 얼음주머니로 상복부를 냉각시킨다.

④ 가벼운 출혈이 있는 경우

㉠ 상처 부위의 지혈에 사용할 청결한 거즈, 수건, 손수건 등을 상처 부위에 대고 붕대로 압박한다.

㉡ 상처 부위는 심장보다 높게 한다.

제4절 교통사고 발생 시 조치요령

교통사고 현장에서 운전자의 의무

① **연속적인 사고의 방지** : 다른 차의 소통에 방해가 되지 않도록 길 가장자리나 공터 등 안전한 장소에 차를 정차시키고 엔진을 끈다.

② **부상자의 구호**

㉠ 사고현장에 의사, 구급차 등이 도착할 때까지 부상자에게는 가제나 깨끗한 손수건으로 우선 지혈시키는 등 가능한 응급조치를 한다.

㉡ 함부로 부상자를 움직여서는 안 된다. 특히, 두부에 상처를 입었을 때에는 움직이지 말아야 한다.

㉢ 후속 사고의 우려가 있을 경우에는 부상자를 안전한 장소로 이동시킨다.

③ **경찰공무원 등에게 신고**

㉠ 사고를 낸 운전자는 사고발생 장소, 사상자 수, 부상 정도, 손괴한 물건과 정도, 그 밖의 조치상황을 경찰공무원이 현장에 있는 때에는 그 경찰공무원에게, 경찰공무원이 없을 때에는 가장 가까운 경찰관서에 신고하여 지시를 받는다.

㉡ 사고발생 신고 후 사고차량의 운전자는 경찰공무원이 현장에 도착할 때까지 대기하면서 경찰공무원이 명하는 부상자 구호와 교통안전상 필요한 사항을 지켜야 한다.

교통사고 현장에서 부상자에 대한 응급처치

① **119구조대 및 구급차에 즉시 신고** : 응급전문가가 빠른 시간에 현장에 출동할 수 있도록 우선 신고부터 해놓는 것이 중요하다.

② **부상자의 호흡상태 파악**

㉠ 숨을 쉴 수 있도록 기도를 열어주는 것이 중요하다.

㉡ 매 5초마다 1번의 호흡을 1~1.5초 내로 실시하는 인공호흡을 시행한다.

③ **경추보호대 착용** : 교통사고 부상의 경우 대개 목 부위 즉 경추를 다치기 쉬운데 경추골절의 경우 구호과정에서 척수신경이 손상되어 사지마비까지 올 수 있으므로 반드시 경추보호대를 착용시킨다.

④ **출혈부위의 지혈** : 부상부위의 출혈이 심한 경우에는 골절부위를 피하여 출혈부위보다 심장에 가까운 부위를 헝겊 및 손수건 등으로 꽉 매주고 출혈이 적을 경우에는 지혈을 위해 깨끗한 천등으로 상처를 꽉 누른다.

⑤ **골절부위의 응급처치** : 부상자 스스로 골절된 팔 등을 움직이지 못하도록 스타킹이나 천 등으로 띠를 만들어 팔을 고정시킨다.

⑥ **내출혈 상태의 응급처치** : 내출혈에 의한 쇼크가 일어난 경우 옷이 가슴을 조이지 않도록 풀어주고 하반신을 높게 한 후 햇빛을 차단하면서 춥지 않도록 덮어준다.

⑦ **부상자의 이동**

㉠ 부상자의 이동 시에는 반드시 경추보호대 및 골절부위를 악화시키지 않도록 부목 등으로 고정시킨 후 허리 등을 보호하기 위해 침대 등에 눕혀서 이동하여야 한다.

㉡ 침대가 없는 경우에는 팔이나 다리를 들고 이동시켜서는 안 되고 골절부위를 고정시킨 상태로 등에 업거나 여러 사람이 허리 등을 받히고 이동시키는 것이 안전하다.

▌교통사고 환자 후송

① 피해자의 부상 정도가 경미한 경우
㉠ 보행이 가능하고 대화가 되면 함께 병원으로 갈 것을 권유한다.
㉡ 굳이 괜찮다고 하더라도 신분 확인과 연락처를 반드시 교환한다.
㉢ 자신의 차나 택시 등을 이용하여 병원으로 가서 응급치료를 받게 한다.

② 피해자(물)의 부상(파손) 정도가 심한 경우
㉠ 의식을 잃거나 보행이 곤란하고 피가 흘러내린다면 즉시 병원으로 후송한다.
㉡ 가능하면 후송차량은 119구조대나 병원의 앰뷸런스를 이용한다.
㉢ 시간이 허용되면 사고현장을 있는 그대로 보존한다.
㉣ 보존한 범위에서 증거확보를 하고 피해자나 차량을 안전지역으로 옮긴다.
㉤ 차량이동이 어렵거나 곤란 시 보험사의 차량고장 긴급출동서비스를 이용한다.

▌부상자 구호 조치

① 교통사고로 인한 부상자가 있을 때 : 사고 현장 통행인 등의 협력을 받아 가장 가까운 병원으로 이송하거나 구급 요원이 도착할 때까지 응급처치를 한다.
② 의식이 없는 부상자 : 기도가 막히지 않도록 피나 토한 음식물을 제거한다.
③ 호흡이 정지되었을 때 : 심장마사지 등 인공호흡을 한다.
④ 출혈이 있을 때 : 거즈나 깨끗한 손수건으로 상처를 꽉 누르고 심할 때에는 심장에 가까운 부위를 헝겊 또는 손수건으로 묶어두고 상처부위를 심장보다 높게 해 준다.
⑤ 골절 부상자 : 잘못 다루면 위험하므로 원 상태로 두고 구급차를 기다려야 하며 골절부분을 건드리지 않도록 한다.

▌추가 교통사고 방지를 위한 조치

① 사고 직후 후속차량에 의해 추가 교통사고가 발생하지 않도록 조치를 하여야 한다.
② 고속도로나 자동차전용도로 등 추가사고가 대형사고로 이어질 위험성이 있는 곳에서는 후속조치가 매우 중요하다.
③ 먼저 차량에 비상등을 켜고 차량 내에 비치된 삼각대를 두어야 한다.

제 4 과목 지리(서울, 인천, 경기)

제 1 장 서울특별시

▌ 서울 일반현황

① **행정구역** : 25개 자치구, 425개 행정동

② **면적** : $605.25km^2$

③ **인구** : 9,657,969명

④ **시화** : 개나리

⑤ **시목** : 은행나무

⑥ **시조** : 까치

※ 2021년 1월 KOSIS(kosis.kr) 국가통계포털, 서울특별시, 주민등록인구통계

■ 구별 주요 관공서 및 공공건물, 호텔, 국가대사관, 관광명소 등

소재지	구 분	명 칭
강남구	관공서	강남운전면허시험장(대치동), 서울본부세관(논현동), 국기원(역삼동), 강남세무서(청담동), 역삼세무서(역삼동), 삼성세무서(역삼동), 강남교육지원청(삼성2동), 한국토지주택공사 서울지역본부(논현동), 특허청서울사무소(역삼동)
	공공건물	강남차병원(역삼동), 삼성서울병원(일원동), 강남세브란스병원(도곡동), 수서경찰서(개포동), 강남경찰서(대치동), 강남우체국(개포동), 강남소방서(삼성동)
	호 텔	라마다 서울 호텔(삼성동), 노보텔 앰배서더 강남(역삼동), 임피리얼 팰리스 호텔(논현동), 파크하얏트 서울호텔(대치동), 오크우드 프리미어 서울(삼성동), 안다즈 서울강남 호텔(신사동), 인터컨티넨탈서울코엑스(삼성동), 쉐라톤서울팔래스강남호텔(반포동), 르 메르디앙 서울호텔(역삼동), 글래드 강남코엑스센터(대치동), 글래드 라이브강남(논현동)
	관광명소	선릉(삼성동), 봉은사(삼성동), 도산공원(신사동), 대모산 도시자연공원(일원동), 학동공원(논현동)
강동구	공공건물	중앙보훈병원(둔촌동), 강동성심병원(길동), 강동 경희대학교병원(상일동)
	관광명소	암사선사 유적지(천호동)
강북구	공공건물	국립재활원(수유동), 강북경찰서(번동)
	관광명소	국립4.19 민주묘지(수유동), 북서울꿈의 숲(번동), 북한산국립공원백운대코스(우이동), 우이동유원지(우이동)
강서구	관공서	강서운전면허 시험장(외발산동)
	관광명소	양천고성지(가양동), KBS스포츠월드(화곡동), 서울식물원(마곡동)
관악구	공공건물	서울대학교(신림동), 금천경찰서(시흥동)
	관광명소	호림박물관(신림동)
광진구	공공건물	건국대학교(화양동), 세종대학교(군자동), 건국대학교병원(화양동), 혜민병원(자양동), 국립정신건강센터(중곡동), 광진경찰서(구의동)
	호 텔	그랜드워커힐호텔(광장동), 비스타 워커힐 서울호텔(광장동)
	관광명소	어린이대공원(능동), 뚝섬유원지(자양동), 유니버설아트센터(능동), 아차산생태공원(광장동)
구로구	공공건물	고려대학교구로병원(구로동)
	호 텔	쉐라톤 서울 디큐브시티 호텔(신도림동)
	관광명소	여계 묘역(고척동), 평강성서유물박물관(오류동)
금천구	관공서	구로세관(가산동), 한국건설생활환경시험연구원(가산동)
	호 텔	노보텔 앰배서더 독산호텔(독산4동)
	관광명소	호암산성(시흥동)
노원구	관공서	도봉운전면허시험장(상계10동)
	공공건물	광운대학교(월계동), 삼육대학교(공릉동), 서울여자대학교(공릉동), 노원을지대학교병원(하계동), 원자력병원(공릉2동), 상계백병원(상계동)
도봉구	관공서	서울북부지방법원(도봉동), 서울북부지방검찰청(도봉동)
	공공건물	덕성여자대학교(쌍문동)
	관광명소	북한산국립공원(도봉동)

소재지	구 분	명 칭
동대문구	공공건물	경희대학교(회기동), 서울시립대학교(전농동), 한국외국어대학교(이문동), 서울시립동부병원(용두동), 서울성심병원(청량리동), 삼육서울병원(휘경동), 경희의료원(회기동)
	관광명소	세종대왕기념관(청량리동), 경동시장(제기동), 홍릉수목원(회기동)
동작구	관공서	기상청(신대방2동)
	공공건물	숭실대학교(상도동), 중앙대학교(흑석동), 중앙대학교병원(흑석동), 서울시립보라매병원(신대방동)
	관광명소	국립서울현충원(동작동), 노량진수산시장(노량진동), 보라매공원(신대방동), 사육신공원(노량진동)
마포구	관공서	한국교통안전공단 서울본부(성산동), 서부운전면허시험장(상암동), 서울서부지방법원(공덕동)
	공공건물	서강대학교(대흥동), 홍익대학교(상수동), TBS교통방송(상암동)
	호 텔	서울가든호텔(도화동), 롯데시티호텔(공덕동), 글래드 마포(도화동)
	관광명소	서울월드컵경기장(성산동), 월드컵공원(상암동), 하늘공원(상암동), 난지한강공원(상암동), 평화공원(동교동)
서대문구	관공서	경찰청(미근동), 경찰위원회(미근동)
	공공건물	연세대학교(신촌동), 이화여자대학교(대현동), 추계예술대학교(북아현동), 명지대학교(남가좌동), 신촌 세브란스병원(신촌동)
	호 텔	스위스 그랜드힐튼 서울호텔(홍은동)
	국가대사관	프랑스대사관(합동)
	관광명소	독립문(현저동), 서대문형무소역사관(현저동)
서초구	관공서	대법원(방배동), 대검찰청(서초3동), 서울고등법원(서초동), 서울고등검찰청(서초동), 서울가정법원(양재동), 서울지방조달청(반포동), 서울지방법원(서초동), 국립국악원(서초동), 도로교통공단 서울지부(염곡동), 통일연구원(반포동)
	공공건물	서울성모병원(반포동), 방배경찰서(방배동), 국립중앙도서관(반포동)
	호 텔	JW메리어트호텔서울(반포동), 쉐라톤 서울 팔레스 강남호텔(반포동), 더 리버사이드호텔(잠원동)
	관광명소	예술의전당(서초동), 시민의 숲(양재동), 반포한강공원(반포동), 몽마르뜨공원(반포동)
성동구	관공서	서울교통공사(용답동)
	공공건물	한양대학교(사근동), 한국방송통신대학교(성수1가2동), 한양대학교병원(사근동)
	관광명소	서울숲(성수동1가)
성북구	공공건물	고려대학교(안암동5가), 국민대학교(정릉동), 동덕여자대학교(하월곡동), 성신여자대학교(돈암동), 한성대학교(삼선동2가), 고려대학교의료원 안암병원(안암동5가)
	관광명소	정릉10공원(정릉동)
송파구	관공서	서울동부지방법원(문정동), 중앙전파관리소(가락동), 서울동부지방검찰청(문정동)
	공공건물	국립경찰병원(가락동), 서울아산병원(풍납2동)
	호 텔	롯데호텔월드(잠실동)
	관광명소	몽촌토성(방이동), 풍납토성(풍납동), 롯데월드(잠실동), 올림픽공원(방이동), 석촌호수(잠실동)
양천구	관공서	서울과학수사연구소(신월동), 서울출입국외국인청(신정동), 서울남부지방법원(신정동)
	공공건물	이대목동병원(목동), 홍익병원(신정동)
	관광명소	용왕산근린공원(목동), 목동종합운동장(목동), 파리공원(목동)

소재지	구 분	명 칭
영등포구	관공서	국회의사당(여의도동), 서울지방병무청(신길동), 한국방송공사(KBS,여의도동)
	공공건물	한림대학교한강성심병원(영등포동7가), 여의도성모병원(여의도동), 대림성모병원(대림동), 성애병원(신길동)
	호 텔	콘래드 서울 호텔(여의도동), 글래드 여의도(여의도동)
	국가대사관	인도네시아대사관(여의도동)
	관광명소	여의도공원(여의도동), 63빌딩(여의도동), 선유도공원(양화동)
용산구	관공서	국방부(용산동3가)
	공공건물	숙명여자대학교(청파동2가), 순천향대학병원(한남동), 용산경찰서(원효로1가)
	호 텔	그랜드하얏트 서울호텔(한남동), 해밀턴호텔(이태원동), 크라운관광호텔(이태원동)
	국가대사관	태국대사관(한남동), 인도대사관(한남동), 사우디아라비아대사관(이태원동), 스페인대사관(한남동), 이탈리아대사관(한남동), 남아프리카공화국대사관(한남동), 이란대사관(동빙고동), 필리핀대사관(이태원동), 말레이시아대사관(한남동)
	관광명소	N서울타워(용산동2가), 백범김구기념관(효창동), 용산가족공원(용산동6가), 전쟁기념관(용산동1가), 국립중앙박물관(용산동6가)
은평구	공공건물	서울서부경찰서(녹번동)
종로구	관공서	서울지방경찰청(내자동), 감사원(삼청동), 서울시교육청(신문로2가)
	공공건물	상명대학교(홍지동), 성균관대학교(명륜3가), 서울대학교병원(연건동), 서울적십자병원(평동), 혜화경찰서(인의동)
	호 텔	JW메리어트 동대문스퀘어(종로6가), 포시즌스 호텔서울(당주동)
	국가대사관	미국대사관(세종로), 일본대사관(중학동), 호주대사관(종로1가), 브라질대사관(팔판동), 멕시코대사관(중학동), 베트남대사관(수송동)
	관광명소	경복궁(세종로), 창경궁(와룡동), 창덕궁(와룡동), 국립민속박물관(세종로), 보신각(관철동), 조계사(수송동), 동대문(흥인지문, 보물1호, 종로6가), 마로니에공원(동숭동), 사직공원(사직동), 경희궁공원,(신문로2가) 탑골공원(종로2가), 종묘(훈정동), 세종문화회관(세종로)
중 구	관공서	서울특별시청(태평로1가), 중부세무서(충무로1가), 서울지방고용노동청(장교동), 서울지방우정청(종로1가), 한국관광공사 서울센터(다동), 대한상공회의소(남대문로4가)
	공공건물	동국대학교(장충동2가), 서울백병원(저동2가), 제일병원(묵정동), 국립중앙의료원(을지로6가), 남대문경찰서(남대문로5가), 중부경찰서(저동2가)
	호 텔	롯데호텔 서울(소공동), 호텔신라(장충동2가), 그랜드 앰배서더 서울(장충동2가), 더 플라자 호텔(태평로2가), 로얄 호텔서울(명동1가), 반얀트리 클럽 앤 스파 서울(장충동2가), 세종호텔(충무로2가), 프레지던트 호텔(을지로1가), 노보텔 앰배서더 서울동대문 호텔(을지로6가), 밀레니엄 힐튼 서울호텔(남대문로5가), 웨스턴조선호텔(소공동)
	국가대사관	영국대사관(정동), 캐나다대사관(정동), 스웨덴대사관(남대문로5가), 러시아대사관(정동), 중국대사관(명동2가), 독일대사관(남대문로5가), 터키대사관(장충동1가), EU 대표부(남대문로5가)
	관광명소	남대문(숭례문, 국보1호, 남대문로4가), 덕수궁(정동), 명동성당(명동2가), 장충체육관(장충동2가), 남산공원(회현동1가), 서울로 7017(봉래동2가), 국립극장(장충동2가)
중랑구	공공건물	서울의료원(신내동), 서울특별시북부병원(망우동)
	관광명소	용마폭포공원(면목동)

고속도로

명 칭	구 간
경부고속도로	한남IC(서울 압구정동)~양재IC(서울 양재동)~만남의광장(부산 구서동)
경인고속도로	양천우체국삼거리(서울 목동)~서인천IC(인천 가정동)
서울양양고속도로	강일IC(서울 고덕동)~양양JCT(양양 서면)

구별 간선도로

소재지	명 칭
강남구	남부순환로, 논현로, 도산대로, 양재대로, 언주로, 올림픽로, 테헤란로
강동구	남부순환로, 양재대로, 올림픽대로, 천호대로
강북구	고산자로, 월계로
강서구	강서로, 남부순환로, 올림픽대로, 화곡로
관악구	관악로, 남부순환로, 신대방길
광진구	강변북로, 능동로, 동부간선도로, 아차성길, 천호대로
구로구	강서로, 시흥대로
금천구	남부순환로, 독산로, 시흥대로
노원구	월계로, 동부간선도로
동대문구	고산자로, 천호대로, 청계천로
동작구	동작대로, 신대방로
마포구	강변북로, 마포대로
서대문구	수색로, 성산로, 세검정로, 통일로
서초구	남부순환로, 동작대로, 올림픽로, 신반포로
성동구	고산자로, 강변북로, 왕십리로, 청계천로, 독서당로, 동부간선도로
성북구	돌곶이로, 동소문로, 동부간선도로, 북부간선도로, 성북로, 월계로, 창경궁로
송파구	양재대로, 올림픽로, 송파대로, 테헤란로
양천구	남부순환로
영등포구	노들길, 시흥대로, 신길로
용산구	독서당로, 원효로, 서빙고로, 한강로
은평구	수색로, 통일로
종로구	대학로, 돈화문로, 삼청로, 새문안로, 세검정로, 세종대로, 종로, 율곡로, 창경궁로, 청계천로, 통일로
중 구	청계천로, 세종대로, 돈화문로, 을지로, 왕십리로, 창경중로, 충무로, 통일로, 퇴계로
중랑구	동일로, 동부간선도로, 북부간선도로, 용마산로

▌명칭별 간선도로(구간)

명 칭	구 간
강남대로	한남대교 북단~강남역~뱅뱅사거리~염곡교차로
강동대로	풍납로(올림픽대교 남단)~둔촌사거리~서하남IC 입구 사거리
강변북로	행주IC~아천IC
고산자로	성수대교 북단~왕십리로터리~고려대역
관악로	봉현초등학교~서울대학교 입구
남부순환도로	김포공항입구~사당역~수서IC
내부순환도로	성산대교 북단~홍지문터널~성동교(동부간선도로)
노들로	양화교 교차로~한강대교남단
논현로	동호대교 남단~구룡사앞 교차로
능동로	광진구 중곡동 169번지(중곡동길)~성동구 성수동2가 72번지(강변북로)
도산대로	신사역사거리~영동대교 남단교차로
독산로	구로전화국사거리~독산4동사거리~박미삼거리
독서당로	한남역~금남시장삼거리~응봉삼거리
돈화문로	창덕궁~종로3가~청계3가사거리
돌곶이로	북서울꿈의숲 동문교차로~돌곶이역~석관통로터리
동부간선도로	수락산지하차도~청담대교~복정교차로
동일로	영동대교 남단~의정부시계~마전2교
동작대로	서빙고역~동작대교~사당역사거리
동소문로	한성대입구역~미아리고개~미아삼거리
마포대로	마포대교 북단 교차로~아현삼거리
북부간선도로	하월곡JC교차로~도농IC제2육교(남양주시)
삼청로	경복궁사거리(동십자각)~삼청터널
성산로	성산대교 남단~사직터널
송파대로	잠실대교 북단~복정역
시흥대로	대림삼거리~가야대교앞삼거리
세종대로	서울역사거리~광화문삼거리
세검정로	홍은동사거리~신영동삼거리(세검정)
양천길	양화교 교차로~개화사거리
용마산로	아차산역삼거리~겸재길~신내IC교차로
율곡로	경복궁사거리~청계6가사거리
올림픽대로	강일IC~신곡IC교차로
왕십리로	성동고교 사거리~뚝도아리수정수센터 삼거리
을지로	시청 삼거리~한양공고 앞 사거리
올림픽로	삼성교~강동대로
원효로	남영역사거리~강변삼성스위트아파트

명 칭	구 간
월계로	미아사거리~하계동 287번지(동일로)
양재대로	선암IC~암사정수센터교차로
언주로	성수대교 북단~내곡터널
영동대로	영동대교 북단 교차로~일원터널 입구
종 로	세종대로사거리~신설동역오거리
창경궁로	한성대입구역~원남동사거리~퇴계로4가 교차로
천호대로	신설동역오거리~상일IC 입구
청계천로	청계천광장교차로~신답초교 입구(동대문구)
충무로	관수교~명보사거리~충무로역
통일로	서울역 사거리~홍은사거리~구파발역~동산삼거리
퇴계로	서울역사거리~도로교통공단사거리
테헤란로	강남역 사거리~삼성교
한강로	서울역사거리~한강대교 남단
화곡로	올림픽대로~신월동 시계

철도역, 공항, 버스터미널, 항구 등 교통시설

소재지	명 칭
강서구	김포공항(방화동)
광진구	동서울종합터미널(구의동)
동대문구	청량리역(전농동)
서초구	서울고속버스터미널(반포동), 서울남부터미널(서초동)
강남구	한국도심공항터미널(삼성동), 수서역(수서동)
용산구	서울역(동자동), 용산역(한강로3가)
중랑구	상봉터미널(상봉동)

서울의 주요 교량

명 칭	구 간	
	북 단	남 단
강동대교	구리시(토평동)	강동구(강일동)
암사대교	구리시(아천동)	강동구(암사동)
광진교	광진구(광장동)	강동구(천호동)
천호대교	광진구(광장동)	강동구(천호동)
올림픽대교	광진구(구의동)	송파구(풍납동)
잠실철교	광진구(구의동)	송파구(신천동)
잠실대교	광진구(자양동)	송파구(신천동)

명 칭	구 간	
	북 단	남 단
청담대교	광진구(자양동)	강남구(청담동)
영동대교	광진구(자양동)	강남구(청담동)
성수대교	성동구(성수동)	강남구(압구정동)
동호대교	성동구(옥수동)	강남구(압구정동)
한남대교	용산구(한남동)	서초구(잠원동)
반포대교	용산구(서빙고동)	서초구(반포동)
잠수교	용산구(서빙고동)	서초구(반포동)
동작대교	용산구(이촌동)	동작구(동작동)
한강대교	용산구(이촌동)	동작구(본동)
한강철교	용산구(이촌동)	동작구(노량진동)
원효대교	용산구(이촌동)	영등포구(여의도동)
마포대교	마포구(마포동)	영등포구(여의도동)
서강대교	마포구(신정동)	영등포구(여의도동)
당산철교	마포구(합정동)	영등포구(당산동)
양화대교	마포구(합정동)	영등포구(당산동)
성산대교	마포구(망원동)	영등포구(양화동)
가양대교	마포구(상암동)	강서구(가양동)
방화대교	고양시(강매동)	강서구(방화동)
행주대교, 신행주대교	고양시(행주외동)	강서구(개화동)
김포대교	고양시(토당동)	김포시(고촌읍)

경기도

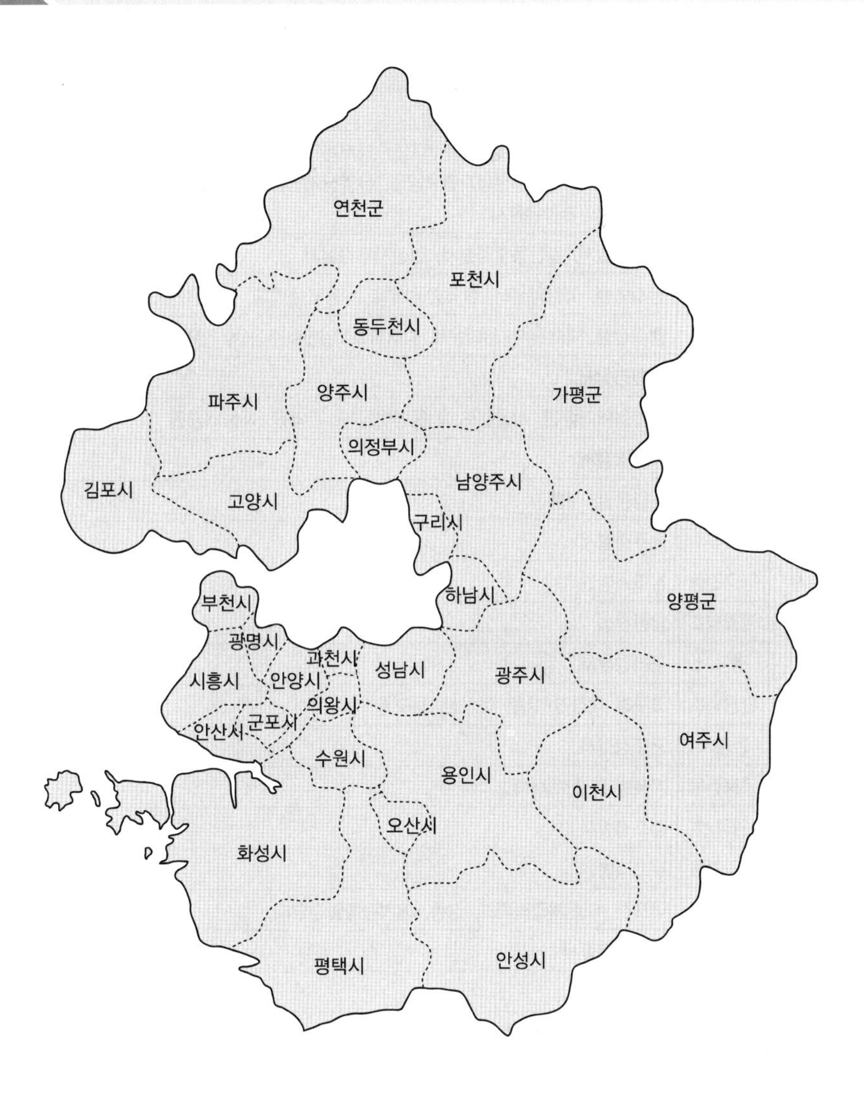

경기도 일반현황

① **행정구역** : 28개 시 3개 군
② **면적** : 10,185km^2
③ **인구** : 13,791,763명
④ **시화** : 개나리
⑤ **시목** : 은행나무
⑥ **시조** : 비둘기
※ 2020년 10월 경기통계(stat.gg.go.kr), 주민등록인구통계

▌시 · 군별 주요 관공서 및 공공건물, 호텔, 관광명소 등

소재지	구 분	명 칭
가평군	관공서	가평경찰서
	호 텔	클럽 인너호텔 & 리조트
	관광명소	쁘띠프랑스, 자라섬, 남이섬, 명지산, 명지계곡, 연인산, 조무락계곡, 용추계곡, 아침고요수목원, 칼봉산자연휴양림, 청평자연휴양림, 유명산자연휴양림, 에델바이스, 샘터유원지, 청평유원지, 대성리국민관광유원지
고양시	관공서	고양경찰서, 일산동부경찰서, 일산서부경찰서
	공공건물	명지병원, 국립암센터, 한국항공대학교, 동국대학교, 일산병원, 중부대학교
	관광명소	행주산성, 벽재관지, 원마운트 워터파크, 일산호수공원, 킨텍스(KINTEX), 서오릉, 최영장군묘
과천시	관공서	과천경찰서
	관광명소	국립현대미술관, 서울랜드, 서울경마공원, 관악산, 서울대공원
광명시	관공서	광명경찰서
	관광명소	광명동굴, 구름산
광주시	관공서	광주경찰서
	공공건물	참조은병원
	관광명소	남한산성
구리시	관공서	구리경찰서
	관광명소	고구려 대장간 마을, 아차산, 동구릉
군포시	관공서	군포경찰서
	공공건물	지샘병원, 한세대학교
김포시	관공서	김포경찰서
	공공건물	뉴고려병원
	관광명소	덕포진, 태산패밀리파크, 장릉, 애기봉통일전망대
남양주시	관공서	남양주경찰서
	공공건물	현대병원
	관광명소	광해군묘, 휘경원, 홍릉과 유릉, 광릉, 순강원, 아쿠아조이, 천마산, 밤섬유원지, 정약용선생묘
동두천시	관공서	동두천경찰서
	공공건물	동양대학교
	관광명소	소요산
부천시	관공서	부천소사경찰서, 부천원미경찰서, 부천오정경찰서
	공공건물	세종병원, 다이엘종합병원, 순천향대부천병원, 가톨릭대부천성모병원, 부천대학교, 가톨릭대학교, 서울신학대학교
	호 텔	플라리스호텔, 더 고려호텔
	관광명소	웅진플레이도시, 아인스월드

소재지	구 분	명 칭
성남시	관공서	분당경찰서, 성남수정경찰서, 성남중원경찰서
	공공건물	분당서울대병원, 국군수도병원, 정병원, 가천대학교, 분당차병원, 을지대학교, 모란민속시장, 성호시장
	호 텔	밀리토피아 호텔
수원시	관공서	수원지방법원, 수원지방검찰청, 수원보호관찰소, 경기도교육청, 경인지방병무청, 대한적십자사 경기도지사, 경기지방통계청, 경기지방중소기업청, 경기도선거관리위원회, 경기남부지방경찰청, 경기도청, 수원남부경찰서, 수원중부경찰서, 수원서부경찰서
	공공건물	아주대학교병원, 성빈센트병원, 동수원병원, 명인의료재단 화홍병원, 성균관대학교, 아주대학교, 경기대학교, 한국교통안전공단 경기남부본부, 경기도교통연수원, 남문로데오시장, 영동시장, 역전시장, 지동시장, 연무시장
	관광명소	광교산, 화성행궁, 팔달문, 장안문, 지지대고개
시흥시	관공서	시흥경찰서
	공공건물	시화병원, 신천연합병원, 센트럴병원, 한국산업기술대학교
	관광명소	오이도, 소래산, 오이도, 월곶포구
안산시	관공서	안산단원경찰서, 안산상록경찰서
	공공건물	한도병원, 고려대안산병원, 동의성단원병원, 서울예술대학교, 안산운전면허시험장, 시민시장
	관광명소	대부도, 화랑유원지, 시화호, 시화방조제
안성시	관공서	안성경찰서, 중앙대학교 안성캠퍼스
	공공건물	중앙대학교, 한경대학교
	관광명소	미리내성지, 죽주산성
안양시	관공서	안양동안경찰서, 안양만안경찰서
	공공건물	안양샘병원, 한림대성심병원, 경인교육대학교, 성결대학교, 대림대학교, 평촌역상가, 남부시장, 호계종합시장, 명학시장
	관광명소	삼성산, 삼막사
양주시	관공서	양주경찰서
	공공건물	경동대학교, 예원예술대학교
	관광명소	두리랜드, 일영유원지, 장흥관광지, 일영유원지, 송추유원지, 권율장군묘
양평군	관공서	양평경찰서
	관광명소	용문사, 용문산, 두물머리
여주시	관공서	여주경찰서
	관광명소	명성왕후생가, 신륵사, 세종대왕릉, 이포나루
연천군	관공서	연천경찰서
	관광명소	동막골유원지, 경순왕릉, 태풍전망대
오산시	관공서	오산경찰서
	공공건물	다나국제병원, 한신대학교, 오색시장
	관광명소	물향기수목원, 세마대, 독산성

소재지	구 분	명 칭
용인시	관공서	용인동부경찰서, 용인서부경찰서
	공공건물	다보스병원, 강남병원, 경희대학교, 용인대학교, 단국대학교, 명지대학교, 한국외국어대학교, 용인운전면허시험장, 강남대학교
	호 텔	더 트리니호텔
	관광명소	에버랜드, 와우정사, 한국민속촌, 캐리비안 베이
의왕시	관공서	의왕경찰서
	공공건물	계원예술대학교, 한국교통대학교
	관광명소	철도박물관, 백운호수, 왕송호수
의정부시	관공서	경기북부병무지청, 경기북부지방경찰청, 경기도청 북부청사, 의정부경찰서
	공공건물	카톨릭대의정부성모병원, 경기도의료원 의정부병원, 추병원, 한국교통안전공단 경기북부본부, 의정부운전면허시험장
	관광명소	수락산, 도봉산, 사패산
이천시	관공서	이천경찰서
	관광명소	덕평공룡수목원
파주시	관공서	파주경찰서
	공공건물	파주두원공과대학, 롯데프리미엄아울렛
	관광명소	윤관장군묘, 장릉, 삼릉, 수길원, 소령원, 오두산성, 헤이리예술마을, 프로방스마을, 임진각 평화누리, 보광사, 감악산, 도라산역, 판문점
평택시	관공서	평택경찰서
	공공건물	굿모닝병원, 박애병원, 박병원, 통복시장, 안중시장
포천시	관공서	포천경찰서
	공공건물	일심의료재단 우리병원, 포천경찰서, 대진대학교
	호 텔	베어스타운
	관광명소	광릉수목원, 명성산, 신북리조트, 운악산, 산정호수, 백운계곡
하남시	관공서	하남경찰서
	관광명소	이성산성, 동사지, 미사리유적, 미사리조정경기장
화성시	관공서	화성서부경찰서, 화성동탄경찰서
	공공건물	원불교원광종합병원, 수원대학교, 협성대학교, 수원카톨릭대학교, 발안만세시장, 조암시장, 남양시장, 사강시장
	호 텔	롤링힐스호텔
	관광명소	융릉과 건릉, 당성, 궁평항, 제부도, 용주사, 남이장군묘, 전곡항

고속도로

명 칭	구 간
경부고속도로	성남~수원~오산~안성
서해안고속도로	광명~안산~화성~평택
중부고속도로	하남~광주~이천~안성
평택제천고속도로	평택~안성
평택시흥고속도로	시흥~평택
중부내륙고속도로	양평~여주
영동고속도로	시흥~안산~군포~수원~용인~이천~여주
수도권제1순환고속도로	김포~시흥~안산~군포~안양~성남~하남~남양주~구리~의정부~양주~고양
제2경인고속도로	시흥~광명~안양
경인고속도로	부천
평택화성수원광명고속도로	광명~시흥~군포~안산~화성~오산~평택
구리포천고속도로	구리~남양주~의정부~양주~포천
광주원주고속도로	광주~여주~양평
서울양양고속도로	하남~남양주~가평
세종포천고속도로	구리~남양주~포천

고속도로 분기점

명 칭	구 간
안현분기점	수도권제1순환고속도로 – 제2경인고속도로
군자분기점	평택시흥고속도로 – 영동고속도로
조남분기점	수도권제1순환고속도로 – 서해안고속도로
안산분기점	서해안고속도로 – 영동고속도로
서평택분기점	서해안고속도로 – 평택제천고속도로
평택분기점	평택파주고속도로 – 평택제천고속도로
서오산분기점	수도권제2순환(봉담동탄)고속도로 – 오성화성고속도로
안성분기점	경부고속도로 – 평택제천고속도로
동탄분기점	경부고속도로 – 수도권제2순환(봉담동탄)고속도로
신갈분기점	경부고속도로 – 영동고속도로
판교분기점	경부고속도로 – 수도권제1순환고속도로
금토분기점	경부고속도로 – 용인서울고속도로
하남분기점	중부내륙고속도로 – 수도권제1순환고속도로
여주분기점	중부내륙고속도로 – 영동고속도로

▌시 · 군별 간선도로

소재지	명 칭
가평군	국도37호선, 국도46호선, 국도75호선, 경춘로, 조종로, 가화로
고양시	국도1호선, 국도39호선, 국도77호선, 자유로, 고봉로, 경의로, 중앙로, 고양대로
과천시	국도47호선, 과천대로, 관문로, 중앙로
광명시	철산로, 광명로, 오리로, 시청로, 안양천로
광주시	국도3호선, 국도43호선, 국도45호선, 성남이천로
구리시	국도6호선, 국도43호선, 아차산로, 경춘로
군포시	국도47호선, 고산로, 번영로, 산본로, 군포로
김포시	국도48호선, 김포한강로, 김포대로, 양곡로, 흥신로
남양주시	국도43호선, 국도46호선, 국도47호선, 경춘로, 금강로, 경강로
동두천시	국도3호선, 삼육사로, 평화로
부천시	국도39호선, 국도46호선, 송내대로, 길주로, 신흥로, 경인로, 오봉대로
성남시	국도3호선, 산성대로, 성남대로, 둔촌대로, 야탑로, 수정로, 서현로
수원시	국도1호선, 국도42호선, 경수대로, 덕영대로, 수성로, 중부대로, 봉영로
시흥시	국도39호선, 국도42호선, 서해안로, 마유로, 정왕대로, 시흥대로, 동서로
안산시	국도42호선, 국도39호선, 중앙대로, 화랑로, 해안로
안성시	국도38호선, 국도45호선, 영봉로, 서동대로, 남북대로
안양시	국도1호선, 경수대로, 관악대로, 시민대로, 흥안대로, 평촌대로
양주시	국도3호선, 부흥로, 화합로, 율정로, 평화로
양평군	국도6호선, 국도37호선, 경강로, 양근로
여주시	국도37호선, 국도42호선, 장여로, 여원로, 중부대로
연천군	국도3호선, 국도37호선, 평화로, 전영로, 연천로, 서부로
오산시	국도1호선, 가장로, 경기대로
용인시	국도42호선, 국도45호선, 남북대로, 중부대로, 백옥대로
의왕시	국도1호선, 경수대로, 안양판교로
의정부시	국도3호선, 평화로, 동일로, 회룡로, 호국로
이천시	국도3호선, 국도42호선, 중부대로, 서동대로 경충대로
파주시	국도1호선, 국도37호선, 국도77호선, 통일로, 중앙로, 금월로, 율곡로
평택시	국도1호선, 국도38호선, 국도45호선, 국도39호선, 서동대로, 경기대로, 남북대로
포천시	국도37호선, 국도43호선, 국도47호선, 국도87호선, 호국로, 포천로, 창동로
하남시	국도43호선, 하남대로, 미사대로, 조정대로,
화성시	국도39호선, 국도43호선, 국도77호선, 국도82호선, 서해로, 삼천병마로, 향남로

철도역, 전철역 등 교통시설

소재지	명 칭
가평군	대성리역, 청평역, 가평력
고양시	삼송역, 화정역, 대곡역, 백석역, 대화역, 일산역, 원당역
과천시	과천정부청사역, 과천역, 대공원역, 경마공원역
광명시	광명사거리역, 철산역
광주시	경기광주역, 초월역, 곤지암역
구리시	구리역
군포시	산본역, 수리산역, 대아미역
김포시	양촌역, 고촌역, 풍무역, 사우역, 걸포북변역, 운양역, 장기역, 구래역
남양주시	도농역, 덕소역, 팔당역, 운길산역, 별내역, 금곡역, 마석역
동두천시	지행역, 동두천역, 소요산역
부천시	산동역, 신중동역, 춘의역, 송내역, 중동역, 부천역, 역곡역
성남시	오리역, 미금역, 정자역, 서현역, 판교역 이매역, 야탑역, 모란역
수원시	수원역, 성균관대역, 망포역, 광교역
시흥시	시흥능곡역, 시흥시청역, 신천역, 시흥대아역
안산시	상록수역, 중앙역, 고잔역, 초지역, 안산역, 선부역, 사리역
안양시	안양역, 관악역, 범계역, 평촌역, 인덕원역
양주시	양주역, 덕계역, 덕정역
양평군	양수역, 국수역, 양평역, 용문역, 지평역
여주시	여주역, 세종대왕릉역
연천군	대광리역, 신탄리역, 신망리역
오산시	세마역, 오산역
용인시	상현역, 성복역, 수진구청역
의왕시	의왕역
의정부시	회룡역, 의정부역, 가능역
이천시	이천역, 부발역
파주시	임진강역, 문산역, 금촌역, 운정역
평택시	송탄역, 서정리역, 지제역, 평택역
하남시	하남풍산역, 미사역
화성시	어천역, 야목역, 동탄역

제 3 장 인천광역시

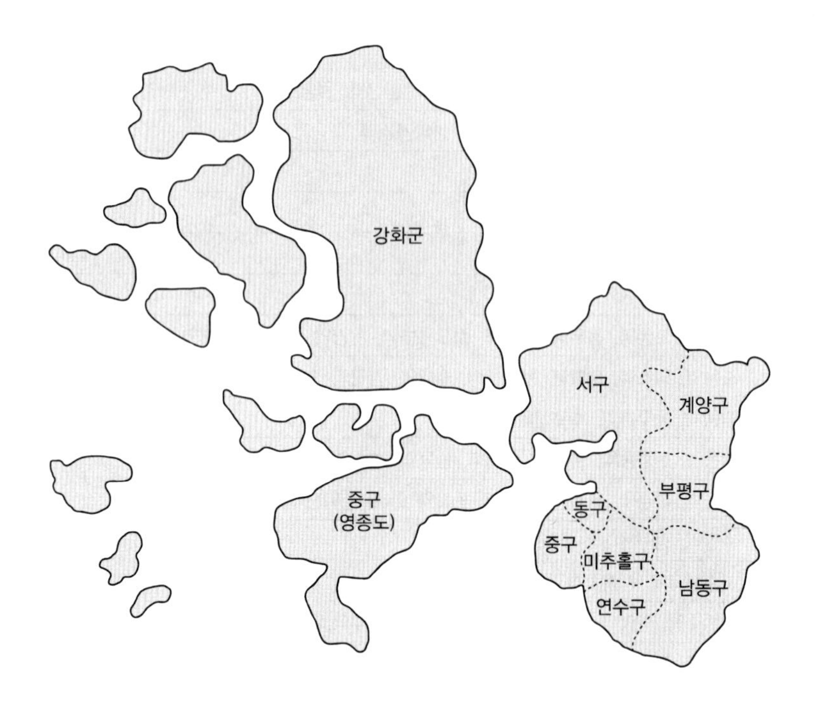

인천 일반현황

① **행정구역** : 8개 구 2개 군

② **면적** : 1,063.09km^2

③ **인구** : 2,942,828명

④ **시화** : 장미

⑤ **시목** : 목백합

⑥ **시조** : 두루미

※ 2020년 12월 통계 간행물(www.incheon.go.kr), 주민등록인구통계

구별 주요 관공서 및 공공건물, 호텔, 관광명소 등

소재지	구 분	명 칭
중 구	관공서	중구청(관동1가), 인천항만공사(신흥동), 남부교육지원청(송학동1가), 인천국제공항공사(운서동), 인천기상대(전동), 인천지방해양수산청(신포동), 국립인천검역소(항동7가), 인천출입국외국인청(신포동), 보건환경연구원(신흥동2가)
	공공건물	중부경찰서(항동2가), 인하대병원(신흥동3가), 인천기독병원(율목동), 영종소방서(운서동), 제물포고등학교(전동), 인천국제공항공사(운서동)
	호텔 및 관광명소	한국이민사박물관(북성동1가), 베니키아 월미도 더블리스호텔(북성동1가), 호텔월미도(북성동1가), 올림포스호텔(항동1가), 베스트웨스턴 하버파트호텔(항동3가), 그랜드하얏트 인천(운서동), 에어스테이(운서동), 더호텔영종(운서동), 네스트호텔(운서동), 호텔휴인천에어포트(운서동), 인천 파라다이스 시티호텔(운서동), 베스트웨스턴프리미어 인천에어포트(운서동), 인천공항비치호텔(을왕동), 위너스관광호텔(을왕동), 영종스카이리조트(을왕동), 월미테마파크(북성동1가), 마이랜드(북성동1가), 인천차이나타운(북성동2가), 인천중구문화원(신흥동3가), 송월동동화마을(송월동3가), 자유공원(송학동1가), 신포리국제시장(신포동), 용궁사(운남동), 제물포구락부(송학동1가), 을왕리해수욕장(을왕동), 왕산해수욕장(을왕동), 영종도(운남동)
동 구	관공서	동구청(송림동), 인천세무서(창영동), 송림우체국(송림동), 청소년상담복지센터(송림동)
	공공건물	인천광역시의료원(송림동), 인천백병원(송림동), 인천재능대학교(송림동)
	호텔 및 관광명소	배다리성냥마을박물관(금곡동), 수도국산달동네박물관(송현동), 도깨비시장(창영동), 화도진지(화수동), 작약도(만석동)
미추홀구	관공서	미추홀구청(숭의동), 옹진군청(용현동), 인천보훈지청(도화동), 인천지방법원(학익동), 인천지방검찰청(학익동), 선고관리위원회(도화동), 경인방송(학익동), TBN경인교통방송(학익동), 상수도사업본부(도화동), 종합건설본부(도화동), 여성복지관(주안동)
	공공건물	미추홀경찰서(학익동), 청운대학교 인천캠퍼스(도화동), 인천대학교 제물포캠퍼스(도화동), 인하대학교(용현동), 한국폴리텍대학 남인천캠퍼스(주안동), 인하공업전문대학(용현동), 인천고등학교(주안동), 인천사랑병원(주안동), 현대유비스병원(숭의동), 미추홀소방서(주안동)
	호텔 및 관광명소	송암미술관(학익동), 더바스텔(주안동), 인천문학경기장(문학동), 인천향교(문학동), 문학산(문학동)
남동구	관공서	남동구청(만수동), 인천교통공사(간석동), 인천교통정보센터(간석3동), 남인천세무서(간석2동), 인천운전면허시험장(고잔동), 인천광역시청(구월동), 인천광역시교육청(구월동), 인천지방경찰청(구월동), 인천상공회의소(논현동), 남동구청(만수동), 인천시 동부교육지원청(만수1동), 인천문화예술회관(구월동), 한국교통안전공단 인천본부(간석동)
	공공건물	남동경찰서(구월동), 인천교통공사(간석동), 가천의과학대학교 길병원(구월동), 한국방송통신대학교 인천지역대학(구월동), 남동소방서(구월동), 공단소방서(고잔동)
	호텔 및 관광명소	베스트웨스턴 인천로얄호텔(간석동), 라마다인천호텔(논현동), 인천대공원(장수동), 소래포구(논현동), 약사사(간석동)
연수구	관공서	연수구청(동춘동), 중부지방해양경찰청(송도동), 인천경제자유구역청(송도동), 여성의광장(동춘동)
	공공건물	연수경찰서(연수동), 인천관광공사(송도동), 인천환경공단(동춘동), 도로교통공단 인천지부(옥련동), 인천대학교 송도캠퍼스(송도동), 연세대학교 국제캠퍼스(송도동), 가천대학교 메디컬캠퍼스(연수동), 인천가톨릭대학교 송도국제캠퍼스(송도동), 인천여자고등학교(연수3동), 인천적십자병원(연수동), 나사렛국제병원(동춘동), 인천해양경찰서(옥련동)
	호텔 및 관광명소	인천도시역사관(송도동), 라마다송도호텔(동춘동), 쉐라톤그랜드인천호텔(송도동), 홀리데이인 인천송도(송도동), 오라카이 송도파트호텔(송도동), 아암도해안공원(옥련동), 능허대공원(옥련동), 인천상륙작전기념관(옥련동), 인천시립박물관(옥련동), 흥륜사(동춘동), 호불사(옥련동), 청량산(청학동)

소재지	구 분	명 칭
부평구	관공서	부평구청(부평동), 인천북부교육지원청(부평동), 안전보건공단인천본부(구산동), 농업기술센터(십정동)
	공공건물	부평경찰서(청천동), 삼산경찰서(삼산동), 근로복지공단인천병원(구산동), 인천성모병원(부평동), 부평세림병원(청천동), 북인천우체국(부평1동), 한국폴리텍대학 인천캠퍼스(구산동), 부평고등학교(부평4동), 부평소방서(갈산동)
	호텔 및 관광명소	부평공원(부평동), 부평역사박물관(삼산동), 인천나비공원(청천1동), 인천삼산월드 체육관(삼산동), 인천가족공원(부평동)
계양구	관공서	계양구청(계산동), 고용노동부 인천북부지청(계산동), 인천교통연수원(계산동), 북인천세무서(작전동)
	공공건물	계양경찰서(계산동), 경인교육대학교(계산동), 경인여자대학교(계산동), 한마음병원(작전동), 메디플렉스세종병원(작전동), 계양소방서(계산동)
	호텔 및 관광명소	호텔카리스(작전동), 반도호텔(작전동), 캐피탈관광호텔(계산동), 계양산(목상동), 계양산성(계산동)
서 구	관공서	서구청(심곡동), 인천광역시 인재개발원(심곡동), 서부교육지원청(공촌동), 서부여성회관(석남동), 인천연구원(심곡동)
	공공건물	서부경찰서(심곡동), 인천시설공단(연희동), 나은병원(가좌동), 온누리병원(왕길동), 은혜병원(심곡동), 석민병원(석남동), 서부소방서(심곡동)
	호텔 및 관광명소	검단선사박물관(원당동), 청라중앙호수공원(경서동), 청라지구생태공원(경서동), 인천아시아드주경기장(연희동), 콜롬비아군 참전기념비(가정동)
강화군	관공서	강화군청(강화읍), 강화교육지원청(불은면), 강화군 보건소(강화읍), 강화군 농업기술센터(불은면)
	공공건물	강화경찰서(강화읍), 안양대학교 강화캠퍼스(불은면), 인천가톨릭대학교 강화캠퍼스(양도면), 강화소방서(강화읍), 강화병원(강화읍)
	호텔 및 관광명소	강화로얄워터파크 유스호스텔(길상면), 강화성당(강화읍), 전등사(보물178호)(길상면), 정수사(화도면), 교동향교(교동면), 교동읍성(교동면), 대룡시장(교동면), 보문사(삼산면), 동막해수욕장(화도면)
옹진군	호텔 및 관광명소	백령도(백령면), 망향비(연평면), 대청도(대청면), 십리포해수욕장(영흥면), 자월도(자월면), 사곶해변(백령면), 콩돌해안(백령면), 두무진(백령면), 모도(북도면)

고속도로

소재지	명 칭
경인고속도로	서인천IC(시점)~신월IC
제2경인고속도로	인천(시점)~삼막IC
인천대교고속도로	공항신도시JC~학익JC
영동고속도로	인천(시점)~안산JC
인천국제공항고속도로	인천(시점)~북로JC
서울외곽순환고속도로	조남JC~송추IC
수도권제2순환고속도로	인천(시점)~서김포통진IC

구 · 군별 간선도로

소재지	명 칭
중 구	영종해안북로
동 구	봉수대로, 중봉대로, 서해대로, 인중로, 동산로
미추홀구	미추홀대로, 아암대로, 인주대로, 인천대로, 경인로, 구월로, 석정로, 송림로, 주안로, 소성로, 한나루로
남동구	남동대로, 무네미로, 백범로, 수인로, 호구포로, 인하로, 청능대로
연수구	경원대로, 비류대로
부평구	부평대로, 동수천로, 마장로, 부일로, 부평문화로, 부흥로, 수변로, 열우물로, 장제로, 주부토로, 평천로
계양구	계양대로, 아나지로, 안남로,
서 구	경명대로, 봉오대로, 길주로, 드림로, 로봇랜드로, 서곶로, 원적로, 장고개로
강화군	강화대로

명칭별 간선도로(구간)

명 칭	구 간
강화대로	강화대교~이강삼거리
계양대로	부평나들목~계산삼거리
아나지로	아나지삼거리~부천 삼정동 삼정고가교삼거리
안남로	효성동 뉴서울아파트~동수역
미추홀대로	컨벤시아교 북단~주안역삼거리
아암대로	능안삼거리~소래대교 북단
인주대로	능안삼거리~치야고개 삼거리
인천대로	용현동 인천 나들목~가정동 서인천 나들목
소성로	인하대역~학익사거리~문학운동장~매소홀로 연결
인하로	인하대후문~남동경찰서사거리~후구포로 연결
청능대로	청능교차로~호구포길사거리~남동대교~소래로 연결
경인로	숭의로터리~서울교 북단
인중로	숭의로터리~신광사거리~부두입구~송림삼거리
서해대로	유동삼거리~수인사거리~신흥동3가
구월로	주안동~만수주공사거리
석정로	남부역삼거리~벽돌막사거리
송림로	인천교삼거리~송림삼거리~배다리사거리
주안로	도화초등학교 사거리~주원삼거리
한나루로	도화IC~용일사거리~학산사거리
남동대로	외암사거리~간석오거리역
무네미로	서창분기점~인천대공원~구산동
백범로	장수사거리~서구 가좌동

명 칭	구 간
수인로	장수사거리~시흥시~안산시~수원 팔달구 육교사거리
호구포로	고잔동 해안지하차도~동수지하차도
봉수대로	송림삼거리~김포 구래동 변전소사거리
중봉대로	송현사거리~경서삼거리, 검단1교차로~왕길역
부평대로	부평역~부평나들목
동산로	박문삼거리~송림오거리
동수천로	부개동 중앙아파트~부평 현대렉스힐앞
마장로	부평사거리~계양구 효성동
부일로	굴다리오거리~부천시~구로구 오류동 경인로교차점
부평문화로	부원중학교~부개동 부평농협 앞
부흥로	산곡동 마장로 접소지점~부천 소사동 소명삼거리
수변로	삼산삼거리~부개사거리
열우물로	벽돌막사거리~가재울사거리
장제로	동수지하차도~김포시 풍무동 유현사거리
주부토로	북부교육청입구삼거리~신트리공원~작전고가교~계산역
평천로	삼산동~부천시 도당동
경명대로	경서동~부천시 오정동 박촌교삼거리
봉오대로	서구 원창동~부천시 고강동
길주로	서구 석남동~부천시 작동터널
드림로	수도권 매립지~김포시 고촌읍 수송도로삼거리
로봇랜드로	정서진~청라국제도시~신현 원창동
서곶로	한신그랜드힐빌리지~서인천교차로~연희사거리~검암역~불로동
원적로	가재울사거리~산곡입구삼거리
장고개로	가재울사거리~동부인천스틸~도화오거리
경원대로	외암도사거리~부평동 굴다리오거리
비류대로	옹암교차로~청학동~남동공단~서창2지구~시흥시 하중동
영종해안북로	을왕동 왕산수문~운북동 공항입구 분기점

철도역, 공항, 버스터미널, 항구 등 교통시설

소재지	명 칭
중 구	인천국제공항 여객터미널, 인천항 연안여객터미널
미추홀구	인천종합버스터미널
연수구	인천항 국제여객터미널
서 구	경인아라뱃길여객터미널(오류동)

구 · 군별 주요교량(구간)

소재지	명 칭	구 간	
		북 단	남 단
중 구	무의대교	중구(무의도)	중구(잠진도)
연수구	인천대교	중구(운서동)	연수구(송도동)
서 구	영종대교	중구(운북동)	서구(경서동)
강화군	강화대교	강화군(강화읍)	김포시(월곶면)
	초지대교	강화군(길상면)	김포시(대곶면)
	교동대교	강화군(교동도)	강화군(강화도)
	석모대교	강화도(내가면)	강화군(석모도)
옹진군	영흥대교	옹진군(영흥도)	웅진군(선재도)
	선재대교	옹진군(선재도)	안산시(대부도)

명칭별 터널(구간)

명 칭	구 간
만월산터널	부평구 부평6동~남동구 간석3동
문학터널	연수구 청학동~미추홀구 학익동
원적산터널	서구 석남동~부평구 산곡동

MEMO

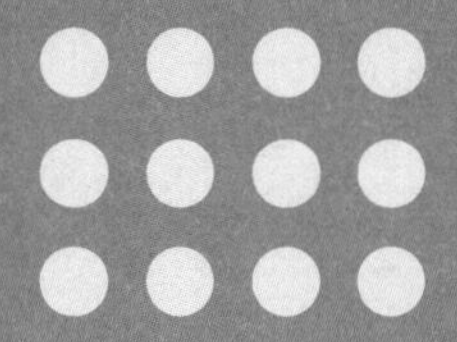

제 1 편

기출복원문제

제1회~제3회 기출복원문제

택시운전자격

Always with you

사람이 길에서 우연하게 만나거나 함께 살아가는 것만이 인연은 아니라고 생각합니다.
책을 펴내는 출판사와 그 책을 읽는 독자의 만남도 소중한 인연입니다.
(주)시대고시기획은 항상 독자의 마음을 헤아리기 위해 노력하고 있습니다. 늘 독자와 함께하겠습니다.

제1회 기출복원문제

교통 및 여객자동차 운수사업 법규

01 여객자동차운수사업법의 목적과 가장 관련이 없는 것은?

① 여객자동차운수사업에 관한 질서를 확립
② 여객의 원활한 운송과 여객자동차운수사업의 종합적인 발달을 도모
③ 여객자동차운수사업의 수익성 제고
④ 공공복리를 증진하는 것

해설
여객자동차 운수사업법의 목적(여객자동차 운수사업법 제1조)
여객자동차 운수사업에 관한 질서를 확립하고 여객의 원활한 운송과 여객자동차 운수사업의 종합적인 발달을 도모하여 공공복리를 증진하는 것을 목적으로 한다.

02 택시운송사업의 사업구역으로 가장 올바른 것은?

① 시 · 군 · 구
② 시 · 도
③ 특별시 · 광역시 · 도
④ 특별시 · 광역시 · 특별자치시 · 특별자치도 또는 시 · 군

해설
택시운송사업의 사업구역(여객자동차 운수사업법 시행규칙 제10조제1항 전단)
일반택시운송사업 및 개인택시운송사업(이하 "택시운송사업")의 사업구역(이하 "사업구역")은 특별시 · 광역시 · 특별자치시 · 특별자치도 또는 시 · 군 단위로 한다.

03 사업용 자동차 운전자의 자격요건으로 부적당한 것은?

① 사업용 자동차를 운전하기에 적합한 운전면허를 보유하고 있을 것
② 20세 이상으로서 운전경력이 1년 이상일 것
③ 운전 적성에 대한 정밀검사기준에 적합할 것
④ 2종 보통 운전면허를 보유하고 있을 것

해설
운전업무 종사자격(여객자동차 운수사업법 제24조제1항 제1 · 2호)
① 국토교통부령으로 정하는 나이와 운전경력 등 운전업무에 필요한 요건을 갖출 것
② 국토교통부령으로 정하는 바에 따라 국토교통부장관이 시행하는 운전 적성(適性)에 대한 정밀검사 기준에 맞을 것
여객자동차 운송사업용 자동차의 운전업무에 종사하려는 자의 요건(여객자동차 운수사업법 시행규칙 제49조제1항)
① 사업용 자동차를 운전하기에 적합한 운전면허를 보유하고 있을 것
② 20세 이상으로서 다음의 어느 하나에 해당하는 요건을 갖출 것
  ㉠ 해당 사업용 자동차 운전경력이 1년 이상일 것
  ㉡ 국토교통부장관 또는 지방자치단체의 장이 지정하여 고시하는 버스운전자 양성기관에서 교육과정을 이수할 것
  ㉢ 운전을 직무로 하는 군인이나 의무경찰대원으로서 다음의 요건을 모두 갖출 것
    • 해당 사업용 자동차에 해당하는 차량의 운전경력 등 국토교통부장관이 정하여 고시하는 요건을 갖출 것
    • 소속 기관의 장의 추천을 받을 것
③ 국토교통부장관이 정하는 운전 적성에 대한 정밀검사기준 또는 「화물자동차 운수사업법 시행규칙」 제18조의2에 따른 운전 적성에 대한 정밀검사기준에 적합할 것
④ 다음의 어느 하나에 해당하는 요건을 갖추고 제55조에 따라 운전자격을 취득할 것
  ㉠ 운전자격시험에 합격
  ㉡ 교통안전체험교육 수료

04 택시운전자격시험을 시행하는 곳은?

① **한국교통안전공단**
② 택시공제조합
③ 교통안전공단
④ 지방경찰청

해설
운전업무 종사자격 시험(이하 "운전자격시험")은 한국교통안전공단이 다음의 구분에 따라 실시한다(여객자동차 운수사업법 시행규칙 제50조제1항)
① 일반택시운송사업, 개인택시운송사업 및 수요응답형 여객자동차운송사업(승용자동차를 사용하는 경우만 해당)에 대한 운전자격시험(이하 "택시운전 자격시험")
② ①에 따른 운송사업을 제외한 여객자동차 운송사업에 대한 운전자격시험(이하 "버스운전 자격시험")

05 개인택시운송사업자가 불법으로 타인으로 하여금 대리운전을 하게 한 경우의 처분 기준은?

① 자격정지 20일
② **자격정지 30일**
③ 자격정지 60일
④ 자격취소

해설
개인택시운송사업자가 불법으로 타인으로 하여금 대리운전을 하게 한 경우(여객자동차 운수사업법 시행규칙 [별표 5])
- 1차 위반 : 자격정지 30일
- 2차 이상 위반 : 자격정지 30일

06 여객자동차 운수사업법상 자동차 등록증과 자동차 등록번호판을 반납하지 아니한 자의 과태료 부과 금액은?

① 1,000만원
② 100만원
③ 300만원
④ **500만원**

해설
자동차 등록증과 자동차 등록번호판을 반납하지 않은 경우(여객자동차 운수사업법 시행령 [별표 6])
- 1회 위반 : 500만원
- 2회 위반 : 500만원
- 3회 이상 위반 500만원

07 택시운송사업의 발전에 관한 법률상 택시정책심의위원회의 심의사항과 거리가 먼 것은?

① 택시운송사업의 면허제도에 관한 중요 사항
② 사업구역별 택시 총량에 관한 사항
③ 사업구역 조정 정책에 관한 사항
④ **택시운송사업의 재정에 관한 사항**

해설
택시운송사업의 재정 지원에 관한 사항은 택시운송사업 발전 기본계획 수립에 포함된 사항이다.
택시운송사업에 관한 중요 정책 등에 관한 사항(택시운송사업의 발전에 관한 법률 제5조제2항)
① 택시운송사업의 면허제도에 관한 중요 사항
② 사업구역별 택시 총량에 관한 사항
③ 사업구역 조정 정책에 관한 사항
④ 택시운수종사자의 근로여건 개선에 관한 중요 사항
⑤ 택시운송사업의 서비스 향상에 관한 중요 사항
⑥ 이 법 또는 다른 법률에서 위원회의 심의를 거치도록 한 사항
⑦ 그 밖에 택시운송사업에 관한 중요한 사항으로서 위원장이 회의에 부치는 사항

08 도로교통법의 목적을 가장 올바르게 설명한 것은?

① **도로교통상의 위험과 장해를 제거하여 안전하고 원활한 교통을 확보함을 목적으로 한다.**
② 도로를 관리하고 안전한 통행을 확보하는 데 있다.
③ 교통사고로 인한 신속한 피해 복구와 편익을 증진하는 데 있다.
④ 교통법규 위반자 및 사고 야기자를 처벌하고 교육하는 데 있다.

해설
도로교통법의 목적(도로교통법 제1조)
도로에서 일어나는 교통상의 모든 위험과 장해를 방지하고 제거하여 안전하고 원활한 교통을 확보함을 목적으로 한다.

09 다음 중 도로교통법상의 주차에 해당하는 것은?

① **운전자가 차로부터 떠나서 즉시 그 차를 운전할 수 없는 상태에 두는 것**
② 차가 5분을 초과하지 아니하고 정지하는 것으로서 주차 외의 정지한 상태
③ 운전자가 시동을 끄지 않은 상태에서 잠시 차량을 떠난 상태
④ 차량고장으로 5분 이내 정지한 상태

해설
주차의 정의(도로교통법 제2조제24호)
운전자가 승객을 기다리거나 화물을 싣거나 차가 고장 나거나 그 밖의 사유로 차를 계속 정지 상태에 두는 것 또는 운전자가 차에서 떠나서 즉시 그 차를 운전할 수 없는 상태에 두는 것을 말한다.

10 편도 2차로 이상의 고속도로에서의 최저속도는?

① 30km/h
② 40km/h
③ **50km/h**
④ 60km/h

해설
편도 2차로 이상 고속도로에서의 도로통행속도(도로교통법 시행규칙 제19조제1항제3호나목)
최고속도는 100km/h[화물자동차(적재중량 1.5ton을 초과하는 경우)·특수자동차·위험물운반자동차 및 건설기계의 최고속도는 80km/h], 최저속도는 50km/h

11 다음 중 최고속도의 100분의 20을 줄인 속도로 운행하여야 하는 경우는?

① 노면이 얼어붙는 때
② 눈이 20mm 이상 쌓인 때
③ **비가 내려 노면에 습기가 있는 때**
④ 폭우·폭설·안개 등으로 가시거리가 100m 이내인 때

해설
비·안개·눈 등으로 인한 악천후 시에는 규정에 불구하고 다음의 기준에 의하여 감속운행하여야 한다. 다만, 경찰청장 또는 시·도경찰청장이 규정에 따른 가변형 속도제한표지로 최고속도를 정한 경우에는 이에 따라야 하며, 가변형 속도제한표지로 정한 최고속도와 그 밖의 안전표지로 정한 최고속도가 다를 때에는 가변형 속도제한표지에 따라야 한다(도로교통법 시행규칙 제19조제2항).
① 최고속도의 100분의 20을 줄인 속도로 운행하여야 하는 경우
  ㉠ 비가 내려 노면이 젖어 있는 경우
  ㉡ 눈이 20mm 미만 쌓인 경우
② 최고속도의 100분의 50을 줄인 속도로 운행하여야 하는 경우
  ㉠ 폭우·폭설·안개 등으로 가시거리가 100m 이내인 경우
  ㉡ 노면이 얼어붙은 경우
  ㉢ 눈이 20mm 이상 쌓인 경우

12 다음 중 모든 차의 운전자가 일시정지 해야 하는 곳은?

① 교통정리를 하고 있고 좌우를 확인할 수 없는 교차로
② **교통정리를 하고 있지 아니하고 교통이 빈번한 교차로**
③ 비탈길의 고갯마루 부근
④ 도로가 구부러진 부근

해설
모든 차 또는 노면전차의 운전자가 일시정지를 해야 하는 곳(도로교통법 제31조제2항)
① 교통정리를 하고 있지 아니하고 좌우를 확인할 수 없거나 교통이 빈번한 교차로
② 시・도경찰청장이 도로에서의 위험을 방지하고 교통의 안전과 원활한 소통을 확보하기 위하여 필요하다고 인정하여 안전표지로 지정한 곳

13 차의 등화에 대한 다음 설명 중 틀린 것은?

① 자동차가 밤에 도로에서 정차 또는 주차하는 때에는 등화를 켜야 한다.
② **모든 차가 교통이 빈번한 곳에서 운행하는 때에는 전조등의 불빛을 계속 위로 유지하여야 한다.**
③ 안개가 끼거나 비 또는 눈이 올 때에는 등화를 켜야 한다.
④ 터널 안을 통행하는 때에 등화를 켜야 한다.

해설
차와 노면전차의 등화(도로교통법 제37조)
① 모든 차 또는 노면전차의 운전자는 다음의 어느 하나에 해당하는 경우에는 대통령령으로 정하는 바에 따라 전조등(前照燈), 차폭등(車幅燈), 미등(尾燈)과 그 밖의 등화를 켜야 한다.
㉠ 밤(해가 진 후부터 해가 뜨기 전까지를 말한다. 이하 같다)에 도로에서 차 또는 노면전차를 운행하거나 고장이나 그 밖의 부득이한 사유로 도로에서 차 또는 노면전차를 정차 또는 주차하는 경우
㉡ 안개가 끼거나 비 또는 눈이 올 때에 도로에서 차 또는 노면전차를 운행하거나 고장이나 그 밖의 부득이한 사유로 도로에서 차 또는 노면전차를 정차 또는 주차하는 경우
㉢ 터널 안을 운행하거나 고장 또는 그 밖의 부득이한 사유로 터널 안 도로에서 차 또는 노면전차를 정차 또는 주차하는 경우
② 모든 차 또는 노면전차의 운전자는 밤에 차 또는 노면전차가 서로 마주보고 진행하거나 앞차의 바로 뒤를 따라가는 경우에는 대통령령으로 정하는 바에 따라 등화의 밝기를 줄이거나 잠시 등화를 끄는 등의 필요한 조작을 하여야 한다.

14 운전면허 결격사유에 대한 다음 설명 중 틀린 것은?

① 음주운전으로 2회 이상 교통사고를 일으킨 경우에는 운전면허가 취소된 날부터 3년간 운전면허를 받을 수 없다.
② 무면허운전을 한 경우에는 그 위반한 날부터 1년간 운전면허를 받을 수 없다.
③ **운전면허효력 정지처분을 받고 있는 경우에는 4년간 운전면허를 받을 수 없다.**
④ 무면허운전으로 사람을 사상한 후 사고발생 후의 조치규정에 위반한 경우에는 5년간 운전면허를 받을 수 없다.

해설
운전면허효력의 정지처분을 받고 있는 경우에는 그 정지기간이 지나지 아니하면 운전면허를 받을 수 없다(도로교통법 제82조제2항제8호).

15 다음 위반사항 중 그 벌점이 다른 하나는?

① 신호 · 지시위반
② 앞지르기 금지시기 · 장소위반
③ 속도위반(20km/h 초과~40km/h 이하)
④ 중앙선 침범

해설
①, ②, ③은 15점, ④는 30점이다(도로교통법 시행규칙 [별표 28]).

16 교통사고 발생 시부터 72시간 이내에 사망한 경우 벌점은?

① 10점
② 30점
③ 50점
④ 90점

해설
사고 결과에 따른 벌점기준(도로교통법 시행규칙 [별표 28])

구 분		벌 점	내 용
인적 피해 교통 사고	사망 1명마다	90	사고발생 시부터 72시간 이내에 사망한 때
	중상 1명마다	15	3주 이상의 치료를 요하는 의사의 진단이 있는 사고
	경상 1명마다	5	3주 미만 5일 이상의 치료를 요하는 의사의 진단이 있는 사고
	부상신고 1명마다	2	5일 미만의 치료를 요하는 의사의 진단이 있는 사고

17 안전표지가 설치된 곳에서 주차금지를 위반한 승용자동차의 운전자가 납부하여야 할 범칙금액은?

① 4만원
② 6만원
③ 8만원
④ 9만원

해설
안전표지가 설치된 곳에서의 정차 · 주차금지 위반 범칙금액(도로교통법 시행령 [별표 8])
- 승합자동차등 : 9만원
- 승용자동차등 : 8만원
- 이륜자동차등 : 6만원
- 자전거등 및 손수레등 : 4만원

18 승용자동차의 속도위반 시 범칙금액은? (단, 20km/h 초과 40km/h 이하의 경우)

① 10만원
② 9만원
③ 6만원
④ 5만원

해설
승용자동차 속도위반 시 범칙금액(도로교통법 시행령 [별표 8])
- 60km/h 초과 : 12만원
- 40km/h 초과 60km/h 이하 : 9만원
- 20km/h 초과 40km/h 이하 : 6만원
- 20km/h 이하 : 3만원

19 다음 안전표지의 뜻은?

✓① **우측 차선이 없어지므로 양보하시오.**
② 양보할 곳은 병목 지점입니다.
③ 도로 폭이 좁아지므로 양보하시오.
④ 병목 지점이므로 양보하시오.

해설
우측차로없어짐표지(도로교통법 시행규칙 [별표 6])
편도 2차로 이상의 도로에서 우측차로가 없어질 때 설치

20 교통사고처리 특례법의 목적은?

① 종합 보험에 가입된 가해자의 법적 특례를 하는 데 목적이 있다.
② 교통사고 피해자에 대한 신속한 보상을 하는 데 목적이 있다.
✓③ **피해의 신속한 회복을 촉진하고 국민생활의 편익을 증진하는 데 목적이 있다.**
④ 가해 운전자의 형사처벌을 면제하는 데 있다.

해설
교통사고처리 특례법의 목적(교통사고처리 특례법 제1조)
업무상과실(業務上過失) 또는 중대한 과실로 교통사고를 일으킨 운전자에 관한 형사처벌 등의 특례를 정함으로써 교통사고로 인한 피해의 신속한 회복을 촉진하고 국민생활의 편익을 증진함을 목적으로 한다.

안전운행

21 야간에 물체를 인지하는 데 가장 좋은 옷 색깔은?

① 녹 색
✓② **흰 색**
③ 보라색
④ 흑 색

해설
무엇인가가 있다는 것을 인지하는 데 좋은 옷 색깔은 흰색, 엷은 황색의 순이며 흑색이 가장 나쁘다.

22 안전벨트 착용 방법으로 옳지 않은 것은?

① 짧은 거리의 주행 시에도 안전벨트를 착용한다.
✓② **안전벨트의 꼬임을 방지하고 옷 구김 방지를 위해 인위적으로 안전벨트를 고정시킨다.**
③ 안전벨트의 어깨띠 부분은 가슴 부위를 지나도록 해야 한다.
④ 탑승자가 기대거나 구부리지 않고 좌석에 깊게 걸터앉아, 등을 등받이에 기대어 똑바로 앉은 상태에서 안전벨트를 착용해야 한다.

해설
② 안전벨트의 꼬임을 방지하고 옷 구김 방지를 위해 인위적으로 안전벨트를 고정시키지 말아야 한다.

23 택시외장 손질에 대한 설명으로 옳지 않은 것은?

① 차량 외부의 합성수지 부품에 엔진오일, 방향제 등이 묻으면 변색이나 얼룩이 발생하므로 즉시 깨끗이 닦아 낸다.

② 소금, 먼지, 진흙 또는 다른 이물질이 퇴적되지 않도록 깨끗이 제거한다.

③ 자동차의 더러움이 심할 때에는 고무 제품의 변색을 예방하기 위해 자동차 전용 세척제를 사용한다.

④ 차체의 먼지나 오물을 마른 걸레로 닦아 낸다.

해설

④ 차체의 먼지나 오물을 마른 걸레로 닦아 내면 표면에 자국이 발생한다.

24 다음 중 동체시력의 특성으로 옳지 않은 것은?

① 동체시력은 정지시력과 어느 정도 반비례 관계를 갖는다.

② 동체시력은 조도가 낮은 상황에서는 쉽게 저하된다.

③ 움직이는 물체 또는 움직이면서 다른 차나 사람 등을 보는 시력을 말한다.

④ 동체시력은 물체의 이동속도가 빠를수록 저하된다.

해설

동체시력은 정지시력과 어느 정도 비례관계를 갖는다. 정지시력이 저하되면 동체시력도 저하된다.

25 운행 전 안전수칙으로 옳지 않은 것은?

① 후사경과 룸 미러를 조절하여 안전 운전을 위한 시계를 확보한다.

② 좌석은 출발 전 또는 주행 중에 조절한다.

③ 높이를 조절하는 핸들은 출발 전에 운전자의 신체에 맞게 조절한다.

④ 타이어의 적정공기압, 타이어와 노면과의 접지 상태를 확인한다.

해설

② 좌석은 출발 전에 조정하고, 주행 중에는 절대로 조작하지 않는다.

※ 기타 모든 게이지 및 경고등을 확인하고, 주차 브레이크 해제 후 끌림 현상이 발생하는지 확인한다.

26 운전자의 실전방어운전의 방법이 아닌 것은?

① 진로를 바꿀 때는 상대방이 잘 알 수 있도록 여유 있게 신호를 보낸다.

② 좌우로 도로의 안전을 확인한 뒤에 주행한다.

③ 대형 화물차나 버스의 바로 뒤를 따라서 진행할 때에는 빨리 앞지르기를 하여 벗어난다.

④ 밤에 마주 오는 차가 전조등 불빛을 줄이거나 아래로 비추지 않고 접근해 올 때는 불빛을 정면으로 보지 말고 시선을 약간 오른쪽으로 돌린다.

해설

③ 대형 화물차나 버스의 바로 뒤를 따라서 진행할 때에는 전방의 교통상황을 파악할 수 없으므로 이럴 때는 함부로 앞지르기를 하지 않도록 하고, 또 시기를 보아서 대형차의 뒤에서 이탈해 진행한다.

27 **전조등의 사용시기로 옳지 않은 것은?**

① 마주 오는 차가 있거나 앞차를 따라갈 경우 하향등을 켠다.
② 마주 오는 차 또는 앞차가 없을 때에 한하여, 야간 운행 시 시야 확보를 원할 경우 상향등을 켠다.
③ 다른 차의 주의를 환기시킬 경우, 스위치를 2~3회 정도 당겨 올린다(상향 점멸).
④ 야간에 운전자의 시야 확보를 위해서 계속 켜고 주행한다.

해설
전조등은 필요한 경우에만 잠깐잠깐 사용해야 한다.
※ 방향지시등이 평상시보다 빠르게 작동하면 방향지시등의 전구가 끊어진 것으로 교환하여야 한다.

28 **경제운전의 효과로 옳지 않은 것은?**

① 차량관리비용, 고장수리 비용, 타이어 교체비용 등의 감소 효과
② 고장수리 작업 및 유지관리 작업 등의 시간 손실 감소 효과
③ 공해배출 등 환경문제의 감소 효과
④ 교통흐름의 원활한 효과

해설
경제운전의 효과
- 연비의 고효율(경제운전)
- 차량관리비용, 고장수리 비용, 타이어 교체비용 등의 감소 효과(차량 구조장치 내구성 증가)
- 고장수리 작업 및 유지관리 작업 등의 시간 손실 감소 효과
- 공해배출 등 환경문제의 감소 효과
- 방어운전(교통안전 증진) 효과
- 운전자 및 승객의 스트레스 감소 효과

29 **다음 고속도로에서의 안전운전으로 옳지 않은 것은?**

① 가급적이면 하향(변환빔) 전조등을 켜고 주행한다.
② 속도를 늦추거나 앞지르기 또는 차선변경을 하고 있는지를 살피기 위해 앞 차량의 후미등을 살피도록 한다.
③ 가급적 대형차량이 전방 또는 측방 시야를 가리지 않는 위치를 잡아 주행하도록 한다.
④ 고속도로를 빠져나갈 때는 가능한 한 천천히 진출 차로로 들어가야 한다.

해설
④ 고속도로를 빠져나갈 때는 가능한 한 빨리 진출 차로로 들어가야 한다. 진출 차로에 실제로 진입할 때까지는 차의 속도를 낮추지 말고 주행하여야 한다.

30 **안개길 안전운전에 대한 설명 중 틀린 것은?**

① 전조등, 안개등을 켜고 운전한다.
② 앞을 분간하지 못할 정도일 때에는 차를 안전한 곳에 세우고 기다린다.
③ 커브 길에서는 경음기를 울려 자신의 주행 사실을 알린다.
④ 가시거리가 50m 이내인 경우에는 최고속도를 20% 정도 감속하여 운행한다.

해설
④ 가시거리가 100m 이내인 경우에는 최고속도를 50% 정도 감속하여 운행한다.

31 **차량의 눈길 운행으로 옳지 않은 것은?**

① 앞바퀴보다 뒷바퀴가 큰 저항을 받으므로 저속 기어로 기어변속을 하지 않고 운행한다.
② 오르막 운행 시 사용한 저속기어를 내리막에서도 변속하지 말고 운행하여야 한다.
③ **오르막길에서는 사전에 고속기어로 일정한 속도를 유지하면서 운행한다.**
④ 다져진 눈길은 쌓이는 눈길보다 더욱 더 미끄러지기 쉬우므로 안전운전을 해야 한다.

해설
오르막길에서는 사전에 저속기어로 천천히 일정한 속도를 유지하면서 오르막길을 운행하여야 하며, 기어변속 시 차량이 정지되면 출발이 어려워 뒤로 미끄러지게 될 수 있으므로 기어변속을 하지 않고 운행한다.

32 **운행 시 자동차 조작 요령에 대한 설명이다. 틀린 것은?**

① 내리막길에서 계속 풋브레이크를 작동시키면 브레이크 파열의 우려가 있다.
② 야간에 마주 오는 자동차가 있을 경우 전조등을 하향등으로 하여 상대 운전자의 눈부심을 방지한다.
③ **겨울철에 후륜구동 자동차는 앞바퀴에 타이어체인을 장착해야 한다.**
④ 눈길 주행 시 2단 기어를 사용하여 차바퀴가 헛돌지 않도록 천천히 가속한다.

해설
겨울철에 후륜구동 자동차는 뒷바퀴에 타이어체인을 장착해야 한다.

33 **LPG의 일반적 특징이 아닌 것은?**

① **공기보다 가볍다.**
② 프로판의 비율이 증대할수록 증기압이 크다.
③ 겨울철에 시동이 잘 걸리지 않는다.
④ 엔진 관련 부품의 수명이 상대적으로 길어 경제적이다.

해설
LPG는 공기에 비해 약 두 배 정도 무거운 특징을 가진다.

34 **LPG 자동차 운전자의 LPG 누출 확인요령으로 잘못된 것은?**

① 우선 냄새로 확인한다.
② 누출 부위를 확인할 때는 비눗물을 사용하는 것이 바람직하다.
③ 누출 부위를 손으로 막지 않는다.
④ **누출이 확인된 LPG 용기는 수리한다.**

해설
LPG 탱크의 수리는 절대로 해서는 안 되며, 고장 시 신품으로 교환하고 정비 시 공인된 업체에서 수행해야 한다.

35 **LPG 자동차의 응급조치가 불가능할 때 대처요령으로 잘못된 것은?**

① 부근의 화기를 제거한다.
② 경찰서에 신고한다.
③ **차 안에서 대기한다.**
④ 차량에서 떨어져서, 주변차량의 접근을 통제한다.

해설
응급조치가 불가능할 경우
- 부근의 화기를 신속하게 제거한다.
- 소방서, 경찰서 등에 신고한다.
- 차량에서 일정 부분 떨어진 후 주변 차량의 접근을 막는다.

36 조향핸들이 한쪽으로 쏠리는 원인으로 틀린 것은?

① 타이어의 공기압이 불균일하다.
② **타이어의 마멸이 과다하다.**
③ 쇽업소버의 작동 상태가 불량하다.
④ 허브 베어링의 마멸이 과다하다.

해설
조향핸들이 무거운 원인
• 타이어의 공기압이 부족하다.
• 조향기어의 톱니바퀴가 마모되었다.
• 조향기어 박스 내의 오일이 부족하다.
• 앞바퀴의 정렬 상태가 불량하다.
• 타이어의 마멸이 과다하다.

37 페이드 현상을 방지하는 방법이다. 알맞지 않은 것은?

① 드럼의 방열성을 높일 것
② 열팽창에 의한 변형이 작은 형상으로 할 것
③ 마찰계수가 큰 라이닝을 사용할 것
④ **엔진브레이크를 가급적 사용하지 않을 것**

해설
페이드 현상은 브레이크의 과도한 사용으로 발생하기 때문에 과도한 주 제동장치를 사용하지 않고, 엔진 브레이크를 사용하면 페이드 현상을 방지할 수 있다.

38 휠 얼라인먼트가 필요한 시기로 적합하지 않은 것은?

① 자동차 하체가 충격을 받았거나 사고가 발생한 경우
② 타이어 편마모가 발생하거나, 타이어를 교환한 경우
③ 핸들의 중심이 어긋난 경우
④ **조향핸들에 복원성이 부족한 경우**

해설
휠 얼라인먼트가 필요한 시기는 ①, ②, ③과 다음의 경우가 있다.
• 자동차가 한쪽으로 쏠림현상이 발생한 경우
• 자동차에서 롤링(좌우 진동)이 발생한 경우
• 핸들이나 자동차의 떨림이 발생한 경우

39 자동차의 정기검사는 검사유효기간 만료일 전후로 며칠 이내에 받아야 하는가?

① 7일
② 14일
③ 20일
④ **31일**

해설
정기검사의 기간은 검사유효기간만료일(규정에 의하여 검사유효기간을 연장 또는 유예한 경우에는 그 만료일) 전후 각각 31일 이내로 하며, 이 기간 내에 정기검사에서 적합판정을 받은 경우에는 검사유효기간만료일에 정기검사를 받은 것으로 본다(자동차관리법 시행규칙 제77조제2항).

40 책임보험이나 책임공제에 미가입한 경우 사업용자동차 1대당 최고한도의 과태료는?

① 100만원 ✓
② 200만원
③ 300만원
④ 500만원

해설
책임보험이나 책임공제(의무보험)에 미가입한 사업용 자동차의 과태료 부과기준(자동차손해배상 보장법 시행령 [별표 5])
- 가입하지 않은 기간이 10일 이내인 경우 : 3만원
- 가입하지 않은 기간이 10일을 넘는 경우 : 3만원에 11일째부터 1일마다 8천원을 가산한 금액
- 과태료 총액 : 자동차 1대당 100만원을 넘지 못함

운송서비스

41 올바른 서비스 제공을 위한 5요소가 아닌 것은?

① 단정한 용모 및 복장
② 밝은 표정
③ 공손한 인사
④ 공사구분의 명확한 말 ✓

해설
올바른 서비스 제공을 위한 5요소
단정한 용모 및 복장, 밝은 표정, 공손한 인사, 친근한 말, 따뜻한 응대

42 개인의 사고방식이나 생김새, 성격, 태도 등에 대해 상대방이 받아들이는 느낌을 무엇이라 하는가?

① 인간관계
② 첫인상
③ 이미지 ✓
④ 표 정

해설
이미지(Image)
- 이미지란 개인의 사고방식이나 생김새, 성격, 태도 등에 대해 상대방이 받아들이는 느낌을 말한다.
- 개인의 이미지는 본인에 의해 결정되는 것이 아니라 상대방이 보고 느낀 것에 의해 결정된다.

43 승객 응대 마음가짐으로 옳지 않은 것은?

① 공사를 구분하고 공평하게 대한다.
② 투철한 서비스 정신을 가진다.
③ 자신감을 갖고 자신의 입장에서 행동한다. ✓
④ 부단히 반성하고 개선해 나간다.

해설
③ 자신감을 가고, 승객의 입장에서 생각한다.

44 운전자의 용모에 대한 기본원칙이 아닌 것은?

① 깨끗하고 단정하게
② 품위 있고 규정에 맞게
③ 통일감 있고 계절에 맞게
④ 샌들이나 슬리퍼 착용 ✓

해설
편한 신발을 신되, 샌들이나 슬리퍼는 삼가야 한다.

45 운전자가 지켜야 할 올바른 행동으로 틀린 것은?

① 방향지시등을 작동시킨 후 차로를 변경하고 있는 차가 있는 경우에는 속도를 줄여 진입이 원활하도록 도와준다.
② 횡단보도 내에 자동차가 들어가지 않도록 정지선을 반드시 지킨다.
③ 교차로에서 마주 오는 차끼리 만나면 전조등을 작동하여서는 안 된다.
④ 교차로에 정체 현상이 있을 때에는 다 빠져나간 후에 여유를 가지고 서서히 출발한다.

해설
교차로나 좁은 길에서 마주 오는 차끼리 만나면 먼저 가도록 양보해 주고 전조등은 끄거나 하향으로 하여 상대방 운전자의 눈이 부시지 않도록 한다.

46 사고현장의 안전조치로 옳지 않은 것은?

① 사고 위치에 노면표시를 한 후 도로 가장자리로 자동차를 이동시킨다.
② 생명이 위독한 환자가 없는 경우는 사고 위치에서 신속히 벗어난다.
③ 피해자를 위험으로부터 보호하거나 피신시킨다.
④ 전문가의 도움이 필요하면 신속하게 도움을 요청한다.

해설
생명이 위독한 환자가 없는 경우 또는 경미한 환자라도 사고 위치에서 신속히 벗어날 필요는 없다.

47 응급처치의 준비자세로 부적절한 것은?

① 당황하지 말고 침착하게 행동한다.
② 우선적으로 의약품을 확보한다.
③ 환자에게 믿음을 준다.
④ 필요시 119에 도움을 요청한다.

해설
원칙적으로 의약품은 사용하지 않는다.

48 운행상 주의사항이 아닌 것은?

① 후방카메라를 설치한 경우에는 카메라를 통해 후방의 이상 유무를 확인한 후 안전하게 후진
② 내리막길에서는 안전하게 풋 브레이크 장시간 사용
③ 노면이 적설·빙판일 때 즉시 체인이나 스노타이어를 장착한 후 안전운행
④ 후진 시에는 유도요원을 배치, 신호에 따라 안전하게 후진

해설
내리막길에서는 풋 브레이크를 장시간 사용하지 않고, 엔진 브레이크 등을 적절히 사용하여 안전하게 운행한다.

49 **교통사고 시 운수종사자가 해야 하는 조치로 옳은 것은?**

① 현장에서의 관할경찰서 신고 의무는 이행하지 않아도 된다.
② 사고발생 경위는 중요도를 따져 중요한 순서대로 적어 회사에 보고한다.
③ 사고에 따라 임의로 처리할 수도 있다.
④ **사고처리 결과를 개인적으로 통보를 받아도, 회사에 보고한 후 지시에 따라 조치한다.**

해설
교통사고가 발생할 경우 운수종사자는 도로교통법령에 따라 현장에서의 인명구호, 관할경찰서 신고 등의 의무를 성실히 이행해야 한다. 어떤 사고라도 임의로 처리하지 말고, 사고발생 경위를 육하원칙에 따라 거짓 없이 정확하게 회사에 보고해야 한다.

50 **다음 중 응급처치 순서로 가장 먼저 해야 할 일은?**

① **의식 확인**
② 도움 요청
③ 기도 확보
④ 호흡 확인

해설
말을 걸거나 팔을 꼬집어 눈동자를 확인한 후 의식이 있으면 말로 안심시키고, 의식이 없다면 기도를 확보한다. 머리를 뒤로 충분히 젖힌 뒤, 입안에 있는 피나 토한 음식물 등을 긁어내어 막힌 기도를 확보한다.

51 **응급처치 방법 중 심폐소생술에 대한 설명으로 틀린 것은?**

① 머리 젖히고 턱을 들어 올려 기도를 연다.
② 4~5cm 깊이로 체중을 이용하여 압박과 이완을 반복한다.
③ 가슴압박을 할 때에는 팔을 곧게 펴서 바닥과 수직이 되도록 한다.
④ **영아도 가슴압박 깊이는 성인에 준하여 실시한다.**

해설
심폐소생술 – 가슴 압박 30회
- 성인, 소아 : 가슴 압박 30회(분당 100~120회, 약 5cm 이상의 깊이)
- 영아 : 가슴 압박 30회(분당 100~120회, 약 4cm 이상의 깊이)

52 **비상주차대에 대한 설명으로 옳지 않은 것은?**

① 긴 터널의 경우 설치한다.
② 우측 갓길의 폭이 협소한 장소에서 고장 난 차량이 도로에서 벗어나 대피할 수 있도록 제공되는 공간이다.
③ 갓길을 축소하여 건설되는 긴 교량에 설치한다.
④ **고속도로에서 갓길 폭이 3m 미만으로 설치되는 경우에 설치한다.**

해설
고속도로에서 갓길 폭이 2.5m 미만으로 설치되는 경우에 설치한다.

53 차량고장 시 운전자의 조치사항으로 옳지 않은 것은?

① 정차 차량의 결함이 심할 때는 비상등을 점멸시키면서 길어깨(갓길)에 바짝 차를 대서 정차한다.
② 비상전화를 하기 전에 차의 후방에 경고반사판을 설치해야 한다.
③ 밤에는 고장자동차의 표지와 함께 사방 500m 지점에서 식별할 수 있는 적색의 섬광신호, 전기제등 또는 불꽃신호를 추가로 설치하여야 한다.
④ 구조차 또는 서비스차가 도착할 때까지 차량 내에 대기한다.

해설
구조차 또는 서비스차가 도착할 때까지 차량 내에 대기하는 것은 특히 위험하므로 반드시 안전지대로 나가서 기다리도록 유도한다.

54 택시운전자가 응급환자 수송 등 긴급상황 시 운전에서도 면책되지 않는 경우는?

① 교통사고
② 속도위반
③ 신호위반
④ 차선위반

해설
긴급자동차의 운전자는 차선 · 속도 · 신호를 위반하는 경우 면책사유에 해당하나, 긴급상황 시에도 사고를 야기한 경우 면책되지 않는다.

55 저혈량 쇼크에 대한 설명으로 옳지 못한 것은?

① 실혈로 인한 쇼크를 말한다.
② 허약감, 약한 맥박, 창백하고 끈적한 피부를 나타낸다.
③ 약 5cm 정도 하지를 올린다.
④ 보온을 유지해야 한다.

해설
약 20~30cm 정도 하지를 올린다. 척추, 머리, 가슴, 배의 손상 증상 및 징후가 있다면 앙와위를 취해 주어야 한다. 즉, 긴 척추 고정판으로 환자를 옮겨 하지를 올린다.

56 교통사고 발생 시 응급의료체계를 가동할 수 있는 주체는?

① 운수회사
② 승 객
③ 운전사
④ 응급구조사

해설
응급구조사 : 응급환자 발생 시 응급환자에 대하여 상담 · 구조 및 이송업무를 행하며, 보건복지부령이 정하는 범위 안에서 현장, 이송 중 또는 의료기관 안에서 응급처치 업무에 종사하는 사람을 말한다. 우리나라는 응급구조사 1급과 2급이 있다.

57 **운전자가 가져야 할 친절한 운전자세가 아닌 것은?**

① 무거운 물건을 들어 주는 등 약간의 어려움을 감수한다.
② 손님에게 부드러운 표정을 지으며 말한다.
③ **운행 중에 휴대전화 시계를 계속해서 본다.**
④ 운행 중에 갑자기 끼어들거나 다른 운전자에게 욕설을 하지 않는다.

해설
운전 중 부적절한 행동(전방주시 태만, 운전 부주의 등)은 대형사고의 원인이 될 수 있으므로 운전에만 집중해야 한다.

58 **환자가 말은 할 수 있으나 기도가 이물질로 인해 폐쇄되어 호흡이 힘들 때의 응급처치법은?**

① 심폐소생술
② 인공호흡법
③ 가슴압박법
④ **하임리히법**

해설
하임리히법은 음식물을 먹다 이물질이 걸려 숨 쉬지 못하는 상황이 발생했을 때 실시한다.
※ 하임리히법 : 기도에 이물질이 막혀 호흡이 부자연스럽거나 호흡을 할 수 없는 환자에게 복부를 강하게 밀어 올려 흉강내압을 높여서 이물질을 구강 외로 배출시키는 방법을 말한다.

59 **택시 운송종사자의 준수사항으로 옳지 않은 것은?**

① 노약자 · 장애인 등에 대해서는 특별한 편의를 제공해야 한다.
② 승객이 탑승하고 있는 동안에는 미터기를 사용하여 운행해야 한다.
③ **행선지는 승객이 승차 전에 물어본다.**
④ 교통사고를 일으켰을 때에는 어떠한 경우에도 긴급조치 및 신고의 의무를 충실하게 이행한다.

해설
행선지는 승객이 승차 후 출발하기 전 행선지를 물어본다.

60 **환자가 출혈하는 경우 지혈법으로 옳지 않은 것은?**

① 손과 팔은 상완부, 발은 대퇴부에 지혈 띠를 감는다.
② 지혈대는 30분에 1회로 느슨하게 해준다.
③ 지혈 띠는 상처 부위에서 심장 가까운 곳에 감는다.
④ **지혈 띠는 가느다란 끈이나 넓이가 좁은 것을 사용한다.**

해설
가느다란 끈과 철사, 넓이가 좁은 지혈 띠는 사용하지 않는다.

제 2 회 | 기출복원문제

교통 및 여객자동차 운수사업 법규

01 다른 사람의 수요에 응하여 자동차를 사용하여 유상(有償)으로 여객을 운송하는 사업은 무엇인가?

① 여객자동차운수사업
② **여객자동차운송사업** ✓
③ 자동차대여사업
④ 여객자동차터미널

해설
여객자동차운송사업의 정의(여객자동차 운수사업법 제2조제3호)
다른 사람의 수요에 응하여 자동차를 사용하여 유상(有償)으로 여객을 운송하는 사업을 말한다.

02 여객자동차운송사업의 면허를 받거나 등록을 할 수 없는 경우가 아닌 것은?

① 피성년후견인
② 파산선고를 받고 복권되지 아니한 자
③ **이 법을 위반하여 징역 이상의 형(刑)의 집행유예를 선고받고 그 집행유예 기간이 지나고 3년이 지나지 아니한 자** ✓
④ 여객자동차운송사업의 면허나 등록이 취소된 후 그 취소일부터 2년이 지나지 아니한 자

해설
결격사유(여객자동차 운수사업법 제6조)
다음의 어느 하나에 해당하는 자는 여객자동차운송사업의 면허를 받거나 등록을 할 수 없다. 법인의 경우 그 임원 중에 다음의 어느 하나에 해당하는 자가 있는 경우에도 또한 같다.
① 피성년후견인
② 파산선고를 받고 복권(復權)되지 아니한 자
③ 이 법을 위반하여 징역 이상의 실형(實刑)을 선고받고 그 집행이 끝나거나(집행이 끝난 것으로 보는 경우를 포함) 면제된 날부터 2년이 지나지 아니한 자
④ 이 법을 위반하여 징역 이상의 형(刑)의 집행유예를 선고받고 그 집행유예 기간 중에 있는 자
⑤ 여객자동차운송사업의 면허나 등록이 취소된 후 그 취소일부터 2년이 지나지 아니한 자. 다만, ① 또는 ②에 해당하여 규정에 따라 여객자동차운송사업의 면허나 등록이 취소된 경우는 제외한다.

03 택시운전 자격시험에 대한 설명으로 옳지 않은 것은?

① 한국교통안전공단은 운전자의 수급사정을 고려하여 필요하다고 인정할 때에는 운전자격시험의 횟수를 조정하여 공고한 후 시험을 시행할 수 있다.
② 불가피한 사유로 공고내용을 변경할 때에는 시험시행일 10일 전까지 그 변경사항을 공고해야 한다.
③ 필기시험 총점의 6할 이상을 얻은 자를 합격자로 한다.
④ **정기적성검사를 받지 않아 운전면허가 취소된 경우 자격시험에 응시할 수 없다.** ✓

해설
운수종사자의 자격 취소 등(법 제87조)에 따라 운전자격이 취소된 날부터 1년이 지나지 아니한 자는 운전자격시험에 응시할 수 없다. 다만, 「도로교통법」 제87조제2항에 따른 정기적성검사를 받지 아니하였다는 이유로 운전면허가 취소되어 운전자격이 취소된 경우에는 그러하지 아니하다(여객자동차 운수사업법 시행규칙 제53조제2항).

04 택시운전자격 정지처분의 감경사유가 아닌 사항은?

① 위반행위가 사소한 부주의나 오류가 아닌 고의나 중대한 과실에 의한 것으로 인정되는 경우
② 위반행위가 고의나 중대한 과실이 아닌 사소한 부주의나 오류로 인한 것으로 인정되는 경우
③ 위반의 내용정도가 경미하여 이용객에게 미치는 피해가 적다고 인정되는 경우
④ 위반행위를 한 사람이 처음 해당 위반행위를 한 경우로서 최근 5년 이상 택시운송사업의 모범적인 운수종사자로 근무한 사실이 인정되는 경우

해설
운전자격의 취소 등의 처분기준 중 가중사유(여객자동차 운수사업법 시행규칙 [별표 5])
① 위반행위가 사소한 부주의나 오류가 아닌 고의나 중대한 과실에 의한 것으로 인정되는 경우
② 위반의 내용정도가 중대하여 이용객에게 미치는 피해가 크다고 인정되는 경우

05 택시운전자격정지의 처분기간 중에 택시운전업무에 종사한 경우 행정처분 기준은?

① 자격취소
② 자격정지 10일
③ 자격정지 20일
④ 자격정지 30일

해설
운전자격의 취소 등의 처분기준(여객자동차 운수사업법 시행규칙 [별표 5])
택시운전자격정지의 처분기간 중에 택시운전업무에 종사한 경우 : 자격취소(1차 위반)

06 정당한 사유 없이 운수종사자의 교육과정을 마치지 않은 경우 행정처분 기준은?

① 자격정지 5일
② 자격정지 10일
③ 자격정지 20일
④ 자격정지 30일

해설
운전자격의 취소 등의 처분기준(여객자동차 운수사업법 시행규칙 [별표 5])
정당한 사유 없이 교육과정을 마치지 않은 경우
• 1차 위반 : 자격정지 5일
• 2차 이상 위반 : 자격정지 5일

07 택시 운송사업 발전 법령상 택시운송사업 발전 기본계획에 포함되지 않는 것은?

① 택시운송사업 정책의 기본방향에 관한 사항
② 택시운송사업의 여건 및 전망에 관한 사항
③ 택시운송사업면허 제도의 개선에 관한 사항
④ 사업구역 조정 정책에 관한 사항

해설
택시운송사업 발전 기본계획에 포함되어야 하는 사항(택시운송사업의 발전에 관한 법률 제6조제2항)
① 택시운송사업 정책의 기본방향에 관한 사항
② 택시운송사업의 여건 및 전망에 관한 사항
③ 택시운송사업면허 제도의 개선에 관한 사항
④ 택시운송사업의 구조조정 등 수급조절에 관한 사항
⑤ 택시운수종사자의 근로여건 개선에 관한 사항
⑥ 택시운송사업의 경쟁력 향상에 관한 사항
⑦ 택시운송사업의 관리역량 강화에 관한 사항
⑧ 택시운송사업의 서비스 개선 및 안전성 확보에 관한 사
⑨ 그 밖에 택시운송사업의 육성 및 발전에 관한 사항으로서 대통령령으로 정하는 사항(영 제5조제2항)
㉠ 택시운송사업에 사용되는 자동차(이하 "택시") 수급실태 및 이용수요의 특성에 관한 사항
㉡ 차고지 및 택시 승차대 등 택시 관련 시설의 개선 계획
㉢ 기본계획의 연차별 집행계획
㉣ 택시운송사업의 재정 지원에 관한 사항
㉤ 택시운송사업의 위반실태 점검과 지도단속에 관한 사항
㉥ 택시운송사업 관련 연구 · 개발을 위한 전문기구 설치에 관한 사항

08 도로교통법의 용어의 정의 중 정차에 대한 설명으로 옳은 것은?

① 5분 이상의 정지 상태를 말한다.
② 5분을 초과하지 아니하고 정지하는 것으로 주차 외의 정지 상태를 말한다.
③ 운전자가 그 차로부터 떠나서 즉시 운전할 수 없는 상태를 말한다.
④ 차가 일시적으로 그 바퀴를 완전 정지시키는 것을 말한다.

해설
정차의 정의(도로교통법 제2조제25호)
운전자가 5분을 초과하지 아니하고 차를 정지시키는 것으로서 주차 외의 정지 상태를 말한다.

09 팔을 차체의 밖으로 내어 45도 밑으로 펴서 상하로 흔드는 신호는?

① 정지할 때
② 후진할 때
③ 뒤차에게 앞지르기를 시키고자 할 때
④ 서행할 때

해설
신호의 시기 및 방법(도로교통법 시행령 [별표 2])

신호를 하는 경우	신호의 방법
정지할 때	팔을 차체의 밖으로 내어 45도 밑으로 펴거나 자동차안전기준에 따라 장치된 제동등을 켤 것
후진할 때	팔을 차체의 밖으로 내어 45도 밑으로 펴서 손바닥을 뒤로 향하게 하여 그 팔을 앞뒤로 흔들거나 자동차안전기준에 따라 장치된 후진등을 켤 것
뒤차에게 앞지르기를 시키려는 때	오른팔 또는 왼팔을 차체의 왼쪽 또는 오른쪽 밖으로 수평으로 펴서 손을 앞뒤로 흔들 것
서행할 때	팔을 차체의 밖으로 내어 45도 밑으로 펴서 위아래로 흔들거나 자동차안전기준에 따라 장치된 제동등을 깜박일 것

10 밤에 도로를 통행할 때 켜야 하는 등화로 바르게 연결되지 않은 것은?

① 견인되는 차 - 전조등
② 승용자동차 - 미등
③ 자동차 - 차폭등
④ 승합자동차 - 실내조명등

해설
밤에 도로에서 차를 운행하는 경우 등의 등화(도로교통법 시행령 제19조제1항)
차 또는 노면전차의 운전자가 도로에서 차 또는 노면전차를 운행할 때 켜야 하는 등화(燈火)의 종류는 다음의 구분에 따른다.
① 자동차 : 자동차안전기준에서 정하는 전조등(前照燈), 차폭등(車幅燈), 미등(尾燈), 번호등과 실내조명등(실내조명등은 승합자동차와 「여객자동차 운수사업법」에 따른 여객자동차운송사업용 승용자동차만 해당)
② 원동기장치자전거 : 전조등 및 미등
③ 견인되는 차 : 미등 · 차폭등 및 번호등
④ 노면전차 : 전조등, 차폭등, 미등 및 실내조명등
⑤ ①부터 ④까지의 규정 외의 차 : 시 · 도경찰청장이 정하여 고시하는 등화

11 차의 등화에 대한 다음의 설명 중 틀린 것은?

① 모든 차가 밤에 서로 마주보고 진행하는 때에는 전조등의 밝기를 높여야 한다.
② 모든 차가 교통이 빈번한 곳에서 운행하는 때에는 전조등의 불빛을 계속 아래로 유지하여야 한다.
③ 안개가 끼거나 비 또는 눈이 올 때에 등화를 켜야 한다.
④ 터널 안 도로에서 고장 난 차를 주차할 때에 등화를 켜야 한다.

해설
모든 차 또는 노면전차의 운전자는 밤에 차 또는 노면전차가 서로 마주보고 진행하거나 앞차의 바로 뒤를 따라가는 경우에는 대통령령으로 정하는 바에 따라 등화의 밝기를 줄이거나 잠시 등화를 끄는 등의 필요한 조작을 하여야 한다(도로교통법 제37조제2항).

12 1년간 누산점수가 몇 점 이상이면 그 면허를 취소하여야 하는가?

① 40점 이상
② 121점 이상 ✓
③ 201점 이상
④ 271점 이상

해설
벌점 · 누산점수 초과로 인한 면허 취소(도로교통법 시행규칙 [별표 28])
1회의 위반 · 사고로 인한 벌점 또는 연간 누산점수가 다음 표의 벌점 또는 누산점수에 도달한 때에는 그 운전면허를 취소한다.

기 간	벌점 또는 누산점수
1년간	121점 이상
2년간	201점 이상
3년간	271점 이상

13 물적피해가 발생한 교통사고를 일으킨 후 도주한 경우 벌점은?

① 5점
② 10점
③ 15점 ✓
④ 20점

해설
조치 등 불이행에 따른 벌점기준(도로교통법 시행규칙 [별표 28])

불이행 사항	벌 점	내 용
교통사고 야기 시 조치 불이행	15	1. 물적피해가 발생한 교통사고를 일으킨 후 도주한 때
	30	2. 교통사고를 일으킨 즉시(그때, 그 자리에서 곧) 사상자를 구호하는 등의 조치를 하지 아니하였으나 그 후 자진신고를 한 때 가. 고속도로, 특별시·광역시 및 시의 관할구역과 군(광역시의 군을 제외)의 관할구역 중 경찰관서가 위치하는 리 또는 동 지역에서 3시간(그 밖의 지역에서는 12시간) 이내에 자진신고를 한 때
	60	나. 가목에 따른 시간 후 48시간 이내에 자진신고를 한 때

14 승용자동차의 일시정지 위반 시 범칙금액은?

① 5만원
② 4만원
③ 3만원 ✓
④ 2만원

해설
일시정지 위반 범칙금액(도로교통법 시행령 [별표 8])
- 승합자동차등 : 3만원
- 승용자동차등 : 3만원
- 이륜자동차등 : 2만원
- 자전거등 및 손수레등 : 1만원

15 일반도로에서 전용차로를 통행한 승용차의 범칙금금액은?

① 4만원 ✓
② 6만원
③ 7만원
④ 8만원

해설
일반도로 전용차로 통행 위반 범칙금액(도로교통법 시행령 [별표 8])
- 승합자동차등 : 5만원
- 승용자동차등 : 4만원
- 이륜자동차등 : 3만원
- 자전거등 및 손수레등 : 2만원

16 승용자동차의 앞지르기 방법 위반 시 범칙금액은?

① 10만원
② 9만원
③ **6만원**
④ 3만원

해설
앞지르기 방법 위반 범칙금액(도로교통법 시행령 [별표 8])
• 승합자동차등 : 7만원
• 승용자동차등 : 6만원
• 이륜자동차등 : 4만원
• 자전거등 및 손수레등 : 3만원

17 차의 운전자가 업무상 필요한 주의를 게을리하거나 중대한 과실로 다른 사람의 건조물이나 그 밖의 재물을 손괴한 경우의 벌칙은?

① 3년 이하의 징역이나 1,000만원 이하의 벌금에 처한다.
② 2년 이하의 징역이나 500만원 이하의 벌금에 처한다.
③ **2년 이하의 금고나 500만원 이하의 벌금에 처한다.**
④ 1년 이하의 금고나 300만원 이하의 벌금에 처한다.

해설
차 또는 노면전차의 운전자가 업무상 필요한 주의를 게을리하거나 중대한 과실로 다른 사람의 건조물이나 그 밖의 재물을 손괴한 경우에는 2년 이하의 금고나 500만원 이하의 벌금에 처한다(도로교통법 제151조).

18 다음 안전표지의 명칭은?

① 흙탕물도로표지
② 미끄러운도로표지
③ 낙석도로표지
④ **강변도로표지**

19 다음 안전표지의 명칭은?

① 직진및좌회전표지
② **좌회전금지표지**
③ Y자형교차로표지
④ 양측방통행표지

20 **차의 운전자가 교통사고로 인하여 형법 제268조(업무상과실 · 중과실 치사상)의 업무상 과실 또는 중대한 과실로 인하여 사람을 사상에 이르게 한 자에 대한 벌칙은?**

① 5년 이하의 금고 또는 2,000만원 이하의 벌금
② 3년 이하의 금고 또는 1,000만원 이하의 벌금
③ 1년 이하의 징역 또는 1,000만원 이하의 벌금
④ 5년 이하의 징역 또는 3,000만원 이하의 벌금

해설
차의 운전자가 교통사고로 인하여 「형법」 제268조의 죄를 범한 경우에는 5년 이하의 금고 또는 2,000만원 이하의 벌금에 처한다(교통사고처리 특례법 제3조제1항).
※ 형법 제268조(업무상과실 · 중과실 치사상)
업무상 과실 또는 중대한 과실로 인하여 사람을 사상에 이르게 한 자는 5년 이하의 금고 또는 2,000만원 이하의 벌금에 처한다.

안전운행

21 **음주운전이 위험한 이유로 옳지 않은 것은?**

① 장애물 및 대향차와 보행자 등 발견지연으로 인한 사고 위험 증가
② 운전에 대한 통제력 약화로 과잉 조작에 의한 사고 증가
③ 시력 저하와 졸음 등으로 인한 사고의 증가
④ 사고의 소형화와 교통지체 증가

해설
음주운전이 위험한 이유에는 ①, ②, ③과 2차 사고 유발, 사고의 대형화, 마신 양에 따른 사고 위험도의 지속적 증가 등이 있다.

22 **시야 확보가 적을 때 나타나는 현상으로 관계가 없는 것은?**

① 앞차에 바짝 따라가는 경우
② 급차로 변경이 많은 경우
③ 반응이 늦은 경우
④ 자주 놀라지 않는 경우

해설
시야 확보가 적을 때는 빈번하게 놀라게 된다.
※ 시야 확보가 적은 징후들
㉠ 급정거
㉡ 앞차에 바짝 붙어 가는 경우
㉢ 좌 · 우회전 등의 차량에 진로를 방해받음
㉣ 상황적 사안에 반응이 늦은 경우
㉤ 빈번하게 놀라는 경우
㉥ 급차로 변경 등이 많을 경우
㉦ 황색 신호에 꼬리를 자주 무는 경우
㉧ 신호를 노치는 경우
㉨ 목적지를 자주 지나치는 경우

23 **자차가 앞지르기할 때의 앞지르기 시 안전운전 요령이 아닌 것은?**

① 어느 정도 과속이 필요하다.
② 앞지르기에 필요한 충분한 거리와 시야가 확보되었을 때 앞지르기를 시도한다.
③ 앞차가 앞지르기를 하고 있을 때에는 앞지르기를 시도하지 않는다.
④ 점선의 중앙선을 넘어 앞지르기하는 때에는 대향차의 움직임에 주의한다.

해설
① 과속은 금물이다. 앞지르기에 필요한 속도가 그 도로의 최고속도 범위 이내일 때 앞지르기를 시도한다.

24 **보행자가 교차하는 차량의 불빛 중간에 있게 되면 운전자가 순간적으로 보행자를 전혀 보지 못하는 현상은?**

✔① **증발현상**
② 현혹현상
③ 환각현상
④ 입체시 현상

해설
증발현상 : 야간에 대향차의 전조등 눈부심으로 인해 순간적으로 보행자를 잘 볼 수 없게 되는 현상으로 보행자가 교차하는 차량의 불빛 중간에 있게 되면 운전자가 순간적으로 보행자를 전혀 보지 못하는 현상을 말한다.
※ 현혹현상 : 운행 중 갑자기 빛이 눈에 비치면 순간적으로 장애물을 볼 수 없는 현상으로 마주 오는 차량의 전조등 불빛을 직접 보았을 때 순간적으로 시력이 상실되는 현상을 말한다.

25 **내리막길의 방어운전 요령으로 틀린 것은?**

① 내리막길을 내려가기 전에는 미리 감속한다.
② 엔진 브레이크를 사용하면 페이드(Fade) 현상을 예방하여 운행 안전도를 더욱 높일 수 있다.
✔③ **커브 주행 시와 마찬가지로 중간에 불필요하게 속도를 줄인다든지 급제동하는 것은 금물이다.**
④ 변속기 기어의 단수는 경사가 비슷한 경우에도 오르막 내리막을 동일하게 사용해서는 안 된다.

해설
도로의 오르막길 경사와 내리막길 경사가 같거나 비슷한 경우라면, 변속기 기어의 단수도 오르막, 내리막을 동일하게 사용하는 것이 적절하다.

26 **이면도로는 주변에 주택 등이 밀집되어 있는 주택가나 동네길, 학교 앞 도로로 보행자의 횡단이나 통행이 많다. 방어운전으로 가장 옳지 않은 것은?**

① 자동차나 어린이가 갑자기 출현할 수 있다는 생각을 가지고 운전한다.
② 언제라도 곧 정지할 수 있는 마음의 준비를 갖춘다.
✔③ **주정차된 차량이 출발하려고 할 때에는 먼저 통과한다.**
④ 자전거나 이륜차가 통행하고 있을 때에는 통행 공간을 배려하면서 운행한다.

해설
③ 주정차된 차량이 출발하려고 할 때에는 감속하여 안전거리를 확보한다.

27 **고속도로 교통사고 대처 요령으로 옳지 않은 것은?**

① 신속히 비상등을 켜고 갓길로 차량을 이동시킨다.
② 고장차량 표지인 안전삼각대를 설치한다.
③ 사고 현장에 구급차가 도착할 때까지 부상자에게 응급조치를 한다.
✔④ **부상자는 무조건 가드레일 바깥 등의 안전한 장소로 이동시킨다.**

해설
함부로 부상자를 움직여서는 안 되며, 특히 두부에 상처를 입었을 때에는 움직이지 말아야 한다. 단, 2차사고의 우려가 있을 경우에는 부상자를 안전한 장소로 이동시킨다.

28 겨울철 운전 시 염두에 두어야 할 사항으로 틀린 것은?

① **터널은 노면보다 쉽게 동결이 되지 않아 겨울철에 안전하다.** ✓

② 도로가 미끄러울 때는 보행자나 다른 차량의 움직임을 주시한다.

③ 눈이 내린 후 타이어 자국이 나 있을 때는 앞 차량의 자국 위를 달리면 미끄러움을 예방할 수 있다.

④ 미끄러운 오르막길을 오를 때는 일정한 속도로 기어변속 없이 한 번에 올라간다.

해설
터널, 교량 위 등은 동결되기 쉬운 대표적인 장소이다. 터널이나 그 근처는 지형이 험한 곳이 많아 동결되기 쉬우므로 감속운전을 해야 한다.

29 인화성·폭발성 물질을 차내에 방치하였을 때 가장 위험한 계절은?

① 봄

② **여 름** ✓

③ 가 을

④ 겨 울

해설
여름철 차내의 실내 온도는 약 70℃ 이상의 고온이므로 화재/폭발 위험이 있는 인화성 물질(라이터 등)의 차내 방치는 금물이다.

30 운행 후 안전수칙에 대한 설명으로 틀린 것은?

① 습기가 많고 통풍이 잘되지 않는 차고에 주차하지 않는다.

② **주차할 때에는 변속 기어를 "R"에 놓고 반드시 주차 브레이크를 작동시킨다.** ✓

③ 밀폐된 공간에서 시동을 걸어 놓으면 배기가스가 차 안으로 유입되어 위험하다.

④ 차에서 내리거나 후진할 때는 차 밖의 안전을 확인한다.

해설
주행 종료 후 주차 시 가능한 편평한 곳에 주차하고 경사가 있는 곳에 주차할 경우 변속 기어를 "P"에 놓고 주차 브레이크를 작동시키고 바퀴를 좌·우측 방향으로 조향핸들을 작동시킨다.

31 LPG 연료가 가솔린 연료에 비해 좋은 점이 아닌 것은?

① **가스 상태의 연료를 사용하므로 한랭시동이 용이하다.** ✓

② 연료비가 경제적이다.

③ 옥탄가가 높아 노킹의 발생이 적다.

④ 배기가스의 유해를 줄일 수 있다.

해설
① LPG 연료는 액체 상태의 연료를 증발, 기화하여 사용하므로 증발잠열로 인하여 겨울철 시동이 곤란하다.

32 LPG 차량 관리 요령으로 옳지 않은 것은?

① 누출이 되었을 경우 LPG는 바닥에 체류하기 쉬우며, 화기나 점화원에 노출 시 화재·폭발이 발생할 수 있다.
② **지하 주차장 등에 장시간 주차 시 연료 차단 밸브(적색)를 잠가야 한다.**
③ 가스 누출량이 많은 부위는 LPG 기화열로 인해 하얗게 서리가 형성된다.
④ 가스의 누출이 확인되면 LPG 탱크의 모든 밸브(적색, 녹색)를 잠가야 한다.

해설
② 지하 주차장이나 밀폐된 장소 등에 장시간 주차하지 말아야 하고 장시간 주차 시 연료 충전 밸브(녹색)를 잠가야 한다.

33 LPG 용기의 최대 충전 용량은?

① 75%
② 80%
③ **85%**
④ 95%

해설
외기 온도의 상승으로 인해 연료 탱크 내의 압력이 상승할 수 있어 LPG 충전량이 85%를 초과하지 않도록 충전하여야 한다.

34 엔진의 출력을 자동차 주행속도에 알맞게 회전력과 속도로 바꾸어서 구동바퀴에 전달하는 장치는?

① 클러치
② **변속기**
③ 쇽업소버
④ 스태빌라이저

해설
변속기는 도로의 상태, 주행속도, 적재 하중 등에 따라 변하는 구동력에 대응하기 위해 엔진과 추진축 사이에 설치되어 엔진의 출력을 자동차 주행속도에 알맞게 회전력과 속도로 바꾸어서 구동바퀴에 전달하는 장치를 말한다.

35 스탠딩 웨이브란 타이어 내부의 고열로 타이어가 쉽게 파손되는 현상을 말한다. 이 현상을 예방하기 위한 방법으로 옳지 않은 것은?

① 속도를 줄인다.
② 재생 타이어를 사용하지 않는다.
③ **타이어를 깨끗하게 유지한다.**
④ 타이어 공기압은 평상치보다 높인다.

해설
스탠딩 웨이브 현상 예방 방법
• 주행 중인 속도를 줄인다.
• 타이어 공기압을 평소보다 높인다.
• 과다 마모된 타이어나 재생타이어를 사용하지 않는다.

36 노면에서 발생한 스프링의 진동을 재빨리 흡수하는 장치로 승차감을 향상시키고 동시에 스프링의 피로를 줄이기 위해 설치하는 것은?

① **쇽업소버**
② 스태빌라이저
③ 공기 스프링
④ 토션 바 스프링

해설
쇽업소버 : 움직임을 멈추려고 하지 않는 스프링에 대해 역 방향으로 힘을 발생시켜 진동의 흡수를 앞당긴다.

37 경제운전의 기본적인 방법으로 옳지 않은 것은?

① 불필요한 공회전을 피한다.
② 일정한 속도로 주행한다.
③ 좌·우회전 시 부드럽게 회전한다.
④ **연료소모를 줄이기 위해 가·감속을 신속하게 한다.**

해설
가·감속을 부드럽게 하는 것이 연료소모를 줄이는 방법이다.
※ 경제운전의 기본적인 방법
- 가·감속을 부드럽게 한다.
- 불필요한 공회전을 피한다.
- 급회전을 삼가고, 차가 전방으로 나가려는 운동에너지를 활용해서 부드럽게 회전한다.
- 일정한 차량속도를 유지한다.

38 도로를 보호하고 비상시에 이용하기 위하여 차도와 연결하여 설치하는 도로의 부분은?

① **길어깨**
② 교통섬
③ 중앙분리대
④ 측 대

해설
길어깨의 정의(도로와 다른 시설의 연결에 관한 규칙 제2조 제10호)
도로를 보호하고, 비상시나 유지관리 시에 이용하기 위하여 차로에 접속하여 설치하는 도로의 부분을 말한다.

39 배터리가 자주 방전되는 경우 추정되는 원인으로 옳지 않은 것은?

① 배터리 단자의 벗겨짐, 풀림, 부식이 있다.
② 팬벨트가 느슨하게 되어 있다.
③ 배터리액이 부족하거나 배터리 수명이 다 되었다.
④ **사용되는 오일이 부적당하다**

해설
④는 엔진오일의 소비량이 많을 때의 원인이다.

40 교차로 내에서 황색신호로 바뀌었을 때 진행하는 방법으로 맞는 것은?

① **계속 진행하여 교차로 밖으로 나간다.**
② 일시정지하여 다음 신호를 기다린다.
③ 속도를 줄여 서행한다.
④ 일시정지하여 좌우를 확인한 후 진행한다.

해설
황색등화 시 차는 교차로의 직전에 정지하여야 하며, 이미 교차로에 차마의 일부라도 진입한 경우에 신속히 교차로 밖으로 진행하여야 한다.

운송서비스

41 다음 중 서비스의 특징은?

① 물적의존성
② 유형성
③ **동시성** ✓
④ 소유권

해설
서비스의 특징에는 무형성, 동시성, 인적의존성, 소멸성, 무소유권, 변동성, 다양성 등이 있다.

42 일반적인 고객의 욕구가 아닌 것은?

① **평범한 사람으로 인식되고 싶다.** ✓
② 기억되고 싶다.
③ 기대와 욕구를 수용하고 인정받고 싶다.
④ 편안해지고 싶다.

해설
① 고객은 일반적으로 중요한 사람으로 인식되고 싶어 하는 경향이 있다.

43 운전자의 기본예절로 틀린 것은?

① 항상 변함없는 진실한 마음으로 상대를 대한다.
② 상대방의 입장을 이해하고 존중한다.
③ 연장자는 사회의 선배로서 존중하고, 공사를 구분하여 예우한다.
④ **승객의 결점을 지적할 때에는 개인적 의견을 피력한다.** ✓

해설
승객의 결점을 지적할 때에는 진지한 충고와 격려로 한다.

44 다음은 인사의 순서를 설명한 것이다. 틀린 것은?

① 정중하게 허리를 굽힐 때 등과 목이 일직선이 되도록 한다.
② 턱은 앞으로 나오지 않게 하며, 엉덩이는 힘을 주어 뒤로 빠지지 않게 한다.
③ **될 수 있는 한 빨리 고개를 든다.** ✓
④ 상대를 보면서 적당한 인사말을 한다.

해설
③ 금방 고개를 들지 말고 0.5~1초간 멈춘다.

45 고객응대의 명심사항으로 틀린 것은?

① **자신의 입장에서 생각하라.** ✓
② 고객을 공평하게 대하라.
③ 자신감을 가져라.
④ 투철한 서비스 정신으로 무장하라.

해설
① 고객의 입장에서 고객의 마음에 들도록 노력해야 한다.

46 다음 중 바른 악수가 아닌 것은?

① 상대와 적당한 거리에서 손을 잡는다.
② **계속 손을 잡은 채로 말한다.** ✓
③ 상대의 눈을 바라보며 웃는 얼굴로 악수한다.
④ 손을 너무 세게 쥐거나 또는 힘없이 잡지 않는다.

해설
악수를 할 때는 확고한 태도로 그러나 너무 세게 잡지는 말고 3초 정도 잡고 손목으로가 아니라 팔꿈치로부터 손끝에 이르기까지 균일하게 힘을 주어 두 번 흔든다.

47 근무복에 대한 운수업체의 입장이 아닌 것은?

① 안정감과 편안함을 승객에게 줄 수 있다.
② 종사자에게 소속감, 애사심 등을 줄 수 있다.
③ 사복에 대한 경제적 부담을 줄일 수 있다.
④ 효율적인 업무처리에 도움을 줄 수 있다.

해설
사복에 대한 경제적 부담의 감소는 근무복에 대한 종사자의 입장이다.

48 대화에 대한 설명으로 틀린 것은?

① 공손하게 말한다.
② 최대한 자세하고 구체적으로 말한다.
③ 밝고 적극적으로 말한다.
④ 품위 있게 말한다.

해설
명료하게 말해야 한다. 즉, 항상 적극적이며, 자기주장을 자세하고 구체적으로 말한다.

49 다음 중 말하는 자세로 올바른 태도는?

① 상대방의 인격을 존중하고 배려하면서 공손한 말씨를 쓴다.
② 큰소리로 자기 생각을 주장한다.
③ 항상 적극적이며 남의 말을 가로막고 이야기 한다.
④ 외국어나 전문용어를 적절히 사용하여 전문성을 높인다.

해설
말하는 입장에서의 주의사항
- 불평불만을 함부로 말하지 않는다.
- 전문적인 용어나 외래어를 남용하지 않는다.
- 욕설, 독설, 험담, 과장된 몸짓은 하지 않는다.
- 남을 중상모략하는 언동은 조심한다.
- 쉽게 흥분하거나 감정에 치우치지 않는다.
- 손아랫사람이라 할지라도 농담은 조심스럽게 한다.
- 함부로 단정하고 말하지 않는다.
- 상대방의 약점을 잡아 말하는 것은 피한다.
- 일부를 보고, 전체를 속단하여 말하지 않는다.
- 도전적으로 말하는 태도나 버릇은 조심한다.
- 자기 이야기만 일방적으로 말하는 행위는 조심한다.

50 다음 중 바람직한 직업관은?

① 생계유지 수단적인 직업관
② 폐쇄적인 직업관
③ 귀속적인 직업관
④ 역할 지향적인 직업관

해설
바람직한 직업관은 소명의식을 지닌 직업관, 사회구성원으로서의 역할 지향적 직업관, 미래 지향적 전문능력 중심의 직업관 등이다. 생계유지 수단적 직업관, 지위 지향적 직업관, 귀속적 직업관, 차별적 직업관, 폐쇄적 직업관 등은 잘못된 직업관이다.

51 직업의 외재적 가치로 옳은 것은?

① 직업 그 자체에 가치를 둔다.
② **직업이 주는 사회 인식에 초점을 맞춘다.**
③ 자신의 능력을 최대한 발휘하길 원한다.
④ 자신의 이상을 실현하는 데 초점을 맞춘다.

해설
①, ③, ④는 직업의 내재적 가치이다.
※ 외재적 가치
- 자신에게 있어서 직업을 도구적인 면에 가치를 둔다.
- 삶을 유지하기 위한 경제적인 도구나 권력을 추구하고자 하는 수단을 중시하는 데 의미를 두고 있다.
- 직업이 주는 사회 인식에 초점을 맞추려는 경향을 갖는다.

52 운전자의 기본적 주의사항이 아닌 것은?

① 배차지시 없이 임의 운행 금지
② 정당한 사유 없이 지시된 운행경로 임의 변경운행 금지
③ **철길건널목에서는 서행운전 준수 및 정차 금지**
④ 운전에 악영향을 미치는 음주 및 약물복용 후 운전 금지

해설
③ 철길건널목에서는 일시정지 준수 및 정차 금지

53 다음 중 삼가야 할 운전행동이 아닌 것은?

① 갑자기 끼어들거나 경쟁심의 운전 행위
② 도로상에서 사고가 발생한 경우 차량을 세워 둔 채로 시비, 다툼 등의 행위
③ 음악이나 경음기 소리를 크게 하는 행위
④ **여유 있는 교차로 통과 행위**

해설
지켜야 할 운전예절
- 과신은 금물
- 횡단보도에서의 예절
- 전조등 사용법
- 고장차량의 유도
- 올바른 방향전환 및 차로변경
- 여유 있는 교차로 통과 등

54 차가 주행 중 도로 또는 도로 이외의 장소에 뒤집혀 넘어진 사고를 무엇이라 하는가?

① 충돌사고
② **전복사고**
③ 전도사고
④ 추락사고

해설
교통사고의 용어(교통사고조사규칙 제2조)
- 충돌 : 차가 반대방향 또는 측방에서 진입하여 그 차의 정면으로 다른 차의 정면 또는 측면을 충격한 것을 말한다.
- 전도 : 차가 주행 중 도로 또는 도로 이외의 장소에 차체의 측면이 지면에 접하고 있는 상태(좌측면이 지면에 접해 있으면 좌전도, 우측면이 지면에 접해 있으면 우전도)를 말한다.
- 추락 : 차가 도로변 절벽 또는 교량 등 높은 곳에서 떨어진 것을 말한다.

55 **교통사고 발생 시 조치가 아닌 것은?**

① 교통사고를 발생시켰을 때에는 현장에서의 인명구호, 관할경찰서에 신고 등의 의무를 성실히 수행
② **경우에 따라 교통사고의 임의처리 가능**
③ 사고로 인한 행정, 형사처분(처벌) 접수 시 임의처리 불가
④ 회사손실과 직결되는 보상업무는 일반적으로 수행 불가

해설
어떠한 사고라도 임의처리는 불가하며 사고발생 경위를 육하원칙에 의거하여 거짓 없이 정확하게 회사에 즉시 보고하여야 한다.

56 **교통사고 발생 시 사지가 손상하였을 때 해야 할 처치순서가 맞는 것은?**

① 호흡 → 순환 → 기도 유지 → 출혈 → 부목
② 부목 → 기도 유지 → 호흡 → 순환 → 출혈
③ **기도 유지 → 호흡 → 순환 → 출혈 → 부목**
④ 출혈 → 부목 → 기도 유지 → 호흡 → 순환

57 **저혈량 쇼크에 대한 설명으로 옳지 못한 것은?**

① 실혈로 인한 쇼크를 말한다.
② 허약감, 약한 맥박, 창백하고 끈적한 피부를 나타낸다.
③ **약 5cm 정도 하지를 올린다.**
④ 보온을 유지해야 한다.

해설
약 20~30cm 정도 하지를 올린다. 척추, 머리, 가슴, 배의 손상 증상 및 징후가 있다면 앙와위를 취해 주어야 한다. 즉, 긴 척추 고정판으로 환자를 옮겨 하지를 올린다.

58 **비상주차대란 우측 길어깨(갓길)의 폭이 협소한 장소에서 고장 난 차량이 도로에서 벗어나 대피할 수 있도록 제공되는 공간을 말한다. 비상주차대가 설치되는 장소가 아닌 것은?**

① 고속도로에서 길어깨(갓길) 폭이 2.5m 미만으로 설치되는 경우
② 길어깨(갓길)를 축소하여 건설되는 긴 교량의 경우
③ 긴 터널의 경우 등
④ **오르막 차로의 경사가 심한 곳**

해설
비상주차대가 설치되는 장소
- 고속도로에서 길어깨(갓길) 폭이 2.5m 미만으로 설치되는 경우
- 길어깨(갓길)를 축소하여 건설되는 긴 교량의 경우
- 긴 터널의 경우 등

59 **자동차 운전이 금지되는 술에 취한 상태의 최저 기준은?**

① 0.01% 이상
② **0.03% 이상**
③ 0.05% 이상
④ 0.08% 이상

해설
운전이 금지되는 술에 취한 상태의 기준은 운전자의 혈중알코올농도가 0.03% 이상인 경우로 한다(도로교통법 제44조 제4항).

60 **차선변경 시 방향지시등을 작동시킬 때 반드시 지켜야 할 순서로 옳은 것은?**

① 예고 – 확인 – 평가
② 확인 – 행동 – 평가
③ **예고 – 확인 – 행동**
④ 확인 – 예고 – 행동

제 3 회 | 기출복원문제

교통 및 여객자동차 운수사업 법규

01 개인택시운송사업이 속하는 사업은?

① 구역 여객자동차운송사업 ✓
② 노선 여객자동차운송사업
③ 특수여객자동차운송사업
④ 일반택시운송사업

해설
노선 여객자동차운송사업과 구역 여객자동차운송사업의 구분(여객자동차 운수사업법 시행령 제3조)
① 노선 여객자동차운송사업 : 시내버스운송사업, 농어촌버스운송사업, 마을버스운송사업, 시외버스운송사업
② 구역 여객자동차운송사업 : 전세버스운송사업, 특수여객자동차운송사업, 일반택시운송사업, 개인택시운송사업

02 운송사업자는 중대한 교통사고가 발생하였을 때에는 사고의 개략적인 상황을 관할 누구에게 보고하는가?

① 시・도지사 ✓
② 여객자동차운송사업주
③ 시・도경찰청장
④ 여객자동차운송사업자

해설
운송사업자는 그 사업용 자동차에 다음의 어느 하나에 해당하는 사고(중대한 교통사고)가 발생한 경우 국토교통부령으로 정하는 바에 따라 지체 없이 국토교통부장관 또는 시・도지사에게 보고하여야 한다(여객자동차 운수사업법 제19조 제2항).
① 전복(顚覆) 사고
② 화재가 발생한 사고
③ 대통령령으로 정하는 수(數) 이상의 사람이 죽거나 다친 사고
※ 여객자동차 운수사업법 시행규칙 제41조제2항
운송사업자는 법 제19조제2항에 따른 중대한 교통사고가 발생하였을 때에는 24시간 이내에 사고의 일시・장소 및 피해사항 등 사고의 개략적인 상황을 관할 시・도지사에게 보고한 후 72시간 이내에 사고보고서를 작성하여 관할 시・도지사에게 제출하여야 한다. 다만, 개인택시운송사업자의 경우에는 개략적인 상황보고를 생략할 수 있다.

03 운전면허 행정처분기준에 따라 계산한 누산점수가 과거 1년간 얼마 이상일 때 특별검사를 받는가?

① 121점 이상
② 91점 이상
③ 81점 이상 ✓
④ 31점 이상

해설
특별검사 대상자(여객자동차 운수사업법 시행규칙 제49조제3항제2호)
① 중상 이상의 사상(死傷)사고를 일으킨 자
② 과거 1년간 「도로교통법 시행규칙」에 따른 운전면허 행정처분기준에 따라 계산한 누산점수가 81점 이상인 자
③ 질병, 과로, 그 밖의 사유로 안전운전을 할 수 없다고 인정되는 자인지 알기 위하여 운송사업자가 신청한 자

04 택시운전자격증은 합격 통지를 받은 날부터 며칠 이내에 신청하여야 하는가?

① 10일
② 20일
③ **30일**
④ 60일

해설
운전자격시험에 합격한 사람 또는 교통안전체험교육을 수료한 사람은 각각 합격자 발표일 또는 교육 수료일부터 30일 이내에 운전자격증 발급신청서(전자문서를 포함)에 사진 2장을 첨부하여 한국교통안전공단에 운전자격증의 발급을 신청해야 한다(여객자동차 운수사업법 시행규칙 제55조제2항).

05 중대한 교통사고로 사망자 2명 이상을 발생하게 한 경우 행정처분 기준은?

① 자격정지 30일
② 자격정지 40일
③ 자격정지 50일
④ **자격정지 60일**

해설
중대한 교통사고로 다음의 어느 하나에 해당하는 수의 사상자를 발생하게 한 경우(여객자동차 운수사업법 시행규칙 [별표 5])
① 사망자 2명 이상 : 자격정지 60일
② 사망자 1명 및 중상자 3명 이상 : 자격정지 50일
③ 중상자 6명 이상 : 자격정지 40일

06 새로 채용된 운수종사자가 운전업무를 시작하기 전에 받아야 할 교육 시간은?

① 8시간 이상
② 12시간 이상
③ **16시간 이상**
④ 20시간 이상

해설
교육의 종류 등(여객자동차 운수사업법 시행규칙 [별표 4의3])

구 분	교육 대상자	교육시간	주 기
신규교육	새로 채용한 운수종사자(사업용자동차를 운전하다가 퇴직한 후 2년 이내에 다시 채용된 사람은 제외)	16	
보수교육	무사고·무벌점 기간이 5년 이상 10년 미만인 운수종사자	4	격 년
	무사고·무벌점 기간이 5년 미만인 운수종사자		매 년
	법령위반 운수종사자	8	수 시
수시교육	국제행사 등에 대비한 서비스 및 교통안전 증진 등을 위하여 국토교통부장관 또는 시·도지사가 교육을 받을 필요가 있다고 인정하는 운수종사자	4	필요 시

07 택시 운송사업 발전 법령상 택시운수종사자 복지기금의 용도로 옳지 않은 것은?

① 택시운수종사자의 건강검진 등 건강관리 서비스 지원
② 택시운수종사자 자녀에 대한 장학사업
③ 기금의 관리·운용에 필요한 경비
④ **택시운송사업 관련 연구·개발을 위한 전문기구의 경비**

해설
택시운수종사자 복지기금의 용도(택시운송사업의 발전에 관한 법률 제15조제3항)
① 택시운수종사자의 건강검진 등 건강관리 서비스 지원
② 택시운수종사자 자녀에 대한 장학사업
③ 기금의 관리·운용에 필요한 경비
④ 그 밖에 택시운수종사자의 복지 향상을 위하여 필요한 사업으로서 국토교통부장관이 정하는 사업

08 **다음 중 차마의 통행을 방향을 명확하게 구분하기 위하여 도로에 황색 실선 또는 황색 점선 등의 안전표지로 표시한 선은?**

① 차 도
② 차 선
③ 차 로
④ 중앙선

해설
중앙선의 정의(도로교통법 제2조제5호)
차마의 통행 방향을 명확하게 구분하기 위하여 도로에 황색 실선이나 황색 점선 등의 안전표지로 표시한 선 또는 중앙분리대나 울타리 등으로 설치한 시설물을 말한다. 다만, 가변차로가 설치된 경우에는 신호기가 지시하는 진행방향의 가장 왼쪽에 있는 황색 점선을 말한다.

09 **편도 3차로의 고속도로에서 왼쪽차로를 주행할 수 있는 차는?**

① 대형 승합자동차
② 승용자동차
③ 특수자동차
④ 건설기계

해설
고속도로 편도 3차로 이상 통행차의 기준(도로교통법 시행규칙 [별표 9])

차로 구분	통행할 수 있는 차종
1차로	• 앞지르기를 하려는 승용자동차 및 앞지르기를 하려는 경형·소형·중형 승합자동차. 다만, 차량통행량 증가 등 도로상황으로 인하여 부득이하게 80km/h 미만으로 통행할 수밖에 없는 경우에는 앞지르기를 하는 경우가 아니라도 통행할 수 있다.
왼쪽 차로	• 승용자동차 및 경형·소형·중형 승합자동차
오른쪽 차로	• 대형 승합자동차, 화물자동차, 특수자동차, 법 제2조제18호나목에 따른 건설기계

10 **다음 중 교차로 통행방법 중 틀린 것은?**

① 모든 차의 운전자는 교차로에서 우회전을 하려는 경우에는 미리 도로의 우측 가장자리를 서행하면서 우회전하여야 한다.
② 우회전이나 좌회전을 하기 위하여 손이나 방향지시기 또는 등화로써 신호를 하는 차가 있는 경우에 그 뒤차의 운전자는 앞지르기를 한다.
③ 교통정리를 하고 있지 아니하고 일시정지나 양보를 표시하는 안전표지가 설치되어 있는 교차로에 들어가려고 할 때에는 다른 차의 진행을 방해하지 아니하도록 일시정지하거나 양보하여야 한다.
④ 모든 차의 운전자는 교차로에서 좌회전을 하려는 경우에는 미리 도로의 중앙선을 따라 서행하면서 교차로의 중심 안쪽을 이용하여 좌회전하여야 한다.

해설
규정에 따라 우회전이나 좌회전을 하기 위하여 손이나 방향지시기 또는 등화로써 신호를 하는 차가 있는 경우에 그 뒤차의 운전자는 신호를 한 앞차의 진행을 방해하여서는 아니 된다(도로교통법 제25조제4항).

11 **주차금지 장소를 설명한 것으로 틀린 것은?**

① 시·도경찰청장이 필요하다고 인정하여 지정한 곳으로부터 5m 이내의 곳
② 화재경보기로부터 8m 이내의 곳
③ 터널 안 및 다리 위
④ 도로공사를 하고 있는 경우에는 그 공사구역의 양쪽 가장자리로부터 5m 이내의 곳

해설
모든 차의 운전자는 다음의 곳으로부터 5m 이내인 곳에서는 차를 정차하거나 주차하여서는 아니 된다(도로교통법 제32조제6호).
① 「소방기본법」 제10조에 따른 소방용수시설 또는 비상소화장치가 설치된 곳
② 「화재예방, 소방시설 설치·유지 및 안전관리에 관한 법률」 제2조제1항제1호에 따른 소방시설로서 대통령령으로 정하는 시설이 설치된 곳

12 정차는 몇 분을 초과하지 않아야 하는가?

① 3분
② 5분
③ 10분
④ 20분

해설
정차의 정의(도로교통법 제2조제25호)
운전자가 5분을 초과하지 아니하고 차를 정지시키는 것으로서 주차 외의 정지 상태를 말한다.

13 다음 중 고속도로나 자동차전용도로에서 정차 또는 주차가 가능한 경우가 아닌 것은?

① 고장으로 부득이하게 길 가장자리에 정차 또는 주차하는 경우
② 통행료를 지불하기 위하여 통행료를 받는 곳에서 정차하는 경우
③ 도로의 관리자가 그 고속도로 또는 자동차전용도로를 보수·유지하기 위하여 정차 또는 주차하는 경우
④ 경찰용 긴급자동차가 고속도로 또는 자동차전용도로에서의 경찰임무수행 외의 일을 위하여 정차 또는 주차하는 경우

해설
고속도로 등에서의 정차 및 주차의 금지(도로교통법 제64조)
자동차의 운전자는 고속도로 등에서 차를 정차하거나 주차시켜서는 아니 된다. 다만, 다음의 어느 하나에 해당하는 경우에는 그러하지 아니하다.
① 법령의 규정 또는 경찰공무원(자치경찰공무원은 제외)의 지시에 따르거나 위험을 방지하기 위하여 일시 정차 또는 주차시키는 경우
② 정차 또는 주차할 수 있도록 안전표지를 설치한 곳이나 정류장에서 정차 또는 주차시키는 경우
③ 고장이나 그 밖의 부득이한 사유로 길가장자리구역(갓길을 포함)에 정차 또는 주차시키는 경우
④ 통행료를 내기 위하여 통행료를 받는 곳에서 정차하는 경우
⑤ 도로의 관리자가 고속도로 등을 보수·유지 또는 순회하기 위하여 정차 또는 주차시키는 경우
⑥ 경찰용 긴급자동차가 고속도로 등에서 범죄수사, 교통단속이나 그 밖의 경찰임무를 수행하기 위하여 정차 또는 주차시키는 경우
⑦ 소방차가 고속도로 등에서 화재진압 및 인명 구조·구급 등 소방활동, 소방지원활동 및 생활안전활동을 수행하기 위하여 정차 또는 주차시키는 경우
⑧ 경찰용 긴급자동차 및 소방차를 제외한 긴급자동차가 사용 목적을 달성하기 위하여 정차 또는 주차시키는 경우
⑨ 교통이 밀리거나 그 밖의 부득이한 사유로 움직일 수 없을 때에 고속도로 등의 차로에 일시 정차 또는 주차시키는 경우

14 교통사고로 인해 피해자가 72시간 이내에 사망한 경우 벌점은?

① 10점
② 30점
③ 40점
④ 90점

해설
자동차 등의 운전 중 교통사고를 일으켜 사고발생 시부터 72시간 이내에 사망한 경우에 사망 1명마다 벌점 90점을 처분받는다(도로교통법 시행규칙 [별표 28]).

15 도로를 통행하고 있는 승용자동차에서 밖으로 물건을 던지는 행위의 범칙금액은?

① 4만원
② 3만원
③ **5만원**
④ 6만원

해설
모든 차마에서의 범칙금액이 5만원인 경우(도로교통법 시행규칙 [별표 28]).
① 돌, 유리병, 쇳조각, 그 밖에 도로에 있는 사람이나 차마를 손상시킬 우려가 있는 물건을 던지거나 발사하는 행위(동승자 포함)
② 도로를 통행하고 있는 차마에서 밖으로 물건을 던지는 행위(동승자 포함)

16 납부기간 이내에 범칙금을 납부하지 아니한 경우 통고받은 범칙금에 얼마를 더한 금액을 납부하여야 하는가?

① 100분의 10
② **100분의 20**
③ 100분의 30
④ 100분의 50

해설
납부기간에 범칙금을 내지 아니한 사람은 납부기간이 끝나는 날의 다음 날부터 20일 이내에 통고받은 범칙금에 100분의 20을 더한 금액을 내야 한다(도로교통법 제164조제2항).

17 도로상태가 위험하거나 도로 또는 그 부근에 위험물이 있는 경우에 필요한 안전조치를 할 수 있도록 이를 도로사용자에게 알리는 안전표지는?

① 지시표지
② 노면표시
③ **주의표지**
④ 규제표지

해설
안전표지의 구분(도로교통법 시행규칙 제8조제1항)
① 주의표지 : 도로상태가 위험하거나 도로 또는 그 부근에 위험물이 있는 경우에 필요한 안전조치를 할 수 있도록 이를 도로사용자에게 알리는 표지
② 규제표지 : 도로교통의 안전을 위하여 각종 제한 · 금지 등의 규제를 하는 경우에 이를 도로사용자에게 알리는 표지
③ 지시표지 : 도로의 통행방법 · 통행구분 등 도로교통의 안전을 위하여 필요한 지시를 하는 경우에 도로사용자가 이에 따르도록 알리는 표지
④ 보조표지 : 주의표지 · 규제표지 또는 지시표지의 주 기능을 보충하여 도로사용자에게 알리는 표지
⑤ 노면표시 : 도로교통의 안전을 위하여 각종 주의 · 규제 · 지시 등의 내용을 노면에 기호 · 문자 또는 선으로 도로사용자에게 알리는 표지

18 다음 안전표지의 뜻은?

① 진입금지
② **우회로**
③ 회전금지
④ 주차장

19 **교통사고처리 특례법상 우선 지급하여야 할 치료비의 통상비용이 아닌 것은?**

① 진찰료
② 호송, 다른 보호시설로의 이동 비용
③ **대물손해비용**
④ 처치 · 투약 · 수술 등 치료비용

해설
우선 지급할 치료비에 관한 통상비용의 범위(교통사고처리 특례법 시행령 제2조제1항)
우선 지급해야 할 치료비에 관한 통상비용의 범위는 다음과 같다.
① 진찰료
② 일반병실의 입원료. 다만, 진료상 필요로 일반병실보다 입원료가 비싼 병실에 입원한 경우에는 그 병실의 입원료
③ 처치 · 투약 · 수술 등 치료에 필요한 모든 비용
④ 인공팔다리 · 의치 · 안경 · 보청기 · 보철구 및 그 밖에 치료에 부수하여 필요한 기구 등의 비용
⑤ 호송, 다른 보호시설로의 이동, 퇴원 및 통원에 필요한 비용
⑥ 보험약관 또는 공제약관에서 정하는 환자식대 · 간병료 및 기타 비용

20 **다음 중 교통사고처리 특례법상 반의사불벌죄가 적용되는 경우가 아닌 것은?**

① 보도 침범으로 일어난 치상 사고
② **중앙선이 없는 일반 도로에서 횡단, 회전, 후진 중 일어난 치상 사고**
③ 앞지르기 방법 위반으로 일어난 치상 사고
④ 무면허 운전으로 일어난 치상 사고

해설
② 도로교통법 제13조제3항을 위반하여 중앙선을 침범하거나 같은 법 제62조를 위반하여 횡단, 유턴 또는 후진한 경우(교통사고처리 특례법 제3조제2항제2호)
※ 도로교통법 제13조제3항 : 차마의 운전자는 도로(보도와 차도가 구분된 도로에서는 차도)의 중앙(중앙선이 설치되어 있는 경우에는 그 중앙선) 우측 부분을 통행하여야 한다.
※ 도로교통법 제62조 : 자동차의 운전자는 그 차를 운전하여 고속도로 등을 횡단하거나 유턴 또는 후진하여서는 아니 된다. 다만, 긴급자동차 또는 도로의 보수 · 유지 등의 작업을 하는 자동차 가운데 고속도로 등에서의 위험을 방지 · 제거하거나 교통사고에 대한 응급조치작업을 위한 자동차로서 그 목적을 위하여 반드시 필요한 경우에는 그러하지 아니하다.

안전운행

21 **운행 후 점검사항 중 엔진점검사항이 아닌 것은?**

① 냉각수, 엔진오일의 이상소모 유무
② 배터리액, 오일이나 냉각수의 누수 여부
③ 배선이 흐트러지거나, 빠지거나 잘못된 곳 유무
④ **휠 너트가 빠져 없거나 풀리지는 않았는지 유무**

해설
휠 너트가 빠져 없거나 풀리지는 않았는지 유무는 외관점검 사항이다.

22 운전 중 피로를 낮추는 방법이 아닌 것은?

① 차내에 신선한 공기가 유입되도록 한다.
② 정기적으로 정차 후 산책이나 가벼운 체조를 한다.
③ 태양빛이 강할 때는 선글라스를 착용한다.
④ 졸음을 이기기 위해 친구와 통화한다.

해설
운전 중 친구와 통화를 하는 것은 위험하다. 지루하게 느껴지거나 졸음이 올 때는 승객이 없는 시간을 이용하여 라디오를 틀거나, 노래 부르기 등의 방법을 써 본다.

23 타이어 마모에 영향을 주는 요소에 대한 설명이다. 틀린 것은?

① 타이어의 공기압이 높으면 승차감이 나빠지며, 트레드 중앙 부분의 마모가 촉진된다.
② 포장도로는 비포장도로를 주행하였을 때보다 타이어 마모를 줄일 수 있다.
③ 기온이 올라가는 여름철은 타이어 마모가 촉진되는 경향이 있다.
④ 타이어가 노면과의 사이에서 발생하는 마찰력은 타이어의 마모를 줄여 준다.

해설
타이어가 노면과의 사이에서 발생하는 마찰력은 타이어의 마모를 촉진시킨다.

24 운전 중의 위험사태 판단과 관련된 능력은?

① 지식 정도
② 운전 경험
③ 책임감
④ 체력 정도

해설
운전 중의 위험사태 판단과 관련된 능력은 개인차가 있지만 대체로 운전경험과 밀접한 관계를 갖는다. 대략 개인의 주행거리가 약 10만 km를 넘어서게 되면 운전경험의 축적에 의해 주관적 안전과 객관적 안전이 균형을 이르게 됨으로써 사고 위험은 그만큼 줄어든다.

25 추돌사고는 가장 흔한 사고의 형태로, 이를 피하는 방어운전 요령으로 옳지 않은 것은?

① 앞차에 대한 주의를 늦추지 않는다.
② 가까운 곳을 주의하여 살펴본다.
③ 충분한 거리를 유지한다.
④ 상대보다 더 빠르게 속도를 줄인다.

해설
상황을 멀리까지 살펴본다. 앞차 너머의 상황을 살핌으로서 앞차 운전자를 갑자기 행동하게 만드는 상황과 그로 인해 자신이 위협받게 되는 상황을 파악한다.

26 앞지르기할 때의 주의사항이다. 틀린 것은?

① 도로 중앙 좌측 부분으로 앞지르기할 때에는 반대 방향을 확인해야 한다.
② 앞차를 앞지르고자 할 때에는 앞차의 우측을 통행해야 한다.
③ 앞지르기 금지 장소가 맞는지 살핀다.
④ 앞지르기를 할 때에는 반대 방향의 교통에 주의하여야 한다.

해설
② 앞지르기란 뒤차가 앞차의 좌측면을 지나 앞차의 앞으로 진행하는 것을 의미한다.

27 고속도로 터널 안전운전 수칙으로 옳지 않은 것은?

① 선글라스를 벗고 라이트를 켠다.
② 차선을 바꿀 때에는 안전거리를 유지한다.
③ 비상시를 대비하여 피난연결통로나 비상주차대 위치를 확인한다.
④ 터널 진입 전에 입구 주변에 표시된 도로정보를 확인한다.

해설
터널 내에서는 안전거리를 유지하고 차선을 바꾸지 않는다.

28 출발할 때 경제운전 방법으로 옳지 않은 것은?

① 시동 걸 때는 적정 속도로 엔진을 회전시켜 적정한 오일 압력이 유지되도록 한다.
② 여름에 시동을 걸 때 적정한 공회전 시간은 2~3분 정도이다.
③ 겨울에 시동을 걸 때 적정한 공회전 시간은 1~2분 정도이다.
④ 시동을 건 후 오일 압력이 적정해지면 부드럽게 출발한다.

해설
여름에 시동을 걸 때 적정한 공회전 시간은 20~30초 정도이다.

29 운행기록장치 장착의무자는 교통안전법에 따라 운행기록장치에 기록된 운행기록을 6개월 동안 보관하여야 하는가?

① 1개월
② 1년
③ 6개월
④ 2년

해설
운행기록장치 장착의무자는 운행기록장치에 기록된 운행기록을 대통령령으로 정하는 기간 동안 보관하여야 하며, 교통행정기관이 제출을 요청하는 경우 이에 따라야 한다(교통안전법 제55조제2항 전단).
※ 법 제55조제2항에서 "대통령령으로 정하는 기간"은 6개월로 한다(영 제45조제2항).

31 자동변속기의 장점이 아닌 것은?

① 기어변속이 자동으로 이루어져 운전이 편리하고, 조작 미숙으로 인한 시동 꺼짐이 없다.
② 발진과 가·감속이 원활하여 승차감이 좋다.
③ 유체에 의한 동력손실이 없다.
④ 유체가 댐퍼 역할을 하기 때문에 충격이나 진동이 적다.

해설
자동변속기의 단점
- 구조가 복잡하고 가격이 비싸다.
- 차를 밀거나 끌어서 시동을 걸 수 없다.
- 유체에 의한 동력손실이 있다.

32 LPG 자동차 운행 시 장단점으로 틀린 것은?

① 연료비가 적게 들어 경제적이다.
② 유해 배출 가스량이 줄어든다.
③ **가솔린 자동차에 비해 엔진 소음이 크다.**
④ 연료의 옥탄가가 높아 노킹(Knocking) 현상이 거의 발생하지 않는다.

해설
③ 가솔린 자동차에 비해 엔진 소음이 적다.

33 LPG 자동차의 주행 중 준수사항으로 틀린 것은?

① 주행 중 LPG 스위치에 손을 대지 않는다.
② **급가속, 급제동, 급선회 시 및 경사 길을 주행할 경우 경고등이 점등되면 정비를 받아야 한다.**
③ 평탄 길 주행상태에서 계속 경고등이 점등되면 바로 연료를 충전한다.
④ 항상 차량 내부에 스며드는 LPG 냄새에 주의한다.

해설
②의 경우는 서행운전을 해야 한다.

34 LPG 자동차의 시동요령으로 틀린 것은?

① 주차 브레이크 레버를 당긴 후 모든 전기 장치는 OFF시키고 점화 스위치를 "ON"모드로 변환시킨다.
② 점화 스위치를 이용하여 엔진 시동을 걸 경우, 브레이크 페달을 밟고 키를 돌린다.
③ **PTC 작동 지시등이 점등되면 엔진 시동을 건다.**
④ Start/Stop 버튼으로 엔진 시동을 걸 경우, 브레이크 페달을 밟고 시동 버튼을 누른다.

해설
PTC(LPG 연료를 예열하는 기능) 작동 지시등이 점등되는 동안에는 엔진 시동이 걸리지 않고, PTC 작동 지시등이 소등되었는지 확인 후, 엔진 시동을 건다.

35 자동차 주행 시 지켜야 할 사항으로 옳지 않은 것은?

① **주행하는 차들과 똑같이 속도를 맞추어 주행한다.**
② 교통량이 많아 혼잡한 곳에서는 후미추돌 등을 방지하기 위해 감속 주행한다.
③ 주택가나 이면도로에서는 난폭운전을 하지 않는다.
④ 통행 우선권이 있는 차량이 진입할 때는 양보한다.

해설
① 주행하는 차들과 제한속도를 넘지 않는 범위 내에서 똑같이 속도를 맞추어 주행한다.

36 겨울철 안전운전 요령으로 틀린 것은?

① 미끄러운 오르막길에서는 앞서가는 자동차가 정상에 오르는 것을 확인한 후 올라가야 한다.
② 도중에 정지하는 일이 없도록 밑에서부터 탄력을 받아 일정한 속도로 기어 변속 없이 한 번에 올라가야 한다.
③ **미끄러운 길에서는 기어를 1단에 넣고 반클러치를 사용한다.**
④ 가능하면 앞차가 지나간 바퀴자국을 따라 통행하는 것이 안전하다.

해설
③ 승용차의 경우 평상시에는 1단기어로 출발하는 것이 정상이지만, 미끄러운 길에서는 기어를 2단에 넣고 반클러치를 사용하는 것이 효과적이다.

37 **경음기의 울림이 나쁘면서 시동모터가 돌지 않을 때의 원인이 아닌 것은?**

✓① **연료펌프의 고장**
② 배터리 단자의 접촉 불량
③ 배터리의 불량
④ 배터리액의 부족

해설
시동모터의 회전 유무
- 시동모터가 회전하지 않을 때 : 배터리 방전 상태, 배터리 단자의 연결 상태 점검
- 시동모터는 회전하나 시동이 걸리지 않을 때 : 연료 유무 점검

38 **갓길(길어깨)의 기능으로 옳지 않은 것은?**

① 보도가 없는 도로에서 보행자의 통행 장소로 사용된다.
② 곡선도로의 시거가 증가하여 안전성이 확보된다.
③ 도로 측방의 여유 폭은 교통의 안전성, 쾌적성을 확보할 수 있다.
✓④ **야간 주행 시 전조등 불빛에 의한 눈부심이 방지된다.**

해설
④는 중앙분리대의 기능에 대한 설명이다.
※ 길어깨(갓길)의 기능
- 고장차가 대피할 수 있는 공간을 제공하여 교통 혼잡을 방지하는 역할을 한다.
- 도로 측방의 여유 폭은 교통의 안전성과 쾌적성을 확보할 수 있다.
- 도로관리 작업공간이나 지하매설물 등을 설치할 수 있는 장소를 제공한다.
- 곡선도로의 시거가 증가하여 교통의 안전성이 확보된다.
- 보도가 없는 도로에서는 보행자의 통행 장소로 제공된다.

39 **다음 중 교통사고와 중요한 관련성이 있다고 볼 수 없는 운전자는?**

① 예측이 부족한 운전자
② 울컥하고 화를 잘 내는 운전자
✓③ **타인중심적인 운전자**
④ 경솔한 운전자

해설
③ 남에 대한 배려심이 강한 운전자로 자동차의 안전운전상 바람직한 성격으로 볼 수 있다.

40 **교통사고의 위험요소를 제거하기 위해서는 몇 가지 단계를 거쳐야 하는데 안전점검, 안전진단, 교통사고 원인의 규명, 종사원의 교통활동, 태도 분석, 교통환경 등에서 위험요소를 적출하는 행위는 다음 중 어느 단계인가?**

① 위험요소의 분석
✓② **위험요소의 탐지**
③ 위험요소의 제거
④ 개 선

해설
위험요소의 제거 6단계
- 조직의 구성 : 안전관리업무를 수행할 수 있는 조직을 구성, 안전관리책임자 임명, 안전계획의 수립 및 추진이다.
- 위험요소의 탐지 : 안전점검 또는 진단사고, 원인의 규명, 종사원 교통활동 및 태도분석을 통하여 불안전행위와 위험한 환경조건 등 위험요소를 발견한다.
- 분석 : 발견된 위험요소는 면밀히 분석하여 원인을 규명한다.
- 개선대안 제시 : 분석을 통하여 도출된 원인을 토대로 효과적으로 실현할 수 있는 대안을 제시한다.
- 대안의 채택 및 시행 : 당해 기업이 실행하기에 가장 알맞은 대안을 선택하고 시행한다.
- 환류(피드백) : 과정상의 문제점과 미비점을 보완하여야 한다.

운송서비스

41 승객 욕구의 다양함과 감정의 변화, 서비스 제공자에 따라 상대적이며, 승객의 평가 역시 주관적이어서 일관되고 표준화된 서비스 질을 유지하기 어렵다는 서비스의 특징은?

① 무형성
② 인적의존성
③ 변동성
④ **다양성**

42 고객만족의 간접적 요소에 해당하는 것은?

① 상품의 하드웨어적 가치
② 회사 분위기
③ 고객응대 서비스
④ **사회공헌활동**

해설
사회공헌활동 · 환경보호활동 등은 기업이미지로 간접적 요소에 속한다.

43 올바른 인사법에 대한 설명으로 틀린 것은?

① 밝고 부드러운 미소로 인사한다.
② **가능한 한 큰 소리로 말한다.**
③ 머리와 상체는 일직선이 되게 하여 천천히 숙인다.
④ 상대방이 먼저 인사한 경우에는 응대한다.

해설
적당한 크기와 속도로 자연스럽게 인사해야 한다.

44 올바른 인사 중 정중한 인사의 머리와 상체의 인사 각도는?

① 머리와 상체 각도 15°
② 머리와 상체 각도 30°
③ **머리와 상체 각도 45°**
④ 머리와 상체 각도 90°

해설
올바른 인사의 머리와 상체 : 일직선이 되도록 하며, 천천히 숙인다.
• 가벼운 인사(목례)의 각도 : 15°
• 보통 인사(보통례)의 각도 : 30°
• 정중한 인사(정중례)의 각도 : 45°

45 다음 중 좋은 음성을 관리하는 방법으로 부적절한 것은?

① 자세를 바로 한다.
② 생동감 있게 한다.
③ **음성을 높인다.**
④ 콧소리와 날카로운 소리를 없앤다.

해설
③ 좋은 음성은 낮고, 차분하면서도 음악적인 선율이 있다.

46 승객을 응대하는 마음가짐에 대한 설명으로 옳지 않은 것은?

① 사명감을 가진다.
② **특정 고객에게는 더 친절하게 대해 준다.**
③ 승객의 입장에서 생각한다.
④ 항상 긍정적으로 생각한다.

해설
공사를 구분하고 공평하게 대해야 한다.

47 올바른 악수 방법은?

① 악수할 때 손끝만 살짝 잡는다.
② 악수하는 손을 흔든다.
③ 상대방의 눈을 바라보지 않는다.
④ 윗사람이 먼저 악수를 청한다.

해설
악수를 할 때 손끝만 잡거나, 손을 꽉 잡거나, 악수하는 손을 흔드는 것은 좋은 태도가 아니다. 그리고 악수를 할 때 상대방의 시선을 피하거나 다른 곳을 쳐다보지 않도록 한다.

48 대화할 때 듣는 입장에서의 주의사항으로 옳지 않은 것은?

① 침묵으로 일관하는 등 무관심한 태도를 취하지 않는다.
② 다른 곳을 바라보면서 말을 듣거나 말하지 않는다.
③ 모르면 상대방의 말을 중간에 끊고 질문하여 물어보고 말참견을 한다.
④ 불가피한 경우를 제외하고 가급적 논쟁은 피한다.

해설
③ 상대방의 말을 중간에 끊거나 말참견을 하지 않는다.

49 직업의 경제적 의미로 옳지 않은 것은?

① 일의 대가로 임금을 받아 경제생활을 영위한다.
② 인간이 직업을 구하려는 동기 중 하나는 노동의 대가이다.
③ 인간은 직업을 통해 자신의 이상을 실현한다.
④ 직업을 통해 안정된 삶을 영위해 나갈 수 있어 중요한 의미를 가진다.

해설
③의 설명은 직업의 심리적 의미이다.

50 다음 중 잘못된 직업관은?

① 소명의식을 가지고 일한다.
② 육체노동을 천시한다.
③ 사회구성원으로서 직분을 다하는 일이라고 생각한다.
④ 자기 분야의 최고 전문가가 되겠다는 생각으로 일한다.

해설
②는 차별적 직업관으로 잘못된 직업관이다.

51 다음 중 운전자가 가져야 할 기본적인 자세로 옳지 않은 것은?

① 심신상태의 안정
② 노하우를 바탕으로 한 추측운전
③ 방심하지 않는 집중력
④ 양보운전을 할 수 있는 너그러운 마음

해설
운전자는 운행 중 발생하는 상황들에 대해 추측하지 말고 안전을 확인해야 한다.

52 다음 중 지켜야 할 운전예절로 틀린 것은?

① 예절 바른 운전습관은 명랑한 교통질서를 가져오며 교통사고를 예방한다.
② 횡단보도 내에 자동차가 들어가지 않도록 정지선을 반드시 지킨다.
③ **교차로에서 마주 오는 차끼리 만나면 전조등을 꺼서는 안 된다.**
④ 교차로에 정체 현상이 있을 때에는 다 빠져나간 후에 여유를 가지고 서서히 출발한다.

해설
전조등의 올바른 사용
- 야간운행 중 반대차로에서 오는 차가 있으면 전조등을 하향 등으로 조정하여 상대 운전자의 눈부심 현상을 방지한다.
- 야간에 커브 길을 진입하기 전에 상향등을 깜박거려 반대 차로를 주행하고 있는 차에게 자신의 진입을 알린다.

53 자동차에 승차할 수 있도록 허용된 최대인원(운전자 포함)을 의미하는 용어는?

① 차량총중량
② 차량중량
③ **승차정원**
④ 적차상태

해설
자동차 관련 용어(자동차 및 자동차부품의 성능과 기준에 관한 규칙 제2조)
- 차량총중량 : 적차상태의 자동차의 중량을 말하며, 미완성자동차의 경우에는 미완성자동차 제작자가 해당 자동차의 안전 및 성능을 고려하여 제시하는 중량으로서 단계제작자동차 제작자가 최대로 제작할 수 있는 최대허용총중량을 말한다.
- "차량중량 : 공차상태의 자동차의 중량을 말하며, 미완성자동차의 경우에는 미완성자동차 제작자가 해당 자동차의 안전 및 성능에 관한 시험 등에 적용하기 위하여 제시하는 자동차의 중량을 말한다.
- "적차상태 : 공차상태의 자동차에 승차정원의 인원이 승차하고 최대적재량의 물품이 적재된 상태를 말한다. 이 경우 승차정원 1인(13세 미만의 자는 1.5인을 승차정원 1인으로 본다)의 중량은 65kg으로 계산하고, 좌석정원의 인원은 정위치에, 입석정원의 인원은 입석에 균등하게 승차시키며, 물품은 물품적재장치에 균등하게 적재시킨 상태이어야 한다.

54 교통사고 발생 시 운전자의 조치사항으로 옳지 않은 것은?

① 교통사고 발생 시 엔진을 멈추어 연료가 인화되지 않도록 하고, 신속하게 탈출해야 한다.
② 보험회사나 경찰 등에 연락을 취한다.
③ **통과차량에게 알리기 위해 차선으로 뛰어나와 손을 흔든다.**
④ 부상자가 있는 경우 응급처치 등 부상자 구호에 필요한 조치를 해야 한다.

해설
경황이 없는 중에 통과차량에 알리기 위해 차선으로 뛰어나와 손을 흔드는 등의 위험한 행동을 삼가야 한다.

55 교통사고 발생 시 운전자의 조치 및 보고요령으로 잘못된 것은?

① 사고현장에 의사, 구급차 등이 도착할 때까지 부상자에게 필요한 응급조치를 한다.
② **운전면허 정지 및 취소 등의 행정처분을 받았을 때에는 즉시 회사에 보고하고 운전한다.**
③ 결근, 지각, 조퇴가 필요하거나, 운전면허증 기재사항 변경, 질병 등 신상변동이 발생한 때에는 즉시 회사에 보고한다.
④ 인명피해 발생 시는 아무리 경미하더라도 병원에 옮겨 진단・조치한다.

해설
운전면허 정지 및 취소 등의 행정처분을 받았을 때에는 즉시 회사에 보고하여야 하며, 어떠한 경우라도 운전을 해서는 아니 된다.

56 교통사고에 의하여 일어나는 다발성 손상의 경우 가장 먼저 해야 할 것은?

① 골절부의 부목
② 쇼크에 대한 처치
③ **기도 유지**
④ 급성출혈에 대한 처치

해설
기도 유지 > 호흡 > 순환 > 출혈 > 부목

57 심장마사지(심폐소생법)는 언제 실시해야 하는가?

① 환자가 몹시 지쳐 있을 때
② **맥박이 뛰지 않거나 심장이 정지한 때**
③ 호흡을 하지 않을 때
④ 의식이 없을 때

58 일반적인 쇼크의 증상이나 징후가 아닌 것은?

① 맥박은 약하고 빠르다.
② **호흡이 느리다.**
③ 의식상태가 변화 한다.
④ 식은땀이 난다.

해설
② 호흡은 얕고 빠르며 불규칙하다.

59 다음 중 응급의료체계의 요소에 해당하지 않는 것은?

① 병원 전 단계 응급처치
② 환자 후송 체계
③ 응급통신망
④ **재활치료**

해설
응급의료체계의 요소
- 사고 현장에서 이루어지는 병원 전 단계 응급처치
- 신속한 후송과 후송 중 치료가 이루어지는 환자후송체계
- 환자의 질환 또는 부상을 판단하여 치료할 능력이 있는 병원으로 유도할 응급통신망
- 병원 도착 후 적정 응급 진료를 제공하는 병원단계치료
- 중환자실에서 집중치료

60 비상주차대가 설치되어야 할 장소로 적합한 곳은?

① 고속도로에서 길어깨 폭이 3.5m 미만으로 설치되는 경우
② **긴 터널**
③ 길어깨를 늘려서 건설되는 긴 다리
④ 건설 중인 보도블록

해설
비상주차대가 설치되는 장소
- 고속도로에서 길어깨 폭이 2.5m 미만으로 설치되는 경우
- 긴 터널의 경우
- 길어깨를 축소하여 건설되는 긴 교량

MEMO

제 2 편

모의고사

제1회~제3회 모의고사

정답 및 해설

택시운전자격

제 1 회 | 모의고사

교통 및 여객자동차 운수사업 법규

01 일반택시운송사업의 구분형태로 올바른 것은?

① 모범형 및 고급형
② 소형 · 중형 · 대형
③ 경형 · 소형 · 중형 · 대형 · 모범형
④ 경형 · 소형 · 중형 · 대형 · 모범형 및 고급형

02 사업용 자동차 운전자의 연령으로 올바른 것은?

① 19세 이상
② 20세 이상
③ 21세 이상
④ 24세 이상

03 여객자동차 운수사업법상 택시운전 자격시험의 시험과목이 아닌 것은?

① 운송서비스
② 안전운행
③ 지 리
④ 택시운전자의 예절에 관한 사항

04 일반택시운송사업용 자동차의 운전업무에 종사하는 자가 퇴직하면 택시운전자격증명을 누구에게 반납하여야 하는가?

① 해당 운송사업자
② 해당 조합
③ 교통안전공단
④ 지방경찰청

05 택시운전자격증을 타인에게 대여한 경우 행정처분 기준은?

① 자격정지 20일
② 자격정지 30일
③ 자격정지 60일
④ 자격취소

06 개인택시(경형 · 소형)의 차령으로 올바른 것은?

① 3년 6개월
② 5년
③ 7년
④ 9년

07 **택시운송사업 발전에 관한 법률상 택시운수종사자의 준수사항으로 틀린 것은?**

① 정당한 사유 없이 여객의 승차를 거부하거나 여객을 중도에서 내리게 하는 행위
② 장애인 보조견과 함께 승차하려는 장애인의 승차를 거부하는 행위
③ 여객을 합승하도록 하는 행위
④ 여객의 요구에도 불구하고 영수증 발급 또는 신용카드결제에 응하지 아니하는 행위

08 **도로교통법에서 정의하는 자동차의 구분에 속하지 않는 것은?**

① 승용자동차
② 승합자동차
③ 화물자동차
④ 원동기장치자전거

09 **편도 3차로의 일반도로에서 자동차의 운행속도는?**

① 60km/h 이내
② 70km/h 이내
③ 80km/h 이내
④ 100km/h 이내

10 **다음 중 모든 차가 서행하여야 할 장소로 틀린 것은?**

① 교통정리를 하고 있지 아니하는 교차로
② 비탈길의 고갯마루 부근
③ 가파른 비탈길의 내리막
④ 교통정리가 행하여지고 있지 아니하고 좌우를 확인할 수 없는 교차로

11 **차도와 보도의 구별이 없는 도로에서 정차 및 주차 시 우측 가장자리로부터 얼마 이상의 거리를 두어야 하는가?**

① 30cm 이상
② 50cm 이상
③ 60cm 이상
④ 90cm 이상

12 **주차위반 차량의 이동 · 보관 · 공고 · 매각 또는 폐차 등에 소요된 비용은 누가 부담하는가?**

① 시장 등
② 경찰서장
③ 그 차의 사용자
④ 그 차의 운전자

13 밤에 도로를 통행하는 때에 켜야 하는 등화의 구분이 잘못된 것은?

① 승용자동차 – 전조등, 차폭등, 미등, 번호등
② 승합자동차 – 전조등, 차폭등, 미등
③ 원동기장치 자전거 – 전조등, 미등
④ 견인되는 차 – 미등, 차폭등, 번호등

14 안전거리 미확보(진로변경 방법위반 포함) 시 벌점은?

① 30점
② 20점
③ 15점
④ 10점

15 택시 승용차가 합승(장기 주차・정차 후 승객 유치)・승차거부・부당요금을 징수할 때 범칙금액은?

① 4만원
② 3만원
③ 2만원
④ 1만원

16 범칙금 납부통고서를 받은 경우 며칠 이내에 납부하여야 하는가?

① 10일
② 20일
③ 30일
④ 60일

17 교통안전표지에 해당되지 않은 것은?

① 노면표시
② 주의표지
③ 보조표지
④ 도로표지

18 다음 안전표지에 대한 설명 중 맞는 것은?

① 주의표지이다.
② 규제표지이다.
③ 노면표시이다.
④ 지시표지이다.

19 **다음 중 교통사고처리특례법상 중요 법규 위반 항목에 해당되는 것은?**

① 정류장 질서 문란으로 인한 사고
② 통행 우선순위 위반사고
③ 철길건널목 통과방법 위반사고
④ 난폭운전사고

20 **교통사고처리 특례법상 제한속도를 20km/h를 초과하여 죄를 범한 경우에는 어떻게 처리되는가?**

① 보험에 가입되어 있으면 처벌이 면제된다.
② 피해자의 처벌의사에 관계없이 형사입건된다.
③ 피해자의 의사에 따라 처리된다.
④ 피해자와 합의되면 처벌이 면제된다.

안전운행

21 **올바른 운전자세로 옳지 않은 것은?**

① 운전자 몸의 중심이 핸들 중심과 정면으로 일치되도록 한다.
② 등은 펴서 시트에 가까이 붙이고 앉는다.
③ 브레이크 페달과 가속페달, 핸들의 원활한 작동을 기준으로 운전석 시트의 위치를 조절한다.
④ 핸드폰 사용은 짧게 빨리한다.

22 **소화기 사용방법으로 옳지 않은 것은?**

① 바람부는 쪽을 향하여 바람을 등지고 소화기의 안전핀을 제거한다.
② 소화기 노즐을 화재 발생장소로 향하게 한다.
③ 소화기 손잡이를 움켜쥐고 빗자루로 쓸듯이 방사한다.
④ 소화기를 비치하여 화재가 발생한 경우 초기에 진화하도록 한다.

23 **다음 중 타이어 마모에 영향을 주는 요소가 아닌 것은?**

① 타이어 공기압
② 차의 하중
③ 차의 속도
④ 추운 겨울철

24 **운전 중의 스트레스와 흥분을 최소화하는 방법으로 옳지 않은 것은?**

① 타운전자의 실수를 예상한다.
② 기분이 나쁘거나 우울한 상태에서는 운전하지 않는다.
③ 사전에 준비한다.
④ 친구와 통화를 하며 운전한다.

25 시야 고정이 많은 운전자의 특성이 아닌 것은?

① 위험에 대응하기 위해 경적이나 전조등을 사용한다.
② 더러운 창이나 안개에 개의치 않는다.
③ 거울이 더럽거나 방향이 맞지 않는데도 개의치 않는다.
④ 정지선 등에서 정지 후, 다시 출발할 때 좌우를 확인하지 않는다.

26 커브 길에서의 안전운전수칙으로 잘못된 것은?

① 미끄러지거나 전복될 위험이 있으므로 급핸들 조작, 급제동은 하지 않는다.
② 불가피한 경우가 아니면 가속이나 감속은 하지 않는다.
③ 중앙선을 침범하거나 도로의 중앙으로 치우쳐 운전하지 않는다.
④ 커브 길에서 앞지르기는 대부분 안전표지로 금지하고 있으나, 금지표지가 없다면 앞지르기를 해도 된다.

27 고속도로 통행 방법에 대한 설명으로 틀린 것은?

① 고속도로에서는 갓길로 통행하여서는 안 된다.
② 주행 차선에 통행 차가 많을 경우 승용차에 한하여 앞지르기 차선으로 계속 통행할 수 있다.
③ 앞지르기할 때는 지정 속도를 초과할 수 없다.
④ 주행 중 주행 속도계를 수시로 확인해야 한다.

28 야간에 안전운전 요령으로 옳지 않은 것은?

① 커브 길에서는 상향등과 하향등을 적절히 사용하여 자신이 접근하고 있음을 알린다.
② 전조등이 비추는 범위의 앞쪽까지 살피고 앞차의 미등만 보고 주행한다.
③ 자동차가 서로 마주보고 진행하는 경우에는 전조등 불빛의 방향을 아래로 향하게 한다.
④ 밤에 앞차의 바로 뒤를 따라갈 때에는 전조등 불빛의 방향을 아래로 향하게 한다.

29 악천후 시 주행요령으로 옳지 않은 것은?

① 비가 내릴 때에는 급제동을 피하고, 차간 거리를 충분히 유지한다.
② 브레이크 라이닝이 물에 젖으면 제동력이 떨어지므로 물이 고인 곳을 주행했을 때에는 여러 번에 걸쳐 브레이크를 짧게 밟아 브레이크를 건조시킨다.
③ 기상조건이 좋지 않아 시계가 불량할 경우에는 일정한 속도로 주행하고, 미등 및 안개등 또는 전조등을 점등하고 운행한다.
④ 노면이 젖어 있는 도로를 주행한 후에는 브레이크를 건조시키기 위해 앞차와의 안전거리를 확보하고 서행하는 동안 여러 번에 걸쳐 브레이크를 밟아 준다.

30 자동차 차체의 사각을 설명한 것으로 틀린 것은?

① 운전석에서는 차체의 우측보다 좌측에 사각이 크다.
② 사각지대 거울 등을 부착하면 사각지대 해소에 도움이 된다.
③ 후사경은 자동차의 사각 부분을 보완하는 기능을 갖는다.
④ 우측방 약 1m 지점의 물체는 운전석에서 확인이 어렵다.

31 겨울철 자동차 운행요령으로 옳지 않은 것은?

① 타이어체인을 장착한 경우에는 60km/h 이내 속도로 주행한다.
② 엔진시동 후에는 적당한 워밍업을 한 후 운행한다.
③ 내리막길에서는 엔진브레이크를 사용하면 방향조작에 도움이 된다.
④ 스노타이어를 장착하고 건조한 도로를 주행하면 일반타이어보다 마찰력이 작아 제동거리가 길어질 수 있다.

32 LPG 자동차 운행 시 단점이 아닌 것은?

① 옥탄가가 높다.
② 장거리 운행이 불안하다.
③ 겨울철에 시동이 잘 걸리지 않는다.
④ 점화원에 의해 폭발의 위험성이 있다.

33 LPG 자동차의 가스누출 시 가장 먼저 해야 할 조치사항은?

① 대피한다.
② 엔진을 정지시킨다.
③ 트렁크 안에 있는 용기의 연료출구밸브를 잠근다.
④ 필요한 정비를 한다.

34 LPG 자동차의 교통사고 발생 시 대처요령이 아닌 것은?

① LPG 스위치를 끈 후 엔진을 정지한다.
② 승객을 대피시킨다.
③ 트렁크 안에 있는 용기의 연료 출구 밸브(황색, 적색) 2개를 모두 잠근다.
④ 누출 부위에 불이 붙었을 경우 차량에서 가급적 멀리 벗어난다.

35 수막(Hydroplaning)현상에 대한 설명으로 바르지 않은 것은?

① 수막현상을 방지하기 위해서는 핸들이나 브레이크를 함부로 조작하지 않는다.
② 수막현상을 막기 위해서는 고속운전을 해야 한다.
③ 수막현상은 보통 시속 90km 정도의 고속에서 발생한다.
④ 수막현상을 방지하기 위해서는 타이어의 공기압을 높게 한다.

36 현가장치의 주요기능이 아닌 것은?

① 차량 주행 중에 에어 소모가 감소한다.
② 자동차의 높이를 최대한 높게 유지한다.
③ 안전성이 확보된 상태에서 차량의 높이 조정 및 닐링(Kneeling) 기능을 할 수 있다.
④ 자기진단 기능을 보유하고 있어 정비성이 용이하고 안전하다.

37 좌우 바퀴가 동시에 상하 운동을 할 때에는 작용을 하지 않으나 좌우 바퀴가 서로 다르게 상하 운동을 할 때 작용하여 차체의 기울기를 감소시켜 주는 장치는?

① 쇽업소버
② 스태빌라이저
③ 공기 스프링
④ 토션 바 스프링

38 조향핸들이 무거운 원인이 아닌 것은?

① 타이어의 공기압이 부족하다.
② 조향기어 박스 내의 오일이 부족하다.
③ 타이어의 마멸이 과다하다.
④ 타이어의 공기압이 불균일하다.

39 자동차를 앞에서 보았을 때 앞바퀴와 수직선이 이루는 각도를 무엇이라고 하는가?

① 토 인
② 조향축 경사각
③ 캠 버
④ 캐스터

40 ABS(Anti-lock Break System)의 특징으로 옳지 않은 것은?

① 바퀴의 미끄러짐이 없는 제동 효과를 얻을 수 있다.
② 자동차의 방향 안정성, 조종성능을 확보해 준다.
③ 앞바퀴의 고착에 의한 조향 능력 상실을 방지한다.
④ 브레이크 슈, 드럼 혹은 타이어의 마모를 줄일 수 있다.

운송서비스

41 다음 중 서비스의 주요 특징에 대한 설명으로 거리가 먼 것은?

① 실체를 보거나 만질 수 없는 무형성이다.
② 제공한 즉시 사라지는 소멸성이다.
③ 서비스는 누릴 수 있고 소유할 수 있는 소유권이다.
④ 공급자에 의하여 제공됨과 동시에 고객에 의하여 소비되는 동시성이다.

42 긍정적인 이미지를 만들기 위한 3요소가 아닌 것은?

① 시선처리(눈빛)
② 음성관리(목소리)
③ 표정관리(미소)
④ 복장관리(외모)

43 다음 중 바람직한 시선으로 볼 수 없는 것은?

① 가급적 고객의 눈높이와 맞춘다.
② 한곳만 응시한다.
③ 자연스럽고 부드러운 시선으로 상대를 본다.
④ 눈동자는 항상 중앙에 위치하도록 한다.

44 호감받는 좋은 표정을 만드는 법으로 옳지 않은 것은?

① 얼굴 전체가 웃는 표정
② 입의 양 꼬리가 올라간 표정
③ 밝고 상쾌한 표정
④ 입은 가볍게 벌린다.

45 악수를 청하는 사람과 받는 사람에 대한 설명으로 옳지 않은 것은?

① 선배가 후배에게 청한다.
② 기혼자가 미혼자에게 청한다.
③ 여자가 남자에게 청한다.
④ 직원이 승객에게 청한다.

46 운전자의 용모에 대한 기본원칙이 아닌 것은?

① 품위 있게
② 자유롭게
③ 통일감 있게
④ 계절에 맞게

47 담배꽁초를 처리해야 하는 경우 주의사항으로 틀린 것은?

① 화장실 변기에 버린다.
② 차창 밖으로 버리지 않는다.
③ 꽁초를 버리고 발로 비비지 않는다.
④ 꽁초를 손가락으로 튕겨 버리지 않는다.

48 자신이 갖고 있는 제반 욕구를 충족하고 자신의 이상이나 자아를 직업을 통해 실현함으로써 인격의 완성을 기하는 직업의 의미는?

① 경제적 의미
② 사회적 의미
③ 심리적 의미
④ 문화적 의미

49 다음 중 말하는 자세로 올바른 태도가 아닌 것은?

① 상대방의 인격을 존중하고 배려하면서 공손한 말씨를 쓴다.
② 승객에 대한 친밀감과 존경의 마음으로 공손하게 말한다.
③ 정확한 발음과 적절한 속도, 사교적인 음성으로 시원스럽고 알기 쉽게 말한다.
④ 외국어나 전문용어를 적절히 사용하여 전문성을 높인다.

50 운전자가 가져야 할 기본자세가 아닌 것은?

① 교통법규의 이해와 준수
② 여유 있고 양보하는 마음으로 운전
③ 운전기술의 과신은 금물
④ 안전한 추측 운전

51 다음 중 삼가야 할 운전행동으로 옳지 않은 것은?

① 욕설이나 경쟁심의 운전 행위
② 시비, 다툼 등의 행위를 하여 다른 차량의 통행을 방해하는 행위
③ 음악이나 경음기 소리를 크게 하는 행위
④ 여유 있는 교차로 통과 행위

52 교통사고의 상황파악에 대한 설명으로 옳지 않은 것은?

① 피해자와 구조자 등에게 위험이 계속 발생하는지 파악
② 주변에 구조를 도울 사람이 있는지 파악
③ 가능한 한 혼자 해결해야 하므로 혼자 할 수 있는 일 파악
④ 생명이 위독한 환자가 누구인지 파악

53 교차로 부근에서 주로 발생하는 사고 유형은?

① 정면충돌사고
② 직각충돌사고
③ 추돌사고
④ 차량단독사고

54 운전자의 기본적 주의사항이 아닌 것은?

① 자동차 전용도로, 급한 경사길 등에서는 주정차 금지
② 정당한 사유 없이 지시된 운행경로 임의 변경운행 금지
③ 회사차량의 불필요한 단독운행 금지
④ 운전에 악영향을 미치는 음주 및 약물복용 후 운전 금지

55 **응급처치 시 지켜야 할 사항으로 잘못된 것은?**

① 본인의 신분을 제시한다.
② 처치원 자신의 안전을 확보한다.
③ 신속하게 환자에 대한 생사의 판정을 한다.
④ 원칙적으로 의약품은 사용하지 않는다.

56 **출혈이나 골절이 발생했을 경우의 응급처치로 잘못된 것은?**

① 출혈이 심하면 출혈 부위보다 심장에 가까운 부위를 지혈될 때까지 손수건 등으로 꽉 잡아맨다.
② 골절 부상자는 시간이 지나면 더 위험해질 수 있으므로, 구급차가 오기 전 응급처치를 하는 것이 좋다.
③ 가슴이나 배를 강하게 부딪쳐 내출혈이 발생하였을 때에는 쇼크증상이 발생할 수도 있다.
④ 쇼크증상이 발생한 경우, 부상자가 춥지 않도록 모포 등을 덮어 주지만 햇볕은 직접 쬐지 않도록 한다.

57 **쇼크의 응급처치에 관한 사항 중 옳지 않은 것은?**

① 기도 유지에 신경 쓰고 보온을 유지한다.
② 다리 부분을 15~25cm 정도 높여 준다.
③ 구토가 심한 경우에는 환자를 옆으로 눕게 한다.
④ 환자에게 따뜻한 물을 마시게 하여 위장기능을 회복시켜 준다.

58 **교통사고 발생 시 운전자의 조치사항으로 옳지 않은 것은?**

① 차도와 같이 위험한 장소일 때에는 안전장소로 대피시켜 2차 피해가 일어나지 않도록 한다.
② 승객이나 동승자가 있는 경우 동요하지 않도록 하고 혼란을 방지하기 위해 노력한다.
③ 야간에는 주변의 안전에 특히 주의를 기울이며 기민하게 구출을 유도한다.
④ 인명구출 시 가까이 있는 사람을 우선적으로 구조한다.

59 **다음 중 바람직한 직업관과 거리가 먼 것은?**

① 소명의식을 지닌 직업관
② 사회구성원으로서의 역할 지향적 직업관
③ 생계유지 수단적인 직업관
④ 미래 지향적 전문능력 중심의 직업관

60 **다음 중 교통사고를 없애고 밝고 쾌적한 교통사회를 이룩하기 위해서 가장 먼저 강조되어야 할 사항은?**

① 초보운전교육의 중요성
② 기능교육을 지도하는 기능강사의 도덕성과 전문성
③ 안전운전에 대한 지식과 기능 그리고 바람직한 태도를 갖춘 운전자의 육성
④ 운전에 필요한 건강한 신체와 건전한 정신의 배양

제 2 회 | 모의고사

교통 및 여객자동차 운수사업 법규

01 다음 중 중대한 교통사고라고 볼 수 없는 경우는?

① 전복(顚覆) 사고
② 화재가 발생한 사고
③ 사망자 2명 이상
④ 중상자 3명 이상

02 운전적성정밀검사에 대한 설명으로 틀린 것은?

① 운전적성정밀검사는 신규검사와 특별검사 및 자격유지검사로 구분한다.
② 운전적성정밀검사를 받은 날부터 3년 이내에 취업하지 아니한 자는 신규검사를 받는다.
③ 질병, 과로, 그 밖의 사유로 안전운전을 할 수 없다고 인정되는 자인지 알기 위하여 운송사업자가 신청한 자는 특별검사를 받는다.
④ 재취업일까지 무사고로 운전한 자도 신규검사를 받는다.

03 자격시험을 시행할 때에는 일시, 장소, 방법, 과목, 응시절차, 그 밖에 시험시행에 관한 사항을 시험시행일 며칠 전까지 공고하여야 하는가?

① 10일
② 15일
③ 20일
④ 30일

04 정당한 이유 없이 여객의 승차를 거부하거나 여객을 중도에서 내리게 할 때의 처분기준은?

① 1차 위반 – 자격정지 10일, 2차 위반 – 자격정지 15일
② 1차 위반 – 자격정지 10일, 2차 위반 – 자격정지 20일
③ 1차 위반 – 자격정지 15일, 2차 위반 – 자격정지 30일
④ 1차 위반 – 자격정지 10일, 2차 위반 – 자격정지 30일

05 일반택시(경형 · 소형)의 차령으로 올바른 것은?

① 3년 6개월
② 5년
③ 7년
④ 9년

06 택시운송사업의 발전에 관한 법률상 택시운송사업자가 택시운수종사자에게 부담시켜서는 안 되는 비용에 포함되지 않은 것은?

① 택시 구입비
② 유류비
③ 택시운수종사자의 고의 · 중과실로 인하여 발생한 비용
④ 세차비

07 다음 중 연석선, 안전표지나 그 밖의 이와 비슷한 공작물로써 그 경계를 표시하여 모든 차의 교통에 사용하도록 된 도로의 부분을 뜻하는 용어는?

① 도 로
② 차 로
③ 차 도
④ 차 선

08 다음 중 용어의 설명이 옳지 않은 것은?

① 앞지르기 – 차의 운전자가 앞서가는 다른 차의 옆을 지나서 그 차의 앞으로 나가는 것을 말한다.
② 횡단보도 – 보행자가 도로를 횡단할 수 있도록 안전표지로 표시한 도로의 부분을 말한다.
③ 안전지대 – 도로를 횡단하는 보행자나 통행하는 차마의 안전을 위하여 안전표지나 이와 비슷한 인공구조물로 표시한 도로의 부분을 말한다.
④ 일시정지 – 운전자가 차를 즉시 정지시킬 수 있는 정도의 느린 속도로 진행하는 것

09 보도와 차도의 구분이 없는 도로에 차로를 설치할 때에 그 도로의 양 측면에 설치하여야 하는 것은?

① 서행표시
② 주차금지표시
③ 정차 · 주차금지선
④ 길가장자리구역선

10 다음 앞지르기 방법 중 틀린 것은?

① 앞지르려고 하는 모든 차의 운전자는 반대방향의 교통과 앞차 앞쪽의 교통에도 주의를 기울여야 한다.
② 모든 차는 다른 차를 앞지르려면 앞차의 좌측을 통행하여야 한다.
③ 앞차가 다른 차를 앞지르고 있거나 앞지르려고 하는 경우에는 그 앞차를 앞지르지 못한다.
④ 경찰공무원의 지시에 따르고 있는 차를 앞지르기할 수 있다.

11 정차 및 주차금지에 관하여 틀린 것은?

① 교차로의 가장자리 또는 도로의 모퉁이로부터 5m 이내의 장소에는 정차 · 주차할 수 없다.
② 안전지대가 설치된 도로에서는 그 안전지대의 사방으로부터 각각 10m 이내의 장소에는 정차 · 주차할 수 없다.
③ 차도와 보도에 걸쳐 설치된 주차장법에 따른 노상주차장에 정차 · 주차할 수 없다.
④ 건널목의 가장자리 또는 횡단보도로부터 10m 이내의 장소에는 정차 · 주차할 수 없다.

12 밤에 도로를 통행하는 때에 켜야 하는 등화가 아닌 것은?

① 자동차의 전조등
② 자동차의 차폭등
③ 원동기장치자전거의 미등
④ 견인되는 차의 실내조명등

13 다음 위반사항 중 그 벌점이 30점에 해당되는 것은?

① 난폭운전으로 형사입건된 때
② 운전면허증 제시의무위반
③ 제한속도위반(20km/h 초과 40km/h 이하)
④ 지정차로 통행위반

14 음주운전으로 운전면허 취소처분 또는 정지처분을 받은 경우 감경사유에 해당하는 경우는?

① 3년 이상 교통봉사활동에 종사하고 있는 경우
② 혈중알코올농도가 0.1%를 초과하여 운전한 경우
③ 음주운전 중 인적피해 교통사고를 일으킨 경우
④ 경찰관의 음주측정요구에 불응하거나 도주한 때 또는 단속경찰관을 폭행한 경우

15 자동차 등의 운전 중 교통사고 경상자가 1명 발생한 경우 벌점은?

① 5점
② 10점
③ 15점
④ 20점

16 다음 중 범칙금납부통고서로 범칙금을 납부할 것을 통고할 수 있는 사람은?

① 경찰서장
② 관할 구청장
③ 시・도지사
④ 국토해양부장관

17 중앙선을 침범한 승용자동차의 운전자에 대한 범칙금액은?

① 3만원
② 5만원
③ 6만원
④ 9만원

18 혈중알코올농도가 0.2% 이상인 상태에서 자동차 등을 운전한 사람에 대한 벌칙은?

① 2년 이상 5년 이하의 징역이나 1,000만원 이상 2,000만원 이하의 벌금에 처한다.
② 3년 이하의 징역이나 2,000만원 이하의 벌금에 처한다.
③ 1년 이상 2년 이하의 징역이나 500만원 이상 1,000만원 이하의 벌금에 처한다.
④ 1년 이하의 징역이나 500만원 이하의 벌금에 처한다.

19 다음 안전표지의 명칭은?

① 중앙분리대시작표지
② 중앙분리대끝남표지
③ 양측방통행표지
④ 좌우합류지점표지

20 교통사고처리특례법에서 피해자가 명시한 의사에 반하여 공소를 제기할 수 없도록 규정한 경우는?

① 안전운전의무 불이행으로 사람을 다치게 한 경우
② 약물복용 운전으로 사람을 다치게 한 경우
③ 교통사고로 사람을 죽게 한 경우
④ 교통사고 야기 후 도주한 경우

안전운행

21 자동차 일상점검 시 운전석 점검 내용이 아닌 것은?

① 스티어링 휠(핸들) 및 운전석 조정
② 브레이크 페달 유격 및 작동 상태
③ 램프의 점멸 및 파손 상태
④ 와이퍼, 경음기, 후사경, 각종 계기 등의 상태

22 안전운전을 위한 필수적인 4단계 과정으로 옳은 것은?

① 확인 – 예측 – 판단 – 실행 과정
② 예측 – 확인 – 판단 – 실행 과정
③ 확인 – 판단 – 예측 – 실행 과정
④ 예측 – 판단 – 확인 – 실행 과정

23 다음 중 경제운전 방법으로 옳지 않은 것은?

① 가능한 한 평균속도로 주행하는 것이 매우 중요하다.
② 운전 중 관성주행이 가능할 때는 제동을 피하는 것이 좋다.
③ 기어변속은 가능한 빨리 고단 기어로 변속하는 것이 좋다.
④ 기어변속 시 반드시 순차적으로 해야 하는 것은 아니다.

24 알코올이 운전에 미치는 영향으로 옳지 않은 것은?

① 심리–운동 협응능력 저하
② 시력의 지각능력 저하
③ 주의 집중능력 감소
④ 정보 처리능력 증가

25 타인의 부정확한 행동과 악천후 등에 관계없이 사고를 미연에 방지하는 운전을 의미하는 것은?

① 방어운전
② 안전운전
③ 경제운전
④ 예측운전

26 시가지 도로에서의 방어운전을 위한 3가지 요인이 아닌 것은?

① 시인성
② 시 간
③ 속 도
④ 공간의 관리

27 오르막길에서의 안전운전 및 방어운전으로 옳지 않은 것은?

① 오르막길에서 부득이하게 앞지르기할 때에는 힘과 가속이 좋은 저단 기어를 사용하는 것이 안전하다.
② 정차해 있을 때에는 가급적 풋 브레이크와 핸드 브레이크를 동시에 사용한다.
③ 언덕길에서 올라가는 차량과 내려오는 차량이 교차할 때에는 올라오는 차량에게 양보하여야 한다.
④ 뒤로 미끄러지는 것을 방지하기 위해 정지하였다가 출발할 때에 핸드 브레이크를 사용하면 도움이 된다.

28 다음 중 사고율이 가장 높은 노면은?

① 건조노면
② 습윤노면
③ 눈 덮인 노면
④ 결빙노면

29 고속도로 2504 긴급견인 서비스 대상차량에 해당하지 않는 것은?

① 16인 이하 승합차
② 1.4ton 이하 화물차
③ 승용차
④ 버 스

30 봄철 안전운전 요령으로 틀린 것은?

① 시선을 멀리 두어 노면 상태 파악에 신경을 써야 한다.
② 변화하는 기후 조건에 잘 대처할 수 있도록 방어운전에 힘써야 한다.
③ 포근하고 화창한 기후조건은 보행자나 운전자의 집중력에 도움이 된다.
④ 운전자는 운행하는 도로 정보를 사전에 파악하도록 노력한다.

31 좌석안전띠 착용효과에 대한 설명으로 옳지 못한 것은?

① 운전자세가 바르게 되고 피로가 적어진다.
② 충돌로 문이 열려도 차 밖으로 튕겨 나가지 않는다.
③ 충돌 시 머리와 가슴에 충격이 적어진다.
④ 안전띠를 착용하면 1차적인 충격을 예방한다.

32 LPG의 주성분으로 맞는 것은?

① 프로판, 부탄
② 프로판, 메탄
③ 프로판, 부틸렌
④ 부탄, 프로필렌

33 LPG 용기에 있는 충전밸브의 색깔로 맞는 것은?

① 황 색
② 적 색
③ 녹 색
④ 백 색

34 LPG 자동차의 엔진시동 전 점검사항으로 틀린 것은?

① 충전밸브는 연료충전 시 이외에는 반드시 잠금 유무를 확인한다.
② 확인 후, 연료출구밸브는 반드시 완전히 열어 준다.
③ 비눗물을 사용하여 각 연결부로부터 누출이 있는가를 점검한다.
④ 누출을 확인할 때에는 반드시 엔진점화스위치를 'Off'로 놓는다.

35 차바퀴가 빠져 헛도는 경우에 대한 대처요령으로 옳지 않은 것은?

① 차바퀴가 빠져 헛돌 경우 엔진을 가속하여 탈출을 시도한다.
② 필요한 경우에는 납작한 돌, 나무 또는 타이어의 미끄럼을 방지할 수 있는 물건을 타이어 밑에 놓은 다음 자동차를 앞뒤로 반복하여 움직이면서 탈출을 시도한다.
③ 변속레버를 전진과 후진 위치로 번갈아 두면서 탈출을 시도한다.
④ 진흙이나 모래 속을 빠져나오기 위해 무리하게 엔진회전수를 올리면 엔진 손상, 과열, 변속기 손상 및 타이어가 손상될 수 있다.

36 자동차의 이상징후에 대한 설명으로 틀린 것은?

① 주행 전 차체에 이상한 진동이 느껴질 때는 엔진 고장이 원인이다.
② 엔진의 회전수에 비례하여 쇠가 마주치는 소리가 날 때 밸브간극 조정으로 고칠 수 있다.
③ 클러치를 밟고 있을 때 "달달달" 떨리는 소리와 함께 차체가 떨리고 있다면, 클러치 릴리스 베어링의 고장이다.
④ 비포장 도로의 울퉁불퉁한 험한 노면상을 달릴 때 "딱각딱각"하는 소리가 나면 조향장치의 고장이다.

37 배출 가스로 구분할 수 있는 고장으로 틀린 것은?

① 완전연소 시 배출가스의 색은 무색을 띤다.
② 엔진 안에서 다량의 엔진오일이 실린더 위로 올라와 연소되는 경우에는 백색을 띤다.
③ 배기가스가 검은색일 경우에는 초크 고장을 의심해볼 수 있다.
④ 농후한 혼합가스가 들어가 불완전 연소되는 경우에는 붉은 색을 띤다.

38 엔진 오버히트가 발생할 때의 안전조치로 옳지 않은 것은?

① 비상경고등을 작동한 후 도로 가장자리로 안전하게 이동하여 엔진시동을 끈 후 정차한다.
② 여름에는 에어컨, 겨울에는 히터의 작동을 중지시킨다.
③ 엔진을 충분히 냉각시킨 다음에는 냉각수의 양 점검, 라디에이터 호스 연결부위 등의 누수여부 등을 확인한다.
④ 특이한 사항이 없다면 냉각수를 보충하여 운행하고, 누수나 오버히트가 발생할 만한 문제가 발견된다면 점검을 받아야 한다.

39 자동차 머플러(소음기) 파이프에서 배출되는 가스의 색이 백색인 경우의 원인으로 옳지 않은 것은?

① 에어 클리너 엘리먼트의 막힘
② 헤드 개스킷 파손
③ 밸브의 오일 실 노후
④ 피스톤링의 마모

40 자동차검사 유효기간을 계산 방법으로 옳지 않은 것은?

① 자동차관리법에 따라 신규등록을 하는 경우 : 신규등록일부터 계산
② 자동차 종합검사기간 내에 종합검사를 신청하여 적합 판정을 받은 경우 : 직전 검사 유효기간 마지막 날의 다음 날부터 계산
③ 자동차 종합검사기간 전 또는 후에 종합검사를 신청하여 적합 판정을 받은 경우 : 종합검사를 받은 날부터 계산
④ 재검사 결과 적합 판정을 받은 경우 : 종합검사를 받은 것으로 보는 날의 다음 날부터 계산

운송서비스

41 서비스의 특징으로 옳지 않은 것은?

① 소유권
② 소멸성
③ 인적의존성
④ 동시성

42 승객만족을 위한 운전자의 기본예절로 틀린 것은?

① 항상 변함없는 진실한 마음으로 상대를 대한다.
② 자신의 입장을 이해시키고 존중한다.
③ 연장자는 사회의 선배로서 존중하고, 공사를 구분하여 예우한다.
④ 승객을 존중하는 것은 돈 한 푼 들이지 않고 승객을 접대하는 효과가 있다.

43 일반적인 승객의 욕구가 아닌 것은?

① 기억되고 싶어 하지 않는다.
② 관심을 받고 싶어 한다.
③ 편해지고 싶어 한다.
④ 존경받고 싶어 한다.

44 인사의 중요성을 설명한 것으로 틀린 것은?

① 인사는 서비스의 주요 기법이다.
② 인사는 실천하기 쉬운 행동양식이다.
③ 인사는 고객에 대한 마음가짐의 표현이다.
④ 인사는 고객에 대한 서비스 정신의 표시이다.

45 다음 인사의 기본자세로 올바르지 않은 것은?

① 고개 : 반듯하게 들되, 턱을 내밀지 않고 자연스럽게 당긴다.
② 손 : 남자는 가볍게 쥔 주먹을 바지 재봉선에 자연스럽게 붙이고, 주머니에 넣고 하는 일이 없도록 한다.
③ 발 : 발은 어깨너비로 벌리고, 양발의 각도는 45° 정도를 유지한다.
④ 음성 : 적당한 크기와 속도로 자연스럽게 말한다.

46 **올바른 인사방법이 아닌 것은?**

① 인사를 하기 전에 상대방의 눈을 바라본다.
② 아랫사람이 먼저 할 때까지 기다리는 것이 좋다.
③ 머리와 상체는 일직선이 되도록 한다.
④ 고개는 반듯하게 들고, 턱을 내밀지 않고 자연스럽게 당긴다.

47 **마음속의 감정이나 정서 따위의 심리 상태가 얼굴에 나타난 모습은?**

① 표 정
② 이미지
③ 첫인상
④ 이미지

48 **고객을 응대하는 자세가 아닌 것은?**

① 항상 긍정적으로 생각한다.
② 고객의 입장에서 생각한다.
③ 공사를 구분하고 공평하게 대한다.
④ 자신감을 버린다.

49 **대화를 나눌 때의 표정 및 예절로 말하는 사람의 입장에서 옳지 않은 것은?**

① 듣는 사람을 정면으로 바라보고 말한다.
② 자연스런 몸짓이나 손짓을 최대한 사용한다.
③ 쉬운 용어를 사용하고, 경어를 사용하며, 말끝을 흐리지 않는다.
④ 상대방 눈을 부드럽게 주시하고, 똑바른 자세를 취한다.

50 **다음 중 개인택시운송사업자가 게시해야 할 사항이 아닌 것은?**

① 회사명
② 자동차번호
③ 운전자 성명
④ 불편사항 연락처

51 **모든 운전자의 준수사항으로 틀린 것은?**

① 운전자는 안전을 확인하지 아니하고 차의 문을 열거나 내려서는 아니 된다.
② 운전자는 정당한 사유 없이 다른 사람에게 피해를 주는 소음을 발생시키는 방법으로 자동차 등을 급히 출발시켜서는 안 된다.
③ 도로에서 자동차 등을 세워둔 채로 시비・다툼 등의 행위를 함으로써 다른 차마의 통행을 방해하여서는 안 된다.
④ 어떤 경우에도 휴대용 전화를 사용해서는 안 된다.

52 운수종사자의 기본적인 주의사항이 아닌 것은?

① 급한 경사길이나 자동차 전용도로에서 주정차 금지
② 운전에 악영향을 주는 음주·약물복용 후 운전 금지
③ 차를 청결하게 관리하여 쾌적한 운행환경 유지 금지
④ 승차 지시된 운전자 이외의 타인에게 대리운전 금지

53 운전자의 사명과 자세로 잘못된 설명은?

① 질서는 무의식적이라기보다 의식적으로 지켜야 한다.
② 남의 생명도 내 생명처럼 존중한다.
③ 운전자는 공인이라는 자각이 필요하다.
④ 적재된 화물의 안전에 만전을 기하여 난폭운전이나 사고로 적재물이 손상되지 않도록 하여야 한다.

54 운전자가 지켜야 하는 행동으로 옳지 않은 것은?

① 신호등이 없는 횡단보도를 통행하고 있는 보행자가 있으면 일시정지하여 보행자를 보호한다.
② 보행자가 통행하고 있는 횡단보도 내로 차가 진입하지 않도록 정지선을 지킨다.
③ 방향지시등을 작동시킨 후 차로를 변경하고 있는 차가 있는 경우에는 속도를 줄여 진입이 원활하도록 도와준다.
④ 앞 신호에 따라 진행하고 있는 차가 있는 경우에는 곧바로 따라 통과한다.

55 교통사고조사규칙에 따른 교통사고의 용어에 대한 설명으로 옳지 않은 것은?

① 충돌사고는 차가 반대방향 또는 측방에서 진입하여 그 차의 정면으로 다른 차의 정면 또는 측면을 충격한 것을 말한다.
② 접촉사고는 2대 이상의 차가 동일방향으로 주행 중 뒤차가 앞차의 후면을 충격한 것이다.
③ 전도사고는 차가 주행 중 도로 또는 도로 이외의 장소에 차체의 측면이 지면에 접하고 있는 상태이다.
④ 추락사고는 차가 도로변 절벽 또는 교량 등 높은 곳에서 떨어진 사고이다.

56 응급처치를 할 때의 실시범위와 준수사항에 대한 설명으로 옳지 않은 것은?

① 우선적으로 생사의 판정을 해야 한다.
② 원칙적으로 의약품의 사용을 피한다.
③ 의사의 치료를 받기 전까지의 응급처치로 끝난다.
④ 의사에게 응급처치 내용을 설명하고 인계한 후에는 모든 것을 의사의 지시에 따른다.

57 무의식 환자의 응급처치 우선순위로 옳은 것은?

① 기도 확보 – 순환 – 호흡 유지 – 약물요법
② 기도 확보 – 호흡 유지 – 순환 – 약물요법
③ 호흡 유지 – 기도 확보 – 순환 – 약물요법
④ 호흡 유지 – 순환 – 기도 확보 – 약물요법

58 **교통사고로 쓰러져 있는 환자에게 가장 먼저 해야 할 것은?**

① 환자의 의식 여부를 확인한다.
② 인공호흡을 실시한다.
③ 환자의 목을 뒤로 젖히고 기도를 개방한다.
④ 환자의 출혈, 골절 등 부상정도를 확인한다.

59 **교통사고 발생 시 운전자의 조치사항 중 보험회사나 경찰 등에 연락할 사항과 거리가 먼 것은?**

① 부상정도 및 부상자수
② 회사명
③ 운전자 성명
④ 부상자 주민등록번호

60 **교통사고 발생 시 조치로 옳지 않은 것은?**

① 교통사고를 발생시켰을 때에는 현장에서의 인명구호, 관할경찰서에 신고 등을 먼저 한다
② 사고발생 경위는 중요도를 따져 중요한 순서대로 적어 회사에 보고한다.
③ 사고처리 결과를 개인적으로 통보를 받아도, 회사에 보고한 후 지시에 따라 조치한다.
④ 회사손실과 직결되는 보상업무는 일반적으로 수행 불가하다.

제3회 | 모의고사

교통 및 여객자동차 운수사업 법규

01 다음은 운전적성정밀검사의 신규검사와 특별검사에 대한 설명이다. 신규검사에 해당하지 않는 경우 무엇인가?

① 신규로 여객자동차운송사업용 자동차를 운전하려는 자
② 여객자동차 운송사업용 자동차의 운전업무에 종사하다가 퇴직한 자로서 신규검사를 받은 날부터 3년이 지난 후 재취업하려는 자
③ 중상 이상의 사상(死傷)사고를 일으킨 자
④ 신규검사의 적합판정을 받은 자로서 운전적성정밀검사를 받은 날부터 3년 이내에 취업하지 아니한 자

02 택시운전자격시험에 응시할 수 없는 경우로 올바른 것은?

① 택시운전자격이 취소된 날부터 1년이 지나지 아니한 자
② 택시운전자격이 취소된 날부터 2년이 지나지 아니한 자
③ 택시운전자격이 취소된 날부터 3년이 지나지 아니한 자
④ 택시운전자격이 취소된 날부터 5년이 지나지 아니한 자

03 일정한 장소에서 장시간 정차하여 여객을 유치하는 행위 2차 위반 시 행정처분 기준은?

① 자격취소
② 자격정지 10일
③ 자격정지 20일
④ 자격정지 30일

04 새로 채용된 운수종사자의 교육내용이 아닌 사항은?

① 여객자동차운수사업 관계 법령 및 도로교통 관계 법령
② 서비스의 자세 및 책임경영의 확립
③ 교통안전수칙
④ 응급처치의 방법

05 개인택시(배기량 2,400cc 이상)의 차령으로 올바른 것은?

① 3년 6개월
② 5년
③ 6년
④ 9년

06 **택시운송사업의 발전에 관한 법률상 택시운수종사자 소정근로시간 산정 특례에 따라 일반택시운송사업 택시운수종사자의 근로시간을 1주간 몇 시간 이상이 되도록 정하여야 하는가?**

① 40시간
② 45시간
③ 48시간
④ 50시간

07 **신호기의 정의 중 가장 옳은 것은?**

① 교차로에서 볼 수 있는 모든 등화
② 주의 · 규제 · 지시 등을 표시한 표지판
③ 도로의 바닥에 표시된 기호나 문자, 선 등의 표지
④ 도로 교통의 신호를 위하여 사람이나 전기의 힘에 의하여 조작되는 장치

08 **다음 중 차로의 설명으로 옳은 것은?**

① 차마가 한 줄로 도로의 정하여진 부분을 통행하도록 차선으로 구분한 차도의 부분
② 차로와 차로를 구분하기 위하여 그 경계지점을 안전표지로 표시한 선
③ 연석선, 안전표지나 그와 비슷한 인공구조물로 경계를 표시하여 보행자가 통행할 수 있도록 한 도로의 부분
④ 자동차만 다닐 수 있도록 설치된 도로

09 **차로의 너비보다 넓은 차가 그 차로를 통행하기 위해서는 누구의 허가를 받아야 하는가?**

① 출발지를 관할하는 지방경찰청장
② 도착지를 관할하는 지방경찰청장
③ 출발지를 관할하는 경찰서장
④ 도착지를 관할하는 경찰서장

10 **다음 중 자동차가 앞지르기를 할 수 없는 장소로 틀린 것은?**

① 편도 2차로 도로
② 도로의 구부러진 곳
③ 비탈길의 고갯마루 부근 또는 가파른 비탈길의 내리막
④ 교차로, 터널 안 또는 다리 위

11 **다음 중 정차가 금지되는 곳이 아닌 것은?**

① 교차로 · 횡단보도 또는 건널목
② 소방용 방화물통으로부터 20m 이내의 곳
③ 교차로의 가장자리로부터 5m 이내의 곳
④ 안전지대의 사방으로부터 각각 10m 이내의 곳

12 운전면허의 행정처분기준에 관한 다음 설명 중 옳지 않은 것은?

① 처분벌점이 40점 미만인 경우에, 최종의 위반일 또는 사고일로부터 위반 및 사고 없이 1년이 경과한 때에는 그 처분벌점은 소멸한다.
② 법규위반 또는 교통사고로 인한 벌점은 행정처분기준을 적용하고자 하는 당해 위반 또는 사고가 있었던 날을 기준으로 하여 과거 3년간의 모든 벌점을 누산하여 관리한다.
③ 운전면허 정지처분은 1회의 위반·사고로 인한 벌점 또는 처분벌점이 30점 이상이 된 때부터 결정하여 집행하되, 원칙적으로 1점을 1일로 계산하여 집행한다.
④ 인적 피해 있는 교통사고를 야기하고 도주한 차량을 검거하거나 신고하여 검거하게 한 운전자에게는 검거 또는 신고할 때마다 40점의 특혜점수를 부여하여 기간에 관계없이 그 운전자가 정지 또는 취소 처분을 받게 될 경우 누산점수에서 이를 공제한다.

13 3년간 누산점수가 몇 점 이상이면 그 면허를 취소하여야 하는가?

① 121점 이상
② 151점 이상
③ 201점 이상
④ 271점 이상

14 술에 취한 상태의 기준을 넘어서 운전한 때(혈중알코올농도 0.03% 이상 0.08% 미만) 벌점은?

① 90점
② 100점
③ 110점
④ 120점

15 자동차 등의 운전 중 교통사고 중상자가 2명 발생한 경우 벌점은?

① 15점
② 30점
③ 40점
④ 90점

16 승용자동차의 좌석안전띠 미착용 위반 시 범칙금액은?

① 5만원
② 4만원
③ 3만원
④ 2만원

17 교통사고 발생 시의 조치를 하지 아니한 사람에 대한 벌칙은?

① 5년 이하의 징역이나 3,000만원 이하의 벌금
② 5년 이하의 징역이나 1,500만원 이하의 벌금
③ 3년 이하의 징역이나 1,000만원 이하의 벌금
④ 1년 이하의 징역이나 1,000만원 이하의 벌금

18 다음 안전표지의 명칭은?

① 전방장애물표지
② 위험표지
③ 회전형교차로표지
④ 좌로굽은도로표지

19 다음 안전표지의 명칭은?

① 오르막경사표지
② 내리막경사표지
③ 노면고르지못함표지
④ 터널표지

20 교통사고처리 특례법에 관한 설명 중 틀린 것은?

① 가해 운전자가 종합 보험에 가입된 경우 피해자와 합의한 것으로 본다.
② 피해자와 합의를 하였더라도 처벌되는 경우도 있다.
③ 물적피해를 낸 운전자는 피해자와 합의하면 공소를 제기하지 않는다.
④ 어떤 경우에도 피해자가 원하지 않으면 가해 운전자는 처벌받지 않는다.

안전운행

21 자동차의 일상점검 시 주의해야 할 사항이 아닌 것은?

① 경사가 없는 평탄한 장소에서 실시한다.
② 변속레버는 P(주차)에 위치시킨 후 주차 브레이크를 풀어 놓는다.
③ 엔진 점검 시에는 반드시 엔진을 끄고, 열이 식은 다음에 실시한다.
④ 연료장치나 배터리 부근에서는 불꽃을 멀리 한다.

22 엔진오일 교환 시 주의사항이 아닌 것은?

① 엔진 길들이기 과정인 주행거리 1,000km에서는 반드시 교환한다.
② 엔진오일 필터는 엔진오일을 2~3회 교환할 때 한 번 정도로 교환한다.
③ 한 번에 많은 양을 넣기보다는 양을 확인하면서 조금씩 넣는다.
④ 엔진오일 필터는 엔진오일에 불순물이 함유되지 않도록 하기 위해 정기적으로 교환한다.

23 운전피로의 진행과정으로 잘못 설명된 것은?

① 피로의 정도가 지나치면 과로가 되고 정상적인 운전이 곤란해진다.
② 피로 또는 과로 상태에서는 졸음운전이 발생될 수 있고 이는 교통사고로 이어질 수 있다.
③ 연속운전은 일시적으로 만성피로를 낳게 한다.
④ 매일 시간상 또는 거리상으로 일정 수준 이상의 무리한 운전을 하면 만성피로를 초래한다.

24 다음 중 설명이 옳지 않은 것은?

① 공주거리는 운전자가 위험을 느끼고 브레이크를 밟았을 때 자동차가 정지될 때까지 주행한 거리를 말한다.
② 제동거리는 제동되기 시작하여 정지될 때까지 주행한 거리를 말한다.
③ 안전거리는 같은 방향으로 가고 있는 앞차가 갑자기 정지하게 되는 경우 그 앞차와의 추돌을 피할 수 있는 필요한 거리로 정지거리보다 약간 긴 정도의 거리를 말한다.
④ 정지거리는 공주거리와 제동거리를 합한 거리이다.

25 자동차 운행 시 브레이크 조작요령으로 틀린 것은?

① 브레이크를 밟을 때 2~3회에 나누어 밟는다.
② 내리막길에서 계속 풋 브레이크를 작동시키지 않는다.
③ 고속 주행 상태에서 엔진 브레이크를 사용할 때에는 주행 중인 단보다 한 단계 낮은 저단으로 변속하면서 서서히 속도를 줄인다.
④ 내리막길에서 운행할 때 기어를 중립에 두고 탄력 운행을 한다.

26 교차로 황색신호에서의 방어운전으로 옳지 않은 것은?

① 황색신호일 때 모든 차는 정지선 바로 앞에 정지하여야 한다.
② 이미 교차로 안으로 진입하여 있을 때 황색신호로 변경된 경우에는 신속히 교차로 밖으로 빠져나간다.
③ 가급적 딜레마 구간에 도달하기 전에 속도를 높여 신호가 변경되어도 빨리 통과할 수 있도록 한다.
④ 황색신호일 때에는 멈출 수 있도록 감속하여 접근한다.

27 앞지르기에 대한 설명으로 틀린 것은?

① 앞지르기에 필요한 속도가 그 도로의 최고속도 범위 이내일 때 앞지르기를 시도한다.
② 앞지르기는 앞차보다 빠른 속도로 가속하여 상당한 거리를 진행해야 하므로 앞지르기할 때의 가속도에 따른 위험이 수반된다.
③ 앞지르기는 필연적으로 진로변경을 수반한다.
④ 진로변경은 동일한 차로로 진로변경 없이 진행하는 경우에 비하여 사고의 위험이 낮다.

28 철길 건널목에서의 방어운전에 대한 설명으로 옳지 않은 것은?

① 철길 건널목에 접근할 때는 속도를 줄여 접근한다.
② 일시정지 후에는 철도 좌우를 확인한다.
③ 건널목 건너편의 여유 공간을 확인하고 통과한다.
④ 건널목을 통과할 때는 기어를 변속한다.

29 터널 내 화재 시 행동요령으로 옳지 않은 것은?

① 터널 밖으로 신속히 이동한다.
② 터널에 설치된 소화기나 소화전으로 조기진화를 시도한다.
③ 터널관리소나 119로 구조요청을 한다.
④ 조기진화가 불가능할 경우, 코・입을 막고 몸을 낮춘 자세로 구조를 기다린다.

30 여름철 안전 운전 요령으로 틀린 것은?

① 출발하기 전에 창문을 열어 실내의 더운 공기를 환기시킨다.
② 에어컨을 최대로 켜서 실내의 더운 공기가 빠져나간 다음에 운행하는 것이 좋다.
③ 주행 중 갑자기 시동이 꺼졌을 때는 운전을 멈추고 견인한다.
④ 비에 젖은 도로를 주행할 때는 미끄럼에 의한 사고 가능성이 있으므로 감속 운행해야 한다.

31 다음 중 천연가스의 형태별 종류에 대한 설명으로 옳지 않은 것은?

① CNG는 액화석유가스이다.
② CNG는 압축천연가스이다.
③ LNG는 천연가스를 액화시켜 부피를 현저하게 작게 만든 것이다.
④ LNG는 저장, 운반 등 사용상의 효용성이 높다.

32 LPG 연료탱크의 구성으로 옳지 않은 것은?

① 연료 차단밸브는 연료가 과충전되는 것을 방지하는 기능을 한다.
② 충전밸브는 LPG 연료 충전 시에 사용되며, 과충전 방지 밸브와 일체형으로 구성되어 있다.
③ 연료 차단 밸브는 연료를 수동으로 강제 차단하는 밸브이다.
④ 연료 차단 밸브는 정비 시나 비상시에 차단하여야 한다.

33 LPG 자동차의 충전방법으로 틀린 것은?

① 먼저, 시동을 끈다.
② 충전밸브를 잠근 후, 출구밸브를 연다.
③ LPG 주입 뚜껑을 열어, 원터치밸브를 통해 LPG를 주입시킨다.
④ 주입이 끝난 다음, LPG 주입뚜껑을 닫는다.

34 험한 도로 주행 시 자동차 조작요령으로 옳지 않은 것은?

① 요철이 심한 도로에서 감속 주행하여 차체의 아래 부분이 충격을 받지 않도록 주의한다.
② 눈길, 진흙길, 모랫길인 경우에는 1단 기어를 사용하여 충분히 가속한다.
③ 제동할 때에는 자동차가 멈출 때까지 브레이크 페달을 펌프질 하듯이 가볍게 위아래로 밟아준다.
④ 비포장도로와 같은 험한 도로를 주행할 때에는 저단기어로 가속페달을 일정하게 밟고 기어변속이나 가속은 피한다.

35 브레이크 제동효과가 나쁠 경우 추정되는 원인으로 옳은 것은?

① 좌우 타이어 공기압이 다르다.
② 타이어가 편마모되어 있다.
③ 좌우 라이닝 간극이 다르다.
④ 공기누설이 있다.

36 베이퍼 록 현상이 발생하는 주요 이유로 옳지 않은 것은?

① 불량 브레이크 오일을 사용하였을 때
② 브레이크 오일 변질로 인해 비등점이 저하하였을 때
③ 긴 내리막길에서 계속 브레이크를 사용하여 브레이크 드럼이 과열되었을 때
④ 브레이크 드럼과 라이닝 간격이 커서 드럼이 과열되었을 때

37 현재 가솔린엔진의 4행정기관의 사이클 순서로 적당한 것은?

① 흡입 → 폭발 → 배기 → 압축
② 흡입 → 압축 → 배기 → 폭발
③ 흡입 → 압축 → 폭발 → 배기
④ 흡입 → 폭발 → 압축 → 배기

38 배터리의 점검 및 방전 시 응급조치 방법이다. 잘못된 것은?

① 점프 케이블이 없는 경우 자동변속기 차량은 밀어서 시동을 건다.
② 시동을 걸었을 때 “딱딱” 소리만 나면서 시동이 안 걸리면 방전된 것이다.
③ 항상 ⊖케이블을 먼저 분리한다.
④ 배터리 케이블을 분리해서 배터리 단자와 케이블의 접촉부위를 확인한다.

39 클러치 차단이 잘 안 되는 원인이 아닌 것은?

① 클러치 페달의 자유간극이 크다.
② 릴리스 베어링이 손상되었거나 파손되었다.
③ 클러치 디스크의 흔들림이 크다.
④ 클러치 스프링의 장력이 약하다.

40 사업용 자동차가 책임보험이나 책임공제에 가입하지 않은 기간이 10일 이내인 경우 과태료는?

① 1만원
② 2만원
③ 3만원
④ 5만원

운송서비스

41 서비스는 사람에 의해 생산되어 사람에게 제공되므로 똑같은 서비스라 하더라도 그것을 행하는 사람에 따라 품질의 차이가 발생하기 쉬운 서비스의 특징은?

① 무형성
② 인적의존성
③ 변동성
④ 다양성

42 인사에 대한 설명으로 옳지 않은 것은?

① 목례, 보통례, 정중례로 구분할 수 있다.
② 승객 앞에 섰을 때는 목례한다.
③ 밝고 부드러운 미소를 짓는다.
④ 상대방을 존중하는 마음을 눈빛에 담아 인사한다.

43 인사의 기본자세로 잘못 지적된 것은?

① 표정 – 밝고 부드럽고 온화한 표정을 짓는다.
③ 시선 – 상대의 눈이나 미간을 부드럽게 응시한다.
③ 정중한 인사의 각도 – 30° 정도의 고개를 숙인다.
④ 가슴, 허리, 무릎 등 – 자연스럽게 곧게 펴서 일직선이 되도록 한다.

44 다음 중 표정의 중요성이 아닌 것은?

① 표정은 첫인상을 크게 좌우한다.
② 첫인상은 대면 직후 결정되는 경우가 많다.
③ 첫인상이 좋아야 그 이후의 대면이 호감 있게 이루어질 수 있다.
④ 밝은 표정과 미소는 자신보다는 상대방을 위하는 것이라 생각한다.

45 **대화할 때 말하는 입장에서의 주의사항으로 옳지 않은 것은?**

① 이해를 돕기 위해 전문적인 용어나 외래어는 충분히 사용한다.
② 손아랫사람이라 할지라도 농담은 조심스럽게 한다.
③ 일부를 보고, 전체를 속단하여 말하지 않는다.
④ 상대방의 약점을 잡아 말하는 것은 피한다.

46 **대화를 나눌 때의 표정 및 예절로 듣는 입장에서 옳지 않은 것은?**

① 상대방을 정면으로 바라보며 경청한다.
② 복창을 해주거나 맞장구를 치며 경청한다.
③ 손이나 다리를 꼬거나 고개를 끄덕끄덕하지 않는다.
④ 말하는 사람의 입장에서 생각하는 마음을 가진다.

47 **대인관계에서 악수에 대한 설명으로 옳지 않은 것은?**

① 악수하는 도중 상대방의 시선을 피하거나 다른 곳을 응시하여서는 아니 된다
② 악수를 할 경우에는 상사가 아랫사람에게 먼저 손을 내민다.
③ 상사가 악수를 청할 경우 아랫사람은 먼저 가볍게 목례를 한 후 오른손을 내민다.
④ 악수는 상대방과의 친밀감의 표현으로 악수하는 손을 꽉 잡고 흔드는 것이 좋다.

48 **다음 중 잘못된 직업관은?**

① 소명의식을 지닌 직업관
② 지위 지향적 직업관
③ 사회구성원으로서 역할 지향적 직업관
④ 미래 지향적 전문능력 중심의 직업관

49 **운수종사자의 준수사항이 아닌 것은?**

① 운행 시 복장은 운수종사자의 편의에 따른다.
② 관계 공무원으로부터 운전면허증 제시 요구를 받으면 즉시 이에 따라야 한다.
③ 질병 · 피로 · 음주로 운전을 할 수 없을 때에는 해당 운송사업자에게 알려야 한다.
④ 사업용 자동차의 안전설비 및 등화장치 등의 이상 유무를 확인해야 한다.

50 **인성과 습관에 관한 설명으로 틀린 것은?**

① 사람의 성격은 운전에 지대한 영향을 미친다.
② 잘못된 습관은 교통사고로 이어진다.
③ 나쁜 운전습관은 고치기 쉽다.
④ 습관은 후천적으로 형성되는 조건반사 현상이다.

51 운전자가 삼가야 할 운전행동이 아닌 것은?

① 방향지시등 작동 후 차로변경
② 지그재그 운전
③ 운행 중에 갑자기 끼어들기
④ 운행 중에 오디오 볼륨 크게 작동

52 운행 중 운전자의 주의사항으로 옳지 않은 것은?

① 주정차 후 출발할 때에는 차량주변의 보행자, 승하차자 등을 확인한 후 운행한다.
② 보행자, 이륜차, 자전거 등과 나란히 진행할 때에는 일단 정지하여 안전거리를 유지하면서 운행한다.
③ 후진할 때에는 유도요원을 배치하여 수신호에 따라 안전하게 후진한다.
④ 뒤따라오는 차량이 추월하는 경우에는 감속 등을 통해 양보운전을 한다.

53 운전자가 지켜야 할 올바른 행동이 아닌 것은?

① 교통이 정체할 때는 갓길로 통행한다.
② 교차로 전방의 정체로 통과하지 못할 때는 진입하지 않고 대기한다.
③ 앞 신호에 따라 진행하고 있는 차가 있는 경우에는 안전하게 통과하는 것을 확인하고 출발한다.
④ 야간에 커브 길을 진입하기 전에 상향등을 깜박거려 반대차로를 주행하고 있는 차에게 자신의 진입을 알린다.

54 차량고장 시 운전자의 조치사항으로 옳지 않은 것은?

① 차에서 내릴 때는 옆 차로를 잘 살핀 후 내린다.
② 인명사고를 막기 위해 그 자리에 차를 두고 안전한 곳으로 피한다.
③ 야간에는 밝은 색 옷, 야광이 되는 옷을 입는다.
④ 비상주차대에 정차 시 타 차량의 주행에 지장이 없도록 한다.

55 재난발생 시 운전자의 조치사항이 아닌 것은?

① 운전자의 안전조치를 우선적으로 한다.
② 응급환자, 노인, 어린이를 우선적으로 대피시킨다.
③ 운행 중 재난 발생 시 차량을 안전지대로 이동하고 회사에 보고한다.
④ 장시간 고립 시 한국도로공사 및 인근 유관기관 등에 협조를 요청한다.

56 성인을 대상으로 심폐소생술을 할 때 가슴압박과 인공호흡의 비율은?

① 30 : 1
② 30 : 2
③ 20 : 2
④ 25 : 1

57 **응급처치상의 의무와 과실에 대한 설명으로 잘못된 것은?**

① 법적으로 인정된 치료 기준 내에서 응급처치를 실시하다 부상자의 상태를 악화시켰을 때를 말한다.
② 법적인 의무가 없는 한 응급처치를 반드시 할 필요는 없다.
③ 응급처치 교육을 받은 사람이 응급처치를 하지 않았을 경우 자신의 본분을 다하지 않은 것으로 본다.
④ 부상이나 손해를 야기하는 것에는 신체적 부상 이외에도 육체적, 정신적 고통, 의료비용 등의 금전적 손실, 노동력 상실이 포함된다.

58 **교통사고조사규칙(경찰청 훈령)에 따른 대형사고 요건과 거리가 먼 것은?**

① 3명 이상이 사망한 사고
② 교통사고 발생일로부터 30일 이내에 사망한 사고
③ 20명 이상의 사상자가 발생한 사고
④ 중상자 5명 이상이 발생한 사고

59 **다음 중 교통사고 발생 시 가장 먼저 해야 할 일은?**

① 부상자 구조
② 경찰서에 신고
③ 사망자 시신 보존
④ 보험회사에 신고

60 **다음 중 교통사고 현장에서 부상자 구호 조치로 잘못된 것은?**

① 부상자가 있을 때는 가까운 병원으로 이송하거나 구급 요원이 도착할 때까지 응급처치를 한다.
② 의식이 없는 부상자는 기도가 막히지 않도록 한다.
③ 호흡이 정지되었을 때는 심장마사지 등 인공호흡을 한다.
④ 출혈이 있을 때는 잘못 다루면 위험하므로 원 상태로 두고 구급차를 기다려야 한다.

정답 및 해설

정답 ☆ 확인 제1회 모의고사 문제 p. 49

01	④	02	②	03	④	04	①	05	④	06	②	07	②	08	④	09	③	10	④
11	②	12	③	13	②	14	④	15	③	16	①	17	④	18	④	19	③	20	②
21	④	22	①	23	④	24	④	25	①	26	④	27	②	28	②	29	③	30	①
31	①	32	①	33	②	34	④	35	②	36	②	37	②	38	④	39	③	40	④
41	③	42	④	43	②	44	④	45	④	46	②	47	①	48	③	49	④	50	④
51	④	52	③	53	③	54	③	55	③	56	②	57	④	58	④	59	③	60	③

01 일반택시운송사업 및 개인택시운송사업의 구분은 국토교통부령으로 정하는 바에 따라 경형・소형・중형・대형・모범형 및 고급형 등으로 구분한다(여객자동차 운수사업법 시행령 제3조제2호다목 후단 및 라목 후단).

02 20세 이상으로서 다음의 어느 하나에 해당하는 요건을 갖출 것(여객자동차 운수사업법 시행규칙 제49조제1항 제2호)

① 해당 사업용 자동차 운전경력이 1년 이상일 것
② 국토교통부장관 또는 지방자치단체의 장이 지정하여 고시하는 버스운전자 양성기관에서 교육과정을 이수할 것
③ 운전을 직무로 하는 군인이나 의무경찰대원으로서 다음의 요건을 모두 갖출 것
  ㉠ 해당 사업용 자동차에 해당하는 차량의 운전경력 등 국토교통부장관이 정하여 고시하는 요건을 갖출 것
  ㉡ 소속 기관의 장의 추천을 받을 것

03 택시운전 자격시험의 실시방법, 시험과목 및 합격자 결정(여객자동차 운수사업법 시행규칙 제52조제2호)

① 실시방법 : 필기시험
② 시험과목 : 교통 및 운수관련 법규, 안전운행 요령, 운송서비스 및 지리(地理)에 관한 사항
③ 합격자 결정 : 필기시험 총점의 6할 이상을 얻을 것

04 운수종사자가 퇴직하는 경우에는 본인의 운전자격증명을 운송사업자에게 반납하여야 하며, 운송사업자는 지체없이 해당 운전자격증명 발급기관에 그 운전자격증명을 제출하여야 한다(여객자동차 운수사업법 시행규칙 제57조제2항).

05 택시운전자격증을 타인에게 대여한 경우 자격이 취소된다(여객자동차 운수사업법 시행규칙 [별표 5]).

06 사업용 자동차의 차령과 그 연장요건(여객자동차 운수사업법 시행령 [별표 2])

차 종	구 분	차 령
승용자동차(여객자동차 운송사업용)	개인택시(경형・소형)	5년
	개인택시(배기량 2,400cc 미만)	7년
	개인택시(배기량 2,400cc 이상)	9년
	개인택시[전기자동차(「환경친화적 자동차의 개발 및 보급 촉진에 관한 법률」 제2조제3호에 따른 전기자동차를 말함)]	9년

07 택시운수종사자의 준수사항 등(택시운송사업의 발전에 관한 법률 제16조제1항)
택시운수종사자는 다음의 어느 하나에 해당하는 행위를 하여서는 아니 된다.
① 정당한 사유 없이 여객의 승차를 거부하거나 여객을 중도에서 내리게 하는 행위
② 부당한 운임 또는 요금을 받는 행위
③ 여객을 합승하도록 하는 행위
④ 여객의 요구에도 불구하고 영수증 발급 또는 신용카드결제에 응하지 아니하는 행위(영수증발급기 및 신용카드결제기가 설치되어 있는 경우에 한정)

08 자동차의 정의(도로교통법 제2조제18호)
철길이나 가설된 선을 이용하지 아니하고 원동기를 사용하여 운전되는 차(견인되는 자동차도 자동차의 일부로 본다)로서 다음의 차를 말한다.
① 「자동차관리법」 제3조에 따른 다음의 자동차. 다만, 원동기장치자전거는 제외한다.
㉠ 승용자동차
㉡ 승합자동차
㉢ 화물자동차
㉣ 특수자동차
㉤ 이륜자동차
② 「건설기계관리법」 제26조제1항 단서에 따른 건설기계

09 편도 2차로 이상의 도로에서는 매시 80킬로미터 이내이다(도로교통법 시행규칙 제19조제1항제1호).

10 ④의 경우 모든 차 또는 노면전차의 운전자가 일시정지하여야 하는 곳에 해당한다(도로교통법 제31조제2항제1호).
모든 차 또는 노면전차의 운전자는 다음의 어느 하나에 해당하는 곳에서는 서행하여야 한다(도로교통법 제31조제1항).
① 교통정리를 하고 있지 아니하는 교차로
② 도로가 구부러진 부근
③ 비탈길의 고갯마루 부근
④ 가파른 비탈길의 내리막
⑤ 시・도경찰청장이 도로에서의 위험을 방지하고 교통의 안전과 원활한 소통을 확보하기 위하여 필요하다고 인정하여 안전표지로 지정한 곳

11 모든 차의 운전자는 도로에서 정차할 때에는 차도의 오른쪽 가장자리에 정차할 것. 다만, 차도와 보도의 구별이 없는 도로의 경우에는 도로의 오른쪽 가장자리로부터 중앙으로 50cm 이상의 거리를 두어야 한다(도로교통법 시행령 제11조제1항제1호).

12 규정에 따른 주차위반 차의 이동・보관・공고・매각 또는 폐차 등에 들어간 비용은 그 차의 사용자가 부담한다(도로교통법 제35조제6항 전단).

13 차 또는 노면전차의 운전자가 도로에서 차 또는 노면전차를 운행할 때 켜야 하는 등화(燈火)의 종류는 다음의 구분에 따른다(도로교통법 시행령 제19조제1항).
① 자동차 : 자동차안전기준에서 정하는 전조등(前照燈), 차폭등(車幅燈), 미등(尾燈), 번호등과 실내조명등(실내조명등은 승합자동차와 「여객자동차 운수사업법」에 따른 여객자동차운송사업용 승용자동차만 해당)
② 원동기장치자전거 : 전조등 및 미등
③ 견인되는 차 : 미등・차폭등 및 번호등
④ 노면전차 : 전조등, 차폭등, 미등 및 실내조명등
⑤ ①부터 ④까지의 규정 외의 차 : 시・도경찰청장이 정하여 고시하는 등화

14 정지처분 개별기준(도로교통법 시행규칙 [별표 28])
안전거리 미확보(진로변경 방법위반 포함) : 벌점 10점

15 범칙행위 및 범칙금액(도로교통법 시행령 [별표 8])
택시의 합승(장기 주차·정차하여 승객을 유치하는 경우로 한정)·승차거부·부당요금징수행위를 한 승용자동차의 운전자 범칙금액 : 2만원

16 범칙금 납부통고서를 받은 사람은 10일 이내에 경찰청장이 지정하는 국고은행, 지점, 대리점, 우체국 또는 제주특별자치도지사가 지정하는 금융회사 등이나 그 지점에 범칙금을 내야 한다. 다만, 천재지변이나 그 밖의 부득이한 사유로 말미암아 그 기간에 범칙금을 낼 수 없는 경우에는 부득이한 사유가 없어지게 된 날부터 5일 이내에 내야 한다(도로교통법 제164조제1항).

17 안전표지의 구분(도로교통법 시행규칙 제8조제1항)
① 주의표지 : 도로상태가 위험하거나 도로 또는 그 부근에 위험물이 있는 경우에 필요한 안전조치를 할 수 있도록 이를 도로사용자에게 알리는 표지
② 규제표지 : 도로교통의 안전을 위하여 각종 제한·금지 등의 규제를 하는 경우에 이를 도로사용자에게 알리는 표지
③ 지시표지 : 도로의 통행방법·통행구분 등 도로교통의 안전을 위하여 필요한 지시를 하는 경우에 도로사용자가 이에 따르도록 알리는 표지
④ 보조표지 : 주의표지·규제표지 또는 지시표지의 주 기능을 보충하여 도로사용자에게 알리는 표지
⑤ 노면표시 : 도로교통의 안전을 위하여 각종 주의·규제·지시 등의 내용을 노면에 기호·문자 또는 선으로 도로사용자에게 알리는 표지

18 자동차전용도로 또는 전용구역임을 지시하는 자동차전용도로표지이다(도로교통법 시행규칙 [별표 6]).

20 제한속도보다 20km 이상 과속한 경우는 특례대상의 예외로 중과실에 해당한다(교통사고처리 특례법 제3조제2항제3호).

21 ④ 운전 중에 핸드폰을 사용하여 통화하게 되면 집중력이 저하되므로 핸드폰 사용을 금지하여야 한다.

22 ① 소화기의 안전핀을 제거한다.

23 타이어 마모에 영향을 주는 요소는 타이어 공기압, 차의 하중, 차의 속도, 커브, 브레이크, 불량한 노면 등이다. 기온이 올라가는 여름철에 타이어 마모가 촉진되는 경향이 있다.

24 통화를 하며 운전하는 것은 위험하다.

25 ① 위험에 대응하기 위해 경적이나 전조등을 좀처럼 사용하지 않는다.

26 ④ 커브 길에서 앞지르기는 대부분 안전표지로 금지하고 있으나 금지표지가 없더라도 절대로 하지 않아야 한다.

27 고속도로에서는 앞지르기 등 부득이한 경우 외에는 주행 차선으로 통행하여야 한다.

28 앞차의 미등만 보고 주행하지 않는다. 앞차의 미등만 보고 주행하게 되면 도로변에 정지하고 있는 자동차까지도 진행하고 있는 것으로 착각하게 되어 위험을 초래하게 된다.

29 ③ 기상조건이 좋지 않아 시계가 불량할 경우에는 속도를 줄이고, 미등 및 안개등 또는 전조등을 점등하고 운행한다.

30 ① 운전석에서는 차체의 좌측보다 우측에 사각이 크다. 즉, 운전석 좌측면이 우측면보다 사각이 작다.

31 ① 타이어체인을 장착한 경우에는 30km/h 이내 또는 체인 제작사에서 추천하는 규정속도 이하로 주행한다.

32 연료의 옥탄가가 높아 노킹(Knocking) 현상이 거의 발생하지 않는 장점이 있다.

33 LPG가스 누출 시 조치 사항
- 시동을 끈다.
- LPG 스위치를 끈다.
- 트렁크 안에 있는 용기의 연료 출구 밸브(황색, 적색) 2개를 모두 잠근다.
- 필요한 정비를 전문 업체에 맡긴다.

34 누출 부위에 불이 붙었을 경우 신속하게 소화기 또는 물로 불을 끈다.

35 수막현상이 일어나면 제동력은 물론 모든 타이어는 본래의 운동기능이 소실되므로, 고속으로 주행하지 않아야 한다.

36 현가장치는 차량 하중 변화에 따른 차량 높이 조정이 자동으로 빠르게 이루어진다. 또 도로조건이나 기타 주행조건에 따라서 운전자가 스위치를 조작하여 차량의 높이를 조정할 수 있다.

37 스태빌라이저는 좌우 바퀴가 동시에 상하 운동을 할 때에는 작용을 하지 않으나, 좌우 바퀴가 서로 다르게 상하 운동을 할 때 작용하여 차체의 기울기를 감소시켜 주는 장치이다. 커브 길에서 자동차가 선회할 때 원심력 때문에 차체가 기울어지는 것을 감소시켜 차체가 롤링(좌우 진동)하는 것을 방지하여 준다.

38 ④는 조향핸들이 한쪽으로 쏠리는 원인이다.

39 ① 토인 : 앞바퀴를 위에서 보았을 때 앞쪽이 뒤쪽보다 좁은 상태를 말한다.
② 조향축 경사각 : 앞바퀴가 시미 현상(바퀴가 좌우로 흔들리는 현상)을 일으키지 않도록 한다.
④ 캐스터 : 자동차 앞바퀴를 옆에서 보았을 때 앞차축을 고정하는 조향축(킹핀)이 수직선과 어떤 각도를 두고 설치되어 있는 것을 말한다.

40 ④ 감속 브레이크의 장점이다. ABS는 특히 노면이 비에 젖더라도 우수한 제동효과를 얻을 수 있다.

41 서비스는 누릴 수는 있으나 소유할 수 없는 무소유권으로 서비스는 승객이 제공받을 수 있으나 유형재처럼 소유권을 이전받을 수는 없다.

42 긍정적인 이미지를 만들기 위한 3요소 : 시선처리(눈빛), 음성관리(목소리), 표정관리(미소)

43 고객이 싫어하는 시선
위로 치켜뜨는 눈, 곁눈질, 한곳만 응시하는 눈, 위아래로 훑어보는 눈

44 입은 가볍게 다문다. 특히 돌아서면서 표정이 굳어지지 않도록 한다.

45 악수를 청하는 사람과 받는 사람의 행동예절
- 기혼자가 미혼자에게 청한다.
- 선배가 후배에게 청한다.
- 여자가 남자에게 청한다.
- 승객이 직원에게 청한다.

46 ② 규정에 맞게, 특히 편한 신발을 신되 미끄러질 수 있는 샌들이나 슬리퍼는 삼간다.

47 담배꽁초는 반드시 재떨이에 버린다.

48 직업의 심리적 의미
- 삶의 보람과 자기실현에 중요한 역할을 하는 것으로 사명감과 소명의식을 갖고 정성과 정열을 쏟을 수 있는 것이다.
- 인간은 직업을 통해 자신의 이상을 실현한다.
- 인간의 잠재적 능력, 타고난 소질과 적성 등이 직업을 통해 계발되고 발전된다.
- 직업은 인간 개개인의 자아실현의 매개인 동시에 장이 되는 것이다.
- 자신이 갖고 있는 제반 욕구를 충족하고 자신의 이상이나 자아를 직업을 통해 실현함으로써 인격의 완성을 기하는 것이다.

49 ④ 승객의 입장을 고려한 어휘의 선택과 호칭을 사용하는 배려를 아끼지 않아야 한다.

50 추측하여 행동하는 운전을 금해야 한다. 운전자가 가져야 할 기본자세에는 ①, ②, ③ 외에 주의력 집중, 심신상태의 안정, 과신 금물, 저공해 등 환경보호, 소음공해 최소화 등이 있다.

51 지켜야 할 운전예절
- 운전기술 과신은 금물
- 횡단보도에서의 예절
- 전조등 사용법
- 고장차량의 유도
- 올바른 방향전환 및 차로변경
- 여유 있는 교차로 통과 등

52 교통사고 상황파악
- 짧은 시간 안에 사고 정보를 수집하여 침착하고 신속하게 상황을 파악한다.
- 피해자와 구조자 등에게 위험이 계속 발생하는지 파악한다.
- 생명이 위독한 환자가 누구인지 파악한다.
- 구조를 도와줄 사람이 주변에 있는지 파악한다.
- 전문가의 도움이 필요한지 파악한다.

53 ③ 교차로나 그 부근에서는 교통량이 많아 조금만 부주의해도 추돌사고가 많이 발생한다.

54 회사차량의 불필요한 집단운행 금지이다. 단, 적재물의 특성상 집단운행이 불가피할 때에는 관리자의 사전승인을 받아 사고를 예방하기 위한 제반 안전조치를 취하고 운행한다.

55 응급처치 시 지켜야 할 사항
- 본인의 신분을 제시한다.
- 처치원 자신의 안전을 확보한다.
- 환자에 대한 생사의 판정은 하지 않는다.
- 원칙적으로 의약품은 사용하지 않는다.
- 어디까지나 응급처치로 그치고 전문의료원의 처치에 맡긴다.

56 ② 골절 부상자는 잘못 다루면 오히려 더 위험해질 수 있으므로 구급차가 올 때까지 가급적 기다리는 것이 좋다.

57 ④ 쇼크환자는 위장운동이 저하되어 있으므로 내용물을 토할 수 있기 때문에 환자에게 먹을 것이나 마실 것을 주지 않아야 한다.

58 ④ 인명구출 시 부상자, 노인, 어린아이, 부녀자 등 노약자를 우선적으로 구조한다.

59 바람직한 직업관

- 소명의식을 지닌 직업관 : 항상 소명의식을 가지고 일하며, 자신의 직업을 천직으로 생각한다.
- 사회구성원으로서의 역할 지향적 직업관 : 사회구성원으로서의 직분을 다하는 일이자 봉사하는 일이라 생각한다.
- 미래 지향적 전문능력 중심의 직업관 : 자기 분야의 최고 전문가가 되겠다는 생각으로 최선을 다해 노력한다.

60 교통사고를 없애고 밝고 쾌적한 교통사회를 이룩하기 위해 가장 먼저 강조되어야 할 것은 안전교육에 대한 지식과 기능, 그리고 바람직한 태도를 갖춘 운전자를 가능한 많이 육성해 내는 데 있으며, 궁극적인 목표는 도로상에서 행동화되어야 한다는 데 있다.

정답 ☆ 확인 제2회 모의고사

문제 p. 59

01	④	02	④	03	③	04	②	05	①	06	③	07	③	08	④	09	④	10	④
11	③	12	④	13	②	14	①	15	①	16	①	17	③	18	①	19	③	20	①
21	③	22	①	23	①	24	④	25	①	26	③	27	③	28	④	29	④	30	③
31	④	32	①	33	③	34	④	35	①	36	④	37	④	38	①	39	①	40	③
41	①	42	②	43	①	44	②	45	③	46	②	47	①	48	④	49	②	50	①
51	④	52	③	53	①	54	④	55	②	56	①	57	②	58	①	59	④	60	②

01 중대한 교통사고(여객자동차 운수사업법 제19조제2항)

① 전복(顚覆) 사고

② 화재가 발생한 사고

③ 대통령령으로 정하는 수(數) 이상의 사람이 죽거나 다친 사고

※ "대통령령으로 정하는 수(數) 이상의 사람이 죽거나 다친 사고"란 다음의 어느 하나에 해당하는 사상자가 발생한 사고(중대한 교통사고)를 말한다(영 제11조).

1. 사망자 2명 이상
2. 사망자 1명과 중상자 3명 이상
3. 중상자 6명 이상

02 신규검사의 대상자는 다음의 자(여객자동차 운수사업법 시행규칙 제49조제3항제1호)

① 신규로 여객자동차 운송사업용 자동차를 운전하려는 자

② 여객자동차 운송사업용 자동차 또는 「화물자동차 운수사업법」에 따른 화물자동차 운송사업용 자동차의 운전업무에 종사하다가 퇴직한 자로서 신규검사를 받은 날부터 3년이 지난 후 재취업하려는 자. 다만, 재취업일까지 무사고로 운전한 자는 제외한다.

③ 신규검사의 적합판정을 받은 자로서 운전적성정밀검사를 받은 날부터 3년 이내에 취업하지 아니한 자. 다만, 신규검사를 받은 날부터 취업일까지 무사고로 운전한 사람은 제외한다.

03 한국교통안전공단은 운전자격시험을 시행할 때에는 그 일시, 장소, 방법, 과목, 응시절차, 그 밖에 시험시행에 관한 사항을 모든 응시자가 알 수 있도록 시험시행일 20일 전에 공고해야 한다. 다만, 불가피한 사유로 공고내용을 변경할 때에는 시험시행일 10일 전까지 그 변경사항을 공고해야 한다(여객자동차 운수사업법 시행규칙 제51조제2항).

04 정당한 이유 없이 여객의 승차를 거부하거나 여객을 중도에서 내리게 하는 행위를 할 때의 처분기준(여객자동차 운수사업법 시행규칙 [별표 5])

- 1차 위반 : 자격정지 10일
- 2차 이상 위반 : 자격정지 20일

05 사업용 자동차의 차령과 그 연장요건(여객자동차 운수사업법 시행령 [별표 2])

차 종	구 분	차 령
승용자동차(여객자동차 운송사업용)	일반택시(경형 · 소형)	3년 6개월
	일반택시(배기량 2,400cc 미만)	4년
	일반택시(배기량 2,400cc 이상)	6년
	일반택시(전기자동차)	6년

06 대통령령으로 정하는 사업구역의 택시운송사업자는 택시의 구입 및 운행에 드는 비용 중 다음의 비용을 택시운수종사자에게 부담시켜서는 아니 된다(택시운송사업의 발전에 관한 법률 제12조제1항).

① 택시 구입비(신규차량을 택시운수종사자에게 배차하면서 추가 징수하는 비용을 포함)
② 유류비
③ 세차비
④ 택시운송사업자가 차량 내부에 붙이는 장비의 설치비 및 운영비
⑤ 그 밖에 택시의 구입 및 운행에 드는 비용으로서 대통령령으로 정하는 비용

※ "대통령령으로 정하는 비용"이란 사고로 인한 차량수리비, 보험료 증가분 등 교통사고 처리에 드는 비용(해당 교통사고가 음주 등 택시운수종사자의 고의·중과실로 인하여 발생한 것인 경우는 제외한다. 이하 "교통사고 처리비")을 말한다(영 제19조제2항).

07 차도의 정의(도로교통법 제2조제4호)
연석선(차도와 보도를 구분하는 돌 등으로 이어진 선), 안전표지 또는 그와 비슷한 인공구조물을 이용하여 경계(境界)를 표시하여 모든 차가 통행할 수 있도록 설치된 도로의 부분을 말한다.

08
- 서행 : 운전자가 차 또는 노면전차를 즉시 정지시킬 수 있는 정도의 느린 속도로 진행하는 것(도로교통법 제2조제28호)
- 일시정지 : 차 또는 노면전차의 운전자가 그 차 또는 노면전차의 바퀴를 일시적으로 완전히 정지시키는 것(도로교통법 제2조제30호)

09 길가장자리구역선표시(도로교통법 시행규칙 [별표 6])
차도와 보도를 구획하는 길가장자리구역을 표시하는 것으로 차도와 보도의 구분이 없는 도로에 있어서 길가장자리구역을 설치하기 위하여 도로의 외측에 설치한다.

10 모든 차의 운전자는 다음의 어느 하나에 해당하는 다른 차를 앞지르지 못한다(도로교통법 제22조제2항).

① 이 법이나 이 법에 따른 명령에 따라 정지하거나 서행하고 있는 차
② 경찰공무원의 지시에 따라 정지하거나 서행하고 있는 차
③ 위험을 방지하기 위하여 정지하거나 서행하고 있는 차

11 교차로·횡단보도·건널목이나 보도와 차도가 구분된 도로의 보도 단, 「주차장법」에 따라 차도와 보도에 걸쳐서 설치된 노상주차장은 제외한다(도로교통법 제32조제1호).

12 밤에 도로에서 차를 운행하는 경우 등의 등화(도로교통법 시행령 제19조제1항)
차 또는 노면전차의 운전자가 도로에서 차 또는 노면전차를 운행할 때 켜야 하는 등화(燈火)의 종류는 다음의 구분에 따른다.

① 자동차 : 자동차안전기준에서 정하는 전조등(前照燈), 차폭등(車幅燈), 미등(尾燈), 번호등과 실내조명등(실내조명등은 승합자동차와 「여객자동차 운수사업법」에 따른 여객자동차운송사업용 승용자동차만 해당)
② 원동기장치자전거 : 전조등 및 미등
③ 견인되는 차 : 미등·차폭등 및 번호등
④ 노면전차 : 전조등, 차폭등, 미등 및 실내조명등
⑤ ①부터 ④까지의 규정 외의 차 : 시·도경찰청장이 정하여 고시하는 등화

13 ① 40점, ③ 15점, ④ 10점(도로교통법 시행규칙 [별표 28])

14 처분기준의 감경(감경사유) – 음주운전으로 운전면허 취소처분 또는 정지처분을 받은 경우(도로교통법 시행규칙 [별표 28])

운전이 가족의 생계를 유지할 중요한 수단이 되거나, 모범운전자로서 처분당시 3년 이상 교통봉사활동에 종사하고 있거나, 교통사고를 일으키고 도주한 운전자를 검거하여 경찰서장 이상의 표창을 받은 사람으로서 다음의 어느 하나에 해당되는 경우가 없어야 한다.

① 혈중알코올농도가 0.1%를 초과하여 운전한 경우
② 음주운전 중 인적피해 교통사고를 일으킨 경우
③ 경찰관의 음주측정요구에 불응하거나 도주한 때 또는 단속경찰관을 폭행한 경우
④ 과거 5년 이내에 3회 이상의 인적피해 교통사고의 전력이 있는 경우
⑤ 과거 5년 이내에 음주운전의 전력이 있는 경우

15 사고 결과에 따른 벌점기준(도로교통법 시행규칙 [별표 28])

구 분		벌 점	내 용
인적 피해 교통 사고	사망 1명마다	90	사고발생 시부터 72시간 이내에 사망한 때
	중상 1명마다	15	3주 이상의 치료를 요하는 의사의 진단이 있는 사고
	경상 1명마다	5	3주 미만 5일 이상의 치료를 요하는 의사의 진단이 있는 사고
	부상 신고 1명마다	2	5일 미만의 치료를 요하는 의사의 진단이 있는 사고

16 통고처분(도로교통법 제163조제1항 전단)

경찰서장이나 제주특별자치도지사(제주특별자치도지사의 경우에는 규정에 따라 준용되는 사항의 위반행위는 제외)는 범칙자로 인정하는 사람에 대하여는 이유를 분명하게 밝힌 범칙금 납부통고서로 범칙금을 낼 것을 통고할 수 있다.

17 범칙행위 및 범칙금액(도로교통법 시행령 [별표 8])
중앙선 침범, 통행구분 위반을 한 승용자동차의 운전자 범칙금액 : 6만원

18 술에 취한 상태에서 자동차등 또는 노면전차를 운전한 혈중알코올농도가 0.2% 이상인 사람은 2년 이상 5년 이하의 징역이나 1,000만원 이상 2,000만원 이하의 벌금에 처한다(도로교통법 제148조의2제3항제1호).

20 ②, ③, ④는 교통사고처리 특례법 제3조에 해당한다.

21 운전석에서 점검

- 연료 게이지량
- 브레이크 페달 유격 및 작동 상태
- 룸미러 각도, 경음기 작동 상태, 계기 점등 상태
- 와이퍼 작동 상태
- 스티어링 휠(핸들) 및 운전석 조정

22 운전의 위험을 다루는 효율적인 정보처리 방법의 하나는 확인, 예측, 판단, 실행 과정을 따르는 것이다. 이 과정은 안전운전을 하는 데 필수적 과정이다.

23 경제운전을 위해서는 가능한 한 일정속도로 주행하는 것이 매우 중요하다. 여기에서 일정속도란 평균속도가 아니라 도중에 가감속이 없는 속도를 의미한다.

24 알코올이 운전에 미치는 영향

- 심리-운동 협응능력 저하
- 시력의 지각능력 저하
- 주의 집중능력 감소
- 정보 처리능력 둔화
- 판단능력 감소
- 차선을 지키는 능력 감소

25 안전운전과 방어운전
- 안전운전이란 교통사고를 유발하지 않도록 주의하여 운전하는 것을 말한다.
- 방어운전이란 미리 위험한 상황을 피하여 운전하는 것을 말한다.

26 시가지 도로에서의 방어운전을 위한 3가지 요인에는 시인성, 시간, 공간의 관리가 있다.

27 언덕길에서 올라가는 차량과 내려오는 차량이 교차할 때에는 내려오는 차량에게 통행우선권이 있으므로 올라가는 차량이 양보하여야 한다. 이것은 내리막 가속에 의한 사고위험이 더 높은 점을 반영된 것이다.

28 노면의 사고율
결빙노면 → 눈 덮인 노면 → 습윤노면 → 건조노면

29 고속도로 2504 긴급견인 서비스는 고속도로 본선, 갓길에 멈춰 2차사고가 우려되는 소형차량을 안전지대까지 견인하는 제도로서 한국도로공사에서 비용을 부담하는 무료서비스이다. 대상차량은 승용차, 16인 이하 승합차, 1.4ton 이하 화물차이다.

30 ③ 포근하고 화창한 기후조건은 보행자나 운전자의 집중력을 떨어트린다. 또 춘곤증은 피로・나른함 및 의욕저하를 수반하여 운전하는 과정에서 주의력 집중이 안 되고 졸음운전으로 이어져 대형 사고를 일으키는 원인이 될 수 있다.

31 안전띠를 착용하면 머리와 가슴에 전달되는 2차적인 충격을 예방한다.

32 LPG는 프로판과 부탄이 섞여 제조된 가스이다.

33 충전 밸브는 녹색이고, 연료 차단 밸브는 적색이다.

34 가스의 누출이 확인되면 LPG 탱크의 모든 밸브(적색, 녹색)를 잠가야 한다.

35 ① 차바퀴가 빠져 헛도는 경우에 엔진을 갑자기 가속하면 바퀴가 헛돌면서 더 깊이 빠질 수 있다.

36 비포장 도로의 울퉁불퉁한 험한 노면상을 달릴 때 "딱각딱각"하는 소리나 '킁킁'하는 소리가 나면 현가장치인 쇽업소버의 고장으로 볼 수 있다.

37 농후한 혼합가스가 들어가 불완전연소되는 경우에는 검은색을 띤다.

38 엔진이 작동하는 상태에서 보닛(Bonnet)을 열어 엔진을 냉각시킨다. 차를 길 가장자리로 이동하여 엔진 시동을 즉시 끄게 되면 수온이 급상승하여 엔진이 고착될 수 있다.

39 배출가스의 색에 따른 엔진상태
- 무색 또는 약간 엷은 청색 : 완전 연소 시의 정상 상태
- 백색은 엔진 안에서 다량의 엔진오일이 실린더 위로 올라와 연소되는 경우로 헤드 개스킷 파손, 밸브의 오일 실 노후 또는 피스톤링의 마모 등
- 검은색 : 농후한 혼합 가스가 들어가 불완전 연소되는 경우로 초크 고장이나 에어 클리너 엘리먼트의 막힘, 연료 장치 고장 등

40 종합검사기간 전 또는 후에 종합검사를 신청하여 적합 판정을 받은 자동차 : 종합검사를 받은 날의 다음 날부터 계산(자동차종합검사의 시행 등에 관한 규칙 제9조제1항제3호)

41 서비스의 특징으로는 무형성, 동시성, 인적의존성, 소멸성, 무소유권, 변동성, 다양성이 있다.

42 ② 승객의 입장을 이해하고 존중한다. 또, 승객의 여건, 능력, 개인차를 인정하고 배려해야 한다.

43 일반적인 승객의 욕구
- 기억되고 싶어 한다.
- 환영받고 싶어 한다.
- 관심을 받고 싶어 한다.
- 존경받고 싶어 한다.
- 편안해지고 싶어 한다.
- 중요한 사람으로 인식되고 싶어 한다.
- 기대와 욕구를 수용하고 인정받고 싶어 한다.

44 ④ 인사는 평범하고도 대단히 쉬운 행위이지만 습관화되지 않으면 실천에 옮기기 어렵다.

45 올바른 인사
- 표정 : 밝고 부드러운 미소를 짓는다.
- 고개 : 반듯하게 들되, 턱을 내밀지 않고 자연스럽게 당긴다.
- 시선 : 인사 전후에 상대방의 눈을 정면으로 바라보며, 상대방을 진심으로 존중하는 마음을 눈빛에 담아 인사한다.
- 머리와 상체 : 일직선이 되도록 하며 천천히 숙인다.
- 입 : 미소를 짓는다.
- 손 : 남자는 가볍게 쥔 주먹을 바지 재봉선에 자연스럽게 붙이고, 주머니에 넣고 하는 일이 없도록 한다.
- 발 : 뒤꿈치를 붙이되, 양발의 각도는 여자 15°, 남자는 30° 정도를 유지한다.
- 음성 : 적당한 크기와 속도로 자연스럽게 말한다.
- 인사 : 본 사람이 먼저 하는 것이 좋으며, 상대방이 먼저 인사한 경우에는 응대한다.

46 ② 인사는 본 사람이 먼저 하는 것이 좋으며, 상대방이 먼저 인사한 경우에는 응대한다.

47 표정이란 마음속의 감정이나 정서 따위의 심리 상태가 얼굴에 나타난 모습을 말하며, 다분히 주관적이고 순간순간 변할 수 있고, 다양하다.

48 ④ 자신감을 가져야 한다.

49 웃음이나 손짓이 지나치지 않도록 주의한다.

50 운송사업자 및 운수종사자의 준수사항(여객자동차 운수사업법 시행규칙 [별표 4])

운송사업자[대형(승합자동차를 사용하는 경우로 한정) 및 고급형 택시운송사업자는 제외]는 다음의 사항을 승객이 자동차 안에서 쉽게 볼 수 있는 위치에 게시하여야 한다. 이 경우 택시운송사업자는 앞좌석의 승객과 뒷좌석의 승객이 각각 볼 수 있도록 2곳 이상에 게시하여야 한다.
- 회사명(개인택시운송사업자의 경우는 게시하지 아니한다), 자동차번호, 운전자 성명, 불편사항 연락처 및 차고지 등을 적은 표지판
- 운행계통도(노선운송사업자만 해당)

51 자동차가 정지하고 있을 때, 긴급자동차를 운전하고 있을 때, 각종 범죄 및 재해 신고 등 긴급한 필요가 있는 경우, 핸즈프리·이어폰 등 안전운전에 장애를 주지 않는 장치를 이용할 때는 휴대전화의 사용이 가능하다.

52 ③ 차는 회사의 움직이는 홍보도구이므로 차의 내·외부를 청결하게 관리하여 쾌적한 운행환경을 유지해야 한다.

53 ① 질서는 반드시 의식적·무의식적으로 지켜질 수 있어야 한다.

54 교차로를 통과할 때의 올바른 행동
- 교차로 전방의 정체 현상으로 통과하지 못할 때에는 교차로에 진입하지 않고 대기한다.
- 앞 신호에 따라 진행하고 있는 차가 있는 경우에는 안전하게 통과하는 것을 확인하고 출발한다.

55 ②는 추돌사고에 대한 설명이다(교통사고조사규칙 제2조).

※ 접촉사고 : 차가 추월, 교행 등을 하려다가 차의 좌우 측면을 서로 스친 것을 말한다.

56 ① 처치자는 생사의 판정을 하지 않는 것이 원칙이며 생사의 판정, 의약품투여 등은 의사가 해야 한다.

57 무의식 환자의 응급처치 우선순위

기도 확보 자세 – 호흡, 맥박이 없으면 인공호흡과 심장 압박을 실시 – 순환 – 약물요법 – 병원후송

58 가장 먼저 의식 여부를 확인한 후 의식이 없으면 심폐소생술을 실시한다.

59 보험회사나 경찰 등에 연락할 사항
- 사고발생지점 및 상태
- 부상 정도 및 부상자수
- 회사명
- 운전자 성명
- 우편물, 신문, 여객의 휴대 화물의 상태
- 연료 유출 여부 등

60 ② 어떠한 사고라도 임의처리는 불가하며 사고발생 경위를 육하원칙에 의거 거짓 없이 정확하게 회사에 즉시 보고하여야 한다.

정답 ★ 확인 제3회 모의고사 문제 p. 70

01	③	02	①	03	③	04	②	05	④	06	①	07	④	08	①	09	③	10	①
11	②	12	③	13	④	14	②	15	②	16	③	17	②	18	③	19	②	20	④
21	②	22	②	23	③	24	①	25	④	26	③	27	④	28	④	29	④	30	③
31	①	32	①	33	②	34	②	35	④	36	④	37	③	38	①	39	④	40	③
41	②	42	②	43	③	44	④	45	①	46	③	47	④	48	②	49	①	50	③
51	①	52	②	53	①	54	②	55	①	56	②	57	①	58	④	59	①	60	④

01 특별검사의 대상자는 다음의 자(여객자동차 운수사업법 시행규칙 제49조제3항제2호)

① 중상 이상의 사상(死傷)사고를 일으킨 자
② 과거 1년간 「도로교통법 시행규칙」에 따른 운전면허 행정처분기준에 따라 계산한 누산점수가 81점 이상인 자
③ 질병, 과로, 그 밖의 사유로 안전운전을 할 수 없다고 인정되는 자인지 알기 위하여 운송사업자가 신청한 자

02 운전자격이 취소된 날부터 1년이 지나지 아니한 자는 운전자격시험에 응시할 수 없다(여객자동차 운수사업법 시행규칙 제53조제2항 전단).

03 일정한 장소에서 장시간 정차하여 여객을 유치하는 행위의 처분기준(여객자동차 운수사업법 시행규칙 [별표 5])

- 1차 위반 : 자격정지 10일
- 2차 이상 위반 : 자격정지 20일

04 운수종사자는 국토교통부령으로 정하는 바에 따라 운전업무를 시작하기 전에 다음의 사항에 관한 교육을 받아야 한다(여객자동차 운수사업법 제25조제1항).

① 여객자동차 운수사업 관계 법령 및 도로교통 관계 법령
② 서비스의 자세 및 운송질서의 확립
③ 교통안전수칙
④ 응급처치의 방법
⑤ 차량용 소화기 사용법 등 차량화재 발생 시 대응방법
⑥ 「지속가능 교통물류 발전법」 제2조제15호에 따른 경제운전
⑦ 그 밖에 운전업무에 필요한 사항

05 사업용 자동차의 차령과 그 연장요건(여객자동차 운수사업법 시행령 [별표 2])

차 종	구 분	차 령
승용자동차 (여객자동차 운송사업용)	개인택시(경형 · 소형)	5년
	개인택시(배기량 2,400cc 미만)	7년
	개인택시(배기량 2,400cc 이상)	9년
	개인택시[전기자동차(「환경친화적 자동차의 개발 및 보급 촉진에 관한 법률」 제2조제3호에 따른 전기자동차를 말함)]	9년

06 택시운수종사자 소정근로시간 산정 특례(택시운송사업의 발전에 관한 법률 제11조의2)

일반택시운송사업 택시운수종사자의 근로시간을 「근로기준법」 제58조제1항 및 제2항에 따라 정할 경우 1주간 40시간 이상이 되도록 정하여야 한다. [본조신설 2019. 8. 20.]

※ [시행일] 다음의 구분에 따른 날
1. 서울특별시 : 2021년 1월 1일
2. 제1호를 제외한 사업구역 : 공포 후 5년을 넘지 아니하는 범위에서 제1호에 따른 시행지역의 성과, 사업구역별 매출액 및 근로시간의 변화 등을 종합적으로 고려하여 대통령령으로 정하는 날

07 신호기의 정의(도로교통법 제2조제15호)

도로교통에서 문자 · 기호 또는 등화(燈火)를 사용하여 진행 · 정지 · 방향전환 · 주의 등의 신호를 표시하기 위하여 사람이나 전기의 힘으로 조작하는 장치를 말한다.

08 ② 차선, ③ 보도, ④ 자동차전용도로

09 차로가 설치된 도로를 통행하려는 경우로서 차의 너비가 행정안전부령으로 정하는 차로의 너비보다 넓어 교통의 안전이나 원활한 소통에 지장을 줄 우려가 있는 경우 그 차의 운전자는 도로를 통행하여서는 아니 된다. 다만, 행정안전부령으로 정하는 바에 따라 그 차의 출발지를 관할하는 경찰서장의 허가를 받은 경우에는 그러하지 아니하다(도로교통법 제14조제3항).

10 모든 차의 운전자는 다음의 어느 하나에 해당하는 곳에서는 다른 차를 앞지르지 못한다(도로교통법 제22조제3항).

① 교차로
② 터널 안
③ 다리 위
④ 도로의 구부러진 곳, 비탈길의 고갯마루 부근 또는 가파른 비탈길의 내리막 등 시·도경찰청장이 도로에서의 위험을 방지하고 교통의 안전과 원활한 소통을 확보하기 위하여 필요하다고 인정하는 곳으로서 안전표지로 지정한 곳

11 모든 차의 운전자는 다음의 곳으로부터 5m 이내인 곳에서는 차를 정차하거나 주차하여서는 아니 된다(도로교통법 제32조제6호).

①「소방기본법」 제10조에 따른 소방용수시설 또는 비상소화장치가 설치된 곳
②「화재예방, 소방시설 설치·유지 및 안전관리에 관한 법률」 제2조제1항제1호에 따른 소방시설로서 대통령령으로 정하는 시설이 설치된 곳

12 벌점·처분벌점 초과로 인한 면허 정지(도로교통법 시행규칙 [별표 28])

운전면허 정지처분은 1회의 위반·사고로 인한 벌점 또는 처분벌점이 40점 이상이 된 때부터 결정하여 집행하되, 원칙적으로 1점을 1일로 계산하여 집행한다.

13 벌점·누산점수 초과로 인한 면허 취소(도로교통법 시행규칙 [별표 28])

1회의 위반·사고로 인한 벌점 또는 연간 누산점수가 다음 표의 벌점 또는 누산점수에 도달한 때에는 그 운전면허를 취소한다.

기 간	벌점 또는 누산점수
1년간	121점 이상
2년간	201점 이상
3년간	271점 이상

14 정지처분 개별기준(도로교통법 시행규칙 [별표 28])

술에 취한 상태의 기준을 넘어서 운전한 때(혈중알코올농도 0.03% 이상 0.08% 미만) : 100벌점

15 사고 결과에 따른 벌점기준(도로교통법 시행규칙 [별표 28])

구 분		벌 점	내 용
인적 피해 교통 사고	사망 1명마다	90	사고발생 시부터 72시간 이내에 사망한 때
	중상 1명마다	15	3주 이상의 치료를 요하는 의사의 진단이 있는 사고
	경상 1명마다	5	3주 미만 5일 이상의 치료를 요하는 의사의 진단이 있는 사고
	부상 신고 1명마다	2	5일 미만의 치료를 요하는 의사의 진단이 있는 사고

16 범칙행위 및 범칙금액(도로교통법 시행령 [별표 8])

좌석안전띠 미착용을 한 승용자동차의 운전자 범칙금액 : 3만원

17 교통사고 발생 시의 조치를 하지 아니한 사람(주정차된 차만 손괴한 것이 분명한 경우에 피해자에게 인적 사항을 제공하지 아니한 사람은 제외)은 5년 이하의 징역이나 1,500만원 이하의 벌금에 처한다(도로교통법 제148조).

20 처벌의 특례(교통사고처리 특례법 제3조제2항)

① 차의 교통으로 업무상과실치상죄 또는 중과실치상죄와 운전자가 업무상 필요한 주의를 게을리하거나 중대한 과실로 다른 사람의 건조물이나 그 밖의 재물을 손괴한 죄를 범한 운전자에 대하여는 피해자의 명시적인 의사에 반하여 공소를 제기할 수 없다.

② 차의 운전자가 업무상과실치상죄 또는 중과실치상죄를 범하고도 피해자를 구호(救護)하는 등 「도로교통법」 제54조제1항에 따른 조치를 하지 아니하고 도주하거나 피해자를 사고 장소로부터 옮겨 유기(遺棄)하고 도주한 경우, 같은 죄를 범하고 「도로교통법」 제44조제2항을 위반하여 음주측정 요구에 따르지 아니한 경우(운전자가 채혈 측정을 요청하거나 동의한 경우는 제외)와 규정의 어느 하나에 해당하는 행위로 인하여 같은 죄를 범한 경우에는 그러하지 아니하다.

21 자동차의 일상점검 시 주의해야 할 사항

- 경사가 없는 평탄한 장소에서 점검한다.
- 변속레버는 P(주차)에 위치시킨 후 주차 브레이크를 당겨 놓는다.
- 엔진 시동 상태에서 점검해야 하는 것이 아니면 엔진 시동을 끄고 점검한다.
- 환기가 잘되는 장소에서 실시한다.
- 엔진 점검 시에는 반드시 엔진을 끄고, 열이 식은 다음에 실시한다.
- 연료장치나 배터리 부근에서는 불꽃을 멀리한다.
- 배터리, 전기 배선을 만질 때에는 미리 배터리의 ⊖단자를 분리(감전예방)한다.

22 ② 엔진오일 필터는 엔진오일 교환 시 함께 교환한다.

23 ③ 연속운전은 일시적으로 급성피로를 낳는다.

24 ① 공주거리는 운전자가 위험을 느끼고 브레이크를 밟았을 때 자동차가 제동되기 전까지 주행한 거리를 말한다.

25 주행 중에 제동할 때에는 핸들을 붙잡고 기어가 들어가 있는 상태에서 제동한다. 특히 내리막길에서 운행할 때 기어를 중립에 두고 탄력 운행을 하지 않는다(엔진 및 배기브레이크의 효과가 나타나지 않으며, 제동 공기압의 감소로 제동력이 저하될 수 있다).

26 가급적 딜레마 구간에 도달하기 전에 속도를 줄여 신호가 변경되면 바로 정지할 수 있도록 준비한다.

※ 딜레마 구간 : 신호기가 설치되어 있는 교차로에서 운전자가 황색신호를 인식하였으나 정지선 앞에 정지할 수 없어 계속 진행하여 황색신호가 끝날 때까지 교차로를 빠져나오지 못한 경우에 황색신호의 시작 지점에서부터 끝난 지점까지 차량이 존재하고 있는 구간.

27 ④ 앞지르기는 필연적으로 진로변경을 수반한다. 진로변경은 동일한 차로로 진로변경 없이 진행하는 경우에 비하여 사고의 위험이 높다.

28 수동변속기의 경우 건널목을 통과하는 중 기어 변속 과정에서 엔진이 정지할 수 있기 때문에 되도록 기어 변속을 하지 않는다.

29 터널 내 화재 시에는 터널에 설치된 소화기나 소화전으로 조기진화를 시도한다. 조기진화가 불가능할 경우, 젖은 수건이나 손등으로 코・입을 막고 낮은 자세로 유도등을 따라 신속히 대피한다.

30 ③ 주행 중 갑자기 시동이 꺼졌을 때는 자동차를 길 가장자리 통풍이 잘되는 그늘진 곳으로 옮긴 다음, 보닛을 열고 10분 정도 열을 식힌 후 재시동을 건다.

31 액화석유가스(LPG ; Liquified Petroleum Gas) : 프로판과 부탄을 섞어서 제조된 가스로써 석유 정제과정의 부산물로 이루어진 혼합가스이다.

32 ① 충전밸브는 연료가 과충전되는 것을 방지하는 기능을 한다.

33 연료 주입구 도어를 연다. 차량의 잠금을 해제한 후 연료 주입구 도어의 뒤쪽 끝부분을 눌렀다 놓으면 도어가 열린다.

34 ② 눈길, 진흙길, 모랫길인 경우에는 2단 기어를 사용하여 차바퀴가 헛돌지 않도록 천천히 가속한다.

35 ①, ②, ③ 브레이크가 편제동이 될 경우의 추정원인이다.

※ 브레이크 제동효과가 나쁠 경우 추정되는 원인
- 공기압이 과다하다.
- 공기누설(타이어 공기가 빠져 나가는 현상)이 있다.
- 라이닝 간극 과다 또는 마모상태가 심하다.
- 타이어 마모가 심하다.

36 브레이크 드럼, 라이닝 간격이 작아 라이닝이 끌리게 됨에 따라 드럼이 과열되었을 때 베이퍼 록 현상이 발생한다.

37 가솔린엔진은 흡입 → 압축 → 폭발 → 배기의 4행정 방식으로 작동되어 동력을 얻는다.

38 ① 밀어서 시동을 걸 수 있는 것은 수동변속기 자동차의 경우에만 해당된다.

39 ④는 클러치가 미끄러지는 원이다.

※ 클러치 차단이 잘 안 되는 원인에는 ①, ②, ③과 유압장치에 공기가 혼입되었을 때, 클러치 구성부품이 심하게 마멸되었을 때가 있다.

40 사업용 자동차가 의무보험에 가입하지 않은 기간이 10일 이내인 경우에는 3만원, 가입하지 않은 기간이 10일을 넘는 경우에는 3만원에 11일째부터 계산하여 1일마다 8천원을 더한 금액이다. 다만, 과태료의 총액은 자동차 1대당 100만원을 넘지 못한다(자동차손해배상 보장법 시행령 [별표 5]).

41 승객과 대면하는 운전자의 태도, 복장, 말씨 등은 운송서비스에 있어 운전자에 의해 생산되기 때문에 인적의존성이 높다.

42 승객 앞에 섰을 때의 인사는 보통례(보통 인상)로 한다.

43 정중한 인사의 각도 −45° 정도의 고개를 숙인다.

44 ④ 밝은 표정과 미소는 자신의 신체와 정신 건강을 향상시킨다.

45 전문적인 용어나 외래어를 남용하지 않는다.

46 고개를 끄덕끄덕하거나 메모하는 태도를 유지하고, 손이나 다리를 꼬지 않는다.

47 ④ 악수하는 손을 흔들거나, 손을 꽉 잡거나, 손끝만 잡는 것은 좋은 태도가 아니다.

48 잘못된 직업관
- 생계유지 수단적 직업관 : 직업을 생계를 유지하기 위한 수단으로 본다.
- 지위 지향적 직업관 : 직업생활의 최고 목표는 높은 지위에 올라가는 것이라고 생각한다.
- 귀속적 직업관 : 능력으로 인정받으려 하지 않고 학연과 지연에 의지한다.
- 차별적 직업관 : 육체노동을 천시한다.
- 폐쇄적 직업관 : 신분이나 성별 등에 따라 개인의 능력을 발휘할 기회를 차단한다.

49 관할관청이 필요하다고 인정하여 복장 및 모자를 지정할 경우에는 그 지정된 복장과 모자를 착용하고, 용모를 항상 단정하게 해야 한다.

50 인성과 습관의 중요성
- 운전자는 일반적으로 각 개인이 가지는 사고, 태도 및 행동특성인 인성(人性)의 영향을 받게 된다.
- 습관은 후천적으로 형성되는 조건반사 현상으로 무의식중에 어떤 것을 반복적으로 행할 때 자신도 모르게 생활화된 행동으로 나타나게 된다.
- 습관은 본능에 가까운 강력한 힘을 발휘하게 되어 나쁜 운전습관이 몸에 배면 나중에 고치기 어려우며 잘못된 습관은 교통사고로 이어질 수 있다.
- 올바른 운전 습관은 다른 사람들에게 자신의 인격을 표현하는 방법 중의 하나이다.

51 방향지시등을 작동시킨 후 차로를 변경하고, 차로변경의 도움을 받았을 때에는 비상등을 2~3회 작동시켜 양보에 대한 고마움을 표현하는 것이 올바른 행동이다.

52 ② 보행자, 이륜차, 자전거 등과 교행, 나란히 진행할 때에는 서행하며 안전거리를 유지하면서 운행한다.

53 갓길 통행은 신호에 따라 해야 한다.

54 정차 차량의 결함이 심할 때는 비상등을 점멸시키면서 길어깨(갓길)에 바짝 차를 대서 정차한다.

55 ① 승객의 안전조치를 우선적으로 한다.

56 가슴압박 및 인공호흡 반복 : 가슴압박 30회와 기도개방 및 인공호흡 2회를 반복(30 : 2), 흉부압박을 할 때 압박과 이완의 비율은 50 : 50이다.

57
- 법적으로 인정된 치료기준에서 벗어난 응급처치를 실시하여 환자의 상태를 악화시켰을 때를 말하는 것으로 의무의 소홀, 의무의 불이행, 부상이나 손해를 일으킨 경우 등이 있다.
- 법적인 의무가 없는 한 응급처치를 반드시 할 필요는 없다. 그러나 직장규정에 따라 응급처치자로 지정된 사람이 사고 현장에 있을 경우에는 응급처치를 수행할 의무가 있다.

58 대형사고의 정의(교통사고조사규칙 제2조제1항제3호)
3명 이상이 사망(교통사고 발생일부터 30일 이내에 사망한 것을 말한다)하거나 20명 이상의 사상자가 발생한 사고를 말한다.

59 교통사고 시 가장 먼저 인명구조를 해야 한다.

60 출혈이 심하다면 출혈 부위보다 심장에 가까운 부위를 헝겊 또는 손수건 등으로 지혈될 때까지 꽉 잡아맨다. 또 출혈이 적을 때에는 거즈나 깨끗한 손수건으로 상처를 꽉 누른다.

MEMO

제 3 편

지리문제

서울특별시

경기도

인천광역시

택시운전자격

지리문제(서울특별시)

01 국기원이 있는 곳은?

① **강남구 역삼동** ✓
② 강남구 삼성동
③ 강남구 논현동
④ 강남구 일원동

해설
강남구 주요 관공서 : 강남운전면허시험장(대치동), 서울본부세관(논현동), 국기원(역삼동), 강남세무서(청담동), 역삼세무서(역삼동), 삼성세무서(역삼동), 강남교육지원청(삼성2동), 한국토지주택공사 서울지역본부(논현동), 특허청 서울사무소(역삼동)

02 무역센터(코엑스)가 있는 구는?

① 종로구
② **강남구** ✓
③ 용산구
④ 서대문구

03 도심공항터미널이 있는 곳은?

① 강남구 대치동
② 강남구 역삼동
③ 강남구 도곡동
④ **강남구 삼성동** ✓

해설
강남구 주요 교통시설 : 한국도심공항터미널(삼성동), 수서역(수서동)

04 강남구에 있는 간선도로가 아닌 것은?

① 남부순환로
② 논현로
③ **고산자로** ✓
④ 양재대로

해설
- 강남구 간선도로 : 남부순환로, 논현로, 도산대로, 양재대로, 언주로, 올림픽로, 테헤란로
- 강북구 간선도로 : 고산자로, 월계로
- 동대문구 간선도로 : 고산자로, 천호대로, 청계천로
- 성동구 간선도로 : 고산자로, 강변북로, 왕십리로, 청계천로, 독서당로, 동부간선도로

05 다음 중 강남대로의 구간은?

① **한남대교 북단~강남역~뱅뱅사거리~염곡교차로** ✓
② 풍납로(올림픽대교 남단)~둔촌사거리~서하남IC 입구 사거리
③ 행주IC~아천IC
④ 성수대교 북단~왕십리로터리~고려대역

해설
② 강동대로, ③ 강변북로, ④ 고산자로

06 중앙보훈병원이 위치한 구는 어느 것인가?

① 강동구
② 강북구
③ 강서구
④ 강남구

해설
강동구 공공건물 : 중앙보훈병원(둔촌동), 강동성심병원(길동), 강동 경희대학교병원(상일동)

07 강동구 강일동과 구리시 토평동의 구간을 연결한 대교는?

① 강동대교
② 광진교
③ 암사대교
④ 천호대교

해설
강동구와 연결된 대교

교 량	구 간	
	북 단	남 단
강동대교	구리시(토평동)	강동구(강일동)
암사대교	구리시(아천동)	강동구(암사동)
광진교	광진구(광장동)	강동구(천호동)
천호대교	광진구(광장동)	강동구(천호동)

08 국립4.19 민주묘지가 소재해 있는 곳은?

① 도봉구 방학동
② 강북구 수유동
③ 강북구 미아동
④ 종로구 효제동

해설
강북구 주요 관광명소 : 국립4.19 민주묘지(수유동), 북서울 꿈의 숲(번동), 북한산국립공원백운대코스(우이동), 우이동 유원지(우이동)

09 강서구 가양동과 마포구 상암동을 연결한 다리는?

① 성강대교
② 가양대교
③ 성산대교
④ 양화대교

해설
주요 다리

구 분	구 간
마포대교	마포구(마포동) – 영등포구(여의도동)
서강대교	마포구(신정동) – 영등포구(여의도동)
당산철교	마포구(합정동) – 영등포구(당산동)
양화대교	마포구(합정동) – 영등포구(당산동)
성산대교	마포구(망원동) – 영등포구(양화동)
가양대교	마포구(상암동) – 강서구(가양동)

10 고양시 강매동에서 강서구 방화동을 연결한 다리는?

① 방화대교
② 가양대교
③ 성산대교
④ 양화대교

해설
강서구와 연결된 대교

교 량	구 간	
	북 단	남 단
가양대교	마포구(상암동)	강서구(가양동)
방화대교	고양시(강매동)	강서구(방화동)
행주대교, 신행주대교	고양시(행주외동)	강서구(개화동)

11 김포공항이 소재한 구는?

① 서대문구
② **강서구**
③ 강동구
④ 용산구

12 서울대학교가 위치한 곳은?

① **관악구 신림동**
② 동작구 사당동
③ 서초구 잠원동
④ 송파구 방이동

해설
관악구 공공건물 : 서울대학교(신림동), 금천경찰서(시흥동)

13 어린이대공원이 위치한 곳은?

① 광진구 광장동
② 송파구 마천동
③ 강동구 성내동
④ **광진구 능동**

해설
광진구 주요 관광명소 : 어린이대공원(능동), 뚝섬유원지(자양동), 유니버설아트센터(능동), 아차산생태공원(광장동)

14 다음 중 광진구에 소재한 호텔은?

① 롯데호텔
② 르 메르디앙 서울호텔
③ **워커힐 서울호텔**
④ 그랜드하얏트 서울호텔

해설
광진구 주요 호텔 : 그랜드워커힐 호텔(광장동), 비스타워커힐 서울호텔(광장동)

15 광진구 자양동과 강남구 청담동 사이를 잇는 다리는?

① **청담대교**
② 성수대교
③ 동작대교
④ 한남대교

해설
광진구와 연결된 대교

교 량	구 간	
	북 단	남 단
광진교	광진구(광장동)	강동구(천호동)
천호대교	광진구(광장동)	강동구(천호동)
올림픽대교	광진구(구의동)	송파구(풍납동)
잠실철교	광진구(구의동)	송파구(신천동)
잠실대교	광진구(자양동)	송파구(신천동)
청담대교	광진구(자양동)	강남구(청담동)
영동대교	광진구(자양동)	강남구(청담동)

16 다음 중 광진구에 있는 터미널은?

① 서울남부터미널
② **동서울종합터미널**
③ 한국도심공항터미널
④ 동서울종합터미널

해설
철도역, 공항, 버스터미널, 항구 등 교통시설

소재지	명 칭
강서구	김포공항(방화동)
광진구	동서울종합터미널(구의동)
동대문구	청량리역(전농동)
서초구	서울고속버스터미널(반포동), 서울남부터미널(서초동)
강남구	한국도심공항터미널(삼성동), 수서역(수서동)
용산구	서울역(동자동), 용산역(한강로3가)
중랑구	상봉터미널(상봉동)

17 고려대학교구로병원이 위치한 곳은?

① 구로구 오류동
② 구로구 궁동
③ **구로구 구로동**
④ 구로구 고척동

해설
구로구 공공건물 : 고려대학교구로병원(구로동)

18 서울시 금천구청이 위치한 곳은?

① **금천구 시흥동**
② 금천구 독산동
③ 금천구 가산동
④ 금천구 독산본동

해설
금천구 주요 관공서 : 금천구청(시흥동), 구로세관(가산동), 한국건설생활환경시험연구원(가산동)

19 도봉운전면허시험장이 위치한 곳은?

① 도봉구 방학동
② 도봉구 창동
③ **노원구 상계동**
④ 노원구 중계동

해설
노원구 주요 관공서 : 도봉운전면허시험장(상계10동)

20 성바오로병원과 세종대왕 기념관이 소재한 구는?

① 중랑구
② **동대문구**
③ 성북구
④ 광진구

해설
동대문구 관광명소 : 세종대왕기념관(청량리동), 경동시장(제기동), 홍릉수목원(회기동)

21 국립현충원이 소재한 구는?

① 용산구
② 서초구
③ **동작구** ✓
④ 종로구

해설
동작구 주요 관광명소 : 국립서울현충원(동작동), 노량진수산시장(노량진동), 보라매공원(신대방동), 사육신공원(노량진동)

22 월드컵 경기장이 위치한 구는?

① 은평구
② 서대문구
③ **마포구** ✓
④ 강서구

해설
마포구 관광명소 : 서울월드컵경기장(성산동), 월드컵공원(상암동), 하늘공원(상암동), 난지한강공원(상암동), 평화공원(동교동)

23 홍익대학교가 소재한 구와 동은?

① **마포구 상수동** ✓
② 서초구 반포동
③ 관악구 신림동
④ 성동구 행당동

해설
마포구 공공건물 : 서강대학교(대흥동), 홍익대학교(상수동), TBS교통방송(상암동)

24 마포구와 영등포구를 연결하는 다리가 아닌 것은?

① 서강대교
② **반포대교** ✓
③ 양화대교
④ 마포대교

해설
주요 다리

구 분	구 간
마포대교	마포구(마포동) – 영등포구(여의도동)
서강대교	마포구(신정동) – 영등포구(여의도동)
당산철교	마포구(합정동) – 영등포구(당산동)
양화대교	마포구(합정동) – 영등포구(당산동)
성산대교	마포구(망원동) – 영등포구(양화동)
반포대교	용산구(서빙고동) – 서초구(반포동)

25 서대문형무소역사관이 위치한 곳으로 옳은 것은?

① **서대문구 현저동** ✓
② 서대문구 연희동
③ 서대문구 홍제동
④ 서대문구 대현동

해설
서대문구 주요 관광명소 : 독립문(현저동), 서대문형무소역사관(현저동)

26 이화여자대학교가 위치한 곳으로 옳은 것은?

① 서대문구 홍은동
② 서대문구 신촌동
③ **서대문구 대현동**
④ 서대문구 창천동

해설
서대문구 공공건물 : 연세대학교(신촌동), 이화여자대학교(대현동), 추계예술대학교(북아현동), 명지대학교(남가좌동), 신촌 세브란스병원(신촌동)

27 대법원이 위치한 곳으로 옳은 것은?

① 성동구
② **서초구**
③ 강남구
④ 동작구

해설
서초구 주요 관공서 : 대법원(방배동), 대검찰청(서초3동), 서울고등법원(서초동), 서울고등검찰청(서초동), 서울가정법원(양재동), 서울지방조달청(반포동), 서울지방법원(서초동), 국립국악원(서초동), 도로교통공단 서울지부(염곡동), 통일연구원(반포동)

28 예술의 전당이 소재한 곳은?

① 서초구 양재동
② 서초구 방배동
③ 서초구 우면동
④ **서초구 서초동**

해설
서초구 주요 관광명소 : 예술의 전당(서초동), 시민의 숲(양재동), 반포한강공원(반포동), 몽마르뜨공원(반포동)

29 한양대학교가 위치하고 있는 구는?

① 서초구
② **성동구**
③ 광진구
④ 동대문구

해설
성동구 공공건물 : 한양대학교(사근동), 한국방송통신대학교(성수1가2동), 한양대학교병원(사근동)

30 성동구 옥수동과 강남구 압구정동을 연결하는 다리는?

① 성수대교
② 한남대교
③ **동호대교**
④ 청담대교

해설
성동구와 연결된 대교

교 량	구 간	
	북 단	남 단
성수대교	성동구(성수동)	강남구(압구정동)
동호대교	성동구(옥수동)	강남구(압구정동)

31 성북구에 소재한 대학교가 아닌 것은?

① 고려대학교
② 성신여자대학교
③ 한성대학교
④ **성균관대학교**

해설
성북구 공공건물 : 고려대학교(안암동5가), 국민대학교(정릉동), 동덕여자대학교(하월곡동), 성신여자대학교(돈암동), 한성대학교(삼선동2가), 고려대학교의료원 안암병원(안암동5가)

32 서울동부지방법원이 있는 곳은?

① **문정동**
② 마천동
③ 거여동
④ 방이동

해설
송파구 주요 관공서 : 서울동부지방법원(문정동), 중앙전파관리소(가락동), 서울동부지방검찰청(문정동)

33 올림픽공원이 소재한 구는?

① **송파구**
② 강동구
③ 강남구
④ 광진구

해설
송파구 주요 관광명소 : 몽촌토성(방이동), 풍납토성(풍납동), 롯데월드(잠실동), 올림픽공원(방이동), 석촌호수(잠실동)

34 서울남부지방법원이 소재한 곳은?

① **양천구 신정동**
② 강남구 대치동
③ 송파구 장지동
④ 영등포구 신길동

해설
양천구 주요 관공서 : 서울과학수사연구소(신월동), 서울출입국외국인청(신정동), 서울남부지방법원(신정동)

35 대림성모병원이 위치하는 곳은?

① **영등포구 대림동**
② 영등포구 여의도동
③ 영등포구 신길동
④ 영등포구 영등포동

해설
영등포구 주요 공공건물 : 한림대학교한강성심병원(영등포동7가), 여의도성모병원(여의도동), 대림성모병원(대림동), 성애병원(신길동)

36 63빌딩이 소재한 곳은?

① **영등포구 여의도동**
② 강서구 등촌동
③ 양천구 목동
④ 중구 무교동

해설
영등포구 주요 관광명소 : 여의도공원(여의도동), 63빌딩(여의도동), 선유도공원(양화동)

37 용산구에 위치한 대사관이 아닌 것은?

① 필리핀대사관
② 스페인대사관
③ 노르웨이대사관
④ 영국대사관

해설
- 용산구 주요 국가대사관 : 태국대사관(한남동), 인도대사관(한남동), 사우디아라비아대사관(이태원동), 스페인대사관(한남동), 이탈리아대사관(한남동), 남아프리카공화국대사관(한남동), 이란대사관(동빙고동), 필리핀대사관(이태원동), 말레이시아대사관(한남동)
- 중구 주요 국가대사관 : 영국대사관(정동), 캐나다대사관(정동), 스웨덴대사관(남대문로5가), 러시아대사관(정동), 중국대사관(명동2가), 독일대사관(남대문로5가), 터키대사관(장충동1가), EU 대표부(남대문로5가)

38 다음 중 용산구에 위치한 호텔이 아닌 것은?

① 캐피탈 호텔
② 조선 호텔
③ 해밀턴호텔
④ 그랜드하얏트 호텔

해설
② 웨스턴조선호텔(중구 소공동)
용산구 주요 호텔 : 그랜드하얏트 서울호텔(한남동), 해밀턴호텔(이태원동), 크라운관광호텔(이태원동), 몬드리안호텔(이태원동)

39 용산구 한남동에서 서초구 잠원동을 연결한 대교는?

① 한남대교
② 반포대교
③ 동작대교
④ 한강대교

해설
용산구와 연결된 대교

교 량	구 간	
	북 단	남 단
한남대교	용산구(한남동)	서초구(잠원동)
반포대교	용산구(서빙고동)	서초구(반포동)
잠수교	용산구(서빙고동)	서초구(반포동)
동작대교	용산구(이촌동)	동작구(동작동)
한강대교	용산구(이촌동)	동작구(본동)
한강철교	용산구(이촌동)	동작구(노량진동)
원효대교	용산구(이촌동)	영등포구(여의도동)

40 서울적십자병원이 소재한 곳으로 옳은 것은?

① 성북구 정릉동
② 종로구 평동
③ 성동구 응봉동
④ 동작구 상도동

해설
종로구 공공건물 : 상명대학교(홍지동), 성균관대학교(명륜3가), 서울대학교병원(연건동), 서울적십자병원(평동), 혜화경찰서(인의동)

41 종로구에 소재한 국가 대사관이 아닌 것은?

① 미국대사관
② 호주대사관
③ 이탈리아대사관
④ 일본대사관

해설
이탈리아대사관 소재지 : 용산구 한남동
종로구 대사관 : 미국대사관(세종로), 일본대사관(중학동), 호주대사관(종로1가), 브라질대사관(팔판동), 멕시코대사관(중학동), 베트남대사관(수송동)

42 종로구에 소재한 문화유적이 아닌 것은?

① 경복궁
② 창경궁
③ 종 묘
④ 덕수궁

해설
- 종로구 주요 관광명소 : 경복궁(세종로), 창경궁(와룡동), 창덕궁(와룡동), 국립민속박물관(세종로), 보신각(관철동), 조계사(수송동), 동대문(흥인지문, 보물1호, 종로6가), 마로니에공원(동숭동), 사직공원(사직동), 경희궁공원, (신문로2가) 탑골공원(종로2가), 종묘(훈정동), 세종문화회관(세종로)
- 중구 주요 관광명소 : 남대문(숭례문, 국보1호, 남대문로4가), 덕수궁(정동), 명동성당(명동2가), 장충체육관(장충동2가), 남산공원(회현동1가), 서울로 7017(봉래동2가), 국립극장(장충동2가)

43 종로구를 지나는 간선도로가 아닌 것은?

① 을지로
② 대학로
③ 돈화문로
④ 삼청로

해설
구별 간선도로

소재지	명 칭
종로구	대학로, 돈화문로, 삼청로, 새문안로, 세검정로, 세종대로, 종로, 율곡로, 창경궁로, 청계천로, 통일로
중 구	청계천로, 세종대로, 돈화문로, 을지로, 왕십리로, 창경중로, 충무로, 통일로, 퇴계로

44 서울특별시청이 소재한 곳으로 옳은 것은?

① 종로 세종로
② 중구 태평로
③ 서대문구 충정로
④ 용산구 한강로

해설
중구 주요 관공서 : 서울특별시청(태평로1가), 중부세무서(충무로1가), 서울지방고용노동청(장교동), 서울지방우정청(종로1가), 한국관광공사 서울센터(다동), 대한상공회의소(남대문로4가)

45 숭례문(남대문)이 소재한 곳은?

① 세종대로
② 반포로
③ 소파길
④ 서소문로

해설
숭례문(남대문) 소재지 : 서울 중구 세종대로

46 밀레니엄 힐튼 서울호텔이 소재한 곳은?

① 종로구 삼봉길
② 중구 남대문로
③ 용산구 백범로
④ 강남구 테헤란로

해설
중구 주요 호텔 : 롯데호텔 서울(소공동), 호텔신라(장충동2가), 그랜드 앰배서더 서울(장충동2가), 더 플라자 호텔(태평로2가), 로얄 호텔서울(명동1가), 반얀트리 클럽 앤 스파 서울(장충동2가), 세종호텔(충무로2가), 프레지던트 호텔(을지로1가), 노보텔 앰배서더 서울동대문 호텔(을지로6가), 밀레니엄 힐튼 서울호텔(남대문로5가), 웨스턴조선호텔(소공동)

47 다음 중 충무로의 구간은?

① 한성대입구역~원남동사거리~퇴계로4가 교차로
② 신설동역오거리~상일IC 입구
③ 청계천광장교차로~신답초교 입구(동대문구)
④ 관수교~명보사거리~충무로역

해설
① 창경궁로, ② 천호대로, ③ 청계천로

48 다음 중 세종대로의 구간은?

① 대림삼거리~가야대교앞삼거리
② 서울역사거리~광화문삼거리
③ 홍은동사거리~신영동삼거리(세검정)
④ 양화교 교차로~개화사거리

해설
① 시흥대로, ③ 세검정로, ④ 양천길

49 다음 중 통일로의 구간은?

① 서울역사거리~홍은사거리~구파발역~동산삼거리
② 서울역사거리~도로교통공단사거리
③ 강남역사거리~삼성교
④ 서울역사거리~한강대교 남단

해설
② 퇴계로, ③ 테헤란로, ④ 한강로

지리문제(경기도)

01 용추계곡과 명지계곡으로 유명한 지역은?

① **가평군** ✓
② 양평군
③ 여주군
④ 포천시

해설
가평군 주요 관광명소 : 쁘띠프랑스, 자라섬, 남이섬, 명지산, 명지계곡, 연인산, 조무락계곡, 용추계곡, 아침고요수목원, 칼봉산자연휴양림, 청평자연휴양림, 유명산자연휴양림, 에델바이스, 샘터유원지, 청평유원지, 대성리국민관광유원지

02 가평군 소재의 역이 아닌 것은?

① 대성리역
② 청평역
③ 가평역
④ **철산역** ✓

해설
가평군 소재 교통시설 : 대성리역, 청평역, 가평력
철산역 소재지 : 광명시

03 고양시에 소재한 문화유적지가 아닌 것은?

① 서오릉
② 행주산성
③ 벽재관지
④ **문수산성** ✓

해설
고양시 주요 관광명소 : 행주산성, 벽재관지, 원마운트 워터파크, 일산호수공원, 킨텍스(KINTEX), 서오릉, 최영장군묘

04 과천시에 소재하지 않는 곳은?

① 서울경마공원
② 서울랜드
③ 국립현대미술관
④ **남한산성** ✓

해설
과천시 주요 관광명소 : 국립현대미술관, 서울랜드, 서울경마공원, 관악산, 서울대공원

05 광명시에 소재 관광명소는?

① 동구릉
② 남한산성
③ **광명동굴** ✓
④ 고구려 대장간 마을

해설
광명시 주요 관광명소 : 광명동굴, 구름산

06 행정구역상 남한산성이 위치하는 곳은?

① 성남시
② **광주시** ✓
③ 남양주시
④ 하남시

해설
광주시 주요 관광명소 : 남한산성

07 교문사거리 – 구리시청 – 구리경찰서 – 서울워커힐호텔을 연결하는 국도는?

① **43번국도**
② 6번국도
③ 46번국도
④ 47번국도

해설
구리시를 지나는 간선도로 : 국도6호선, 국도43호선, 아차산로, 경춘로

08 군포시 소재의 수도권 전철역이 아닌 것은?

① 수리산역
② 대야미역
③ **명학역**
④ 산본역

해설
군포시 소재 전철역 : 산본역, 수리산역, 대야미역

09 김포시에 소재하지 않는 곳은?

① 문수산성
② 애기봉전망대
③ 중앙승가대학
④ **고인돌유적지**

해설
김포시 주요 관광명소 : 덕포진, 태산패밀리파크, 장릉, 애기봉통일전망대

10 남양주시에 소재한 문화유적지가 아닌 것은?

① 광 릉
② 홍 릉
③ 유 릉
④ **동구릉**

해설
남양주시 주요 관광명소 : 광해군묘, 휘경원, 홍릉과 유릉, 광릉, 순강원, 아쿠아조이, 천마산, 밤섬유원지, 정약용선생묘

11 남양주시를 지나는 간선도로가 아닌 것은?

① **국도48호선**
② 국도46호선
③ 국도47호선
④ 국도43호선

해설
남양주시를 지나는 간선도로 : 국도43호선, 국도46호선, 국도47호선, 경춘로, 금강로, 경강로

12 동두천을 통과하는 전철(경원선)역이 아닌 것은?

① 지행역
② 보산역
③ 소요산역
④ **두정역**

해설
동두천을 통과하는 전철역 : 지행역, 동두천역, 소요산역

13 **부천시를 지나는 간선도로가 아닌 것은?**

① 오봉대로
② 경인로
③ 길주로
④ **평화로**

해설
부천시를 지나는 간선도로 : 국도39호선, 국도46호선, 송내대로, 길주로, 신흥로, 경인로, 오봉대로

14 **성남시에 위치하지 않은 곳은?**

① 국군수도병원
② 을지대학교
③ **국립경찰병원**
④ 모란민속시장

해설
성남시 공공건물 : 분당서울대병원, 국군수도병원, 정병원, 가천대학교, 분당차병원, 을지대학교, 모란민속시장, 성호시장

15 **수원시에 소재하지 않는 관공서는?**

① 경기도청
② **분당경찰서**
③ 경기도교육청
④ 경기지방통계청

해설
수원시에 소재하는 관공서 : 수원지방법원, 수원지방검찰청, 수원보호관찰소, 경기도교육청, 경인지방병무청, 대한적십자사경기도지사, 경기지방통계청, 경기지방중소기업청, 경기도선거관리위원회, 경기남부지방경찰청, 경기도청, 수원남부경찰서, 수원중부경찰서, 수원서부경찰서 ※ 분당경찰서는 성남시에 소재한다.

16 **수원시에 소재하는 명소가 아닌 것은?**

① 광교산
② 화성행궁
③ 팔당문
④ **백운산**

해설
수원시 주요 관광명소 : 광교산, 화성행궁, 팔달문, 장안문, 지지대고개

17 **수원시를 통과하는 간선도로가 아닌 것은?**

① 경수대로
② 국도1호선
③ 국도42호선
④ **서해안로**

해설
수원시 간선도로 : 국도1호선, 국도42호선, 경수대로, 덕영대로, 수성로, 중부대로, 봉영로

18 **소래산이 소재하고 있는 곳은?**

① **시흥시**
② 의왕시
③ 광명시
④ 부천시

해설
시흥시 주요 관광명소 : 오이도, 소래산, 오이도, 월곶포구

19 안산시에 소재하지 않는 곳은?

① 대부도
② 화랑유원지
③ 제부도
④ 시화호

해설
안산시 주요 관광명소 : 대부도, 화랑유원지, 시화호, 시화방조제

20 영동고속도로와 서해안고속도로가 만나는 지점은?

① 안산IC
② 안산JC
③ 서안산IC
④ 매송IC

해설
안산분기점 구간 : 서해안고속도로 – 영동고속도로
※ 나들목(IC ; Inter Change), 분기점(JC ; Junction)

21 안산시에 소재하는 수도권지하철역이 아닌 것은?

① 신천역
② 상록수역
③ 사리역
④ 중앙역

해설
안산시 주요 교통시설 : 상록수역, 중앙역, 고잔역, 초지역, 안산역, 선부역, 사리역

22 경부고속도로와 평택제천고속도로가 교차하는 지점은?

① 송탄IC
② 안성JC
③ 평택JC
④ 서평택JC

해설
안성분기점 구간 : 경부고속도로 – 평택제천고속도로
※ 나들목(IC ; Inter Change), 분기점(JC ; Junction)

23 경기도 유형문화재 제94호인 삼막사 마애삼존불이 소재하는 곳은?

① 안성시
② 안산시
③ 안양시
④ 화성시

해설
안양시 주요 관광명소 : 삼성산, 삼막사

24 양주시에 소재한 관광유원지가 아닌 것은?

① 장흥관광지
② 송추유원지
③ 일영유원지
④ 밤섬유원지

해설
양주시 주요 관광명소 : 두리랜드, 일영유원지, 장흥관광지, 일영유원지, 송추유원지, 권율장군묘

25 양주시를 통과하는 간선도로가 아닌 것은?

✔① 1번 국도
② 3번 국도
③ 부흥로
④ 평화로

해설
양주시를 지나는 간선도로 : 국도3호선, 부흥로, 화합로, 율정로, 평화로

26 북한강과 남한강이 합쳐지는 두물머리가 있는 곳은?

① 가평군
② 여주군
✔③ 양평군
④ 연천군

해설
양평군 주요 관광명소 : 용문사, 용문산, 두물머리

27 여주시에 소재하고 있지 않은 곳은?

① 세종대왕릉
② 명성황후생가
③ 고달사지
✔④ 동막골유원지

해설
여주시 주요 관광명소 : 명성왕후생가, 신륵사, 세종대왕릉, 이포나루, 고달사지

28 영동고속도로와 중부내륙고속도로가 만나는 지점은?

① 여주IC
✔② 여주JC
③ 호법JC
④ 덕평IC

해설
여주분기점 구간 : 중부내륙고속도로 – 영동고속도로
※ 나들목(IC ; Inter Change), 분기점(JC ; Junction)

29 경기도 연천군에 소재하고 있지 않은 곳은?

① 동막골유원지
② 재인폭포
③ 백학저수지
✔④ 산정호수

해설
연천군 주요 관광명소 : 동막골유원지, 경순왕릉, 태풍전망대, 재인폭포, 백학저수지

30 오산시에 소재한 물향기수목원이 위치하는 곳은?

✔① 오산시
② 여주시
③ 연천군
④ 용인시

해설
오산시 주요 관광명소 : 물향기수목원, 세마대, 독산성

31 경기도 용인시에 소재하고 있지 않은 곳은?

① 에버랜드
② 한국민속촌
③ 와우정사
④ **지산리조트**

해설
용인시 주요 관광명소 : 에버랜드, 와우정사, 한국민속촌, 캐리비안 베이

32 경기도 의왕시에 소재하지 않는 곳은?

① 백운호수
② 청계사
③ **한세대학교**
④ 계원예술대학교

해설
- 의왕시 공공건물 : 계원예술대학교, 한국교통대학교
- 의왕시 주요 관광명소 : 철도박물관, 백운호수, 왕송호수, 청계사

33 경기도 의정부시에 위치하지 않는 산은?

① 도봉산
② 수락산
③ 사패산
④ **북한산**

해설
의정부시 주요 관광명소 : 수락산, 도봉산, 사패산

34 파주시에 소재하지 않는 곳은?

① 판문점
② 도라산전망대
③ **덕평공룡수목원**
④ 오두산통일전망대

해설
파주시 주요 관광명소 : 윤관장군묘, 장릉, 삼릉, 수길원, 소령원, 오두산성, 오두산통일전망대, 헤이리예술마을, 프로방스마을, 임진각 평화누리, 보광사, 감악산, 도라산역, 도라산전망대, 판문점

35 경기도 포천시에 소재하지 않는 것은?

① 명성산
② **오두산성**
③ 산정호수
④ 대진대학교

해설
- 포천시 공공건물 : 일심의료재단 우리병원, 포천경찰서, 대진대학교
- 포천시 주요 관광명소 : 광릉수목원, 명성산, 신북리조트, 운악산, 산정호수, 백운계곡

36 경기도 하남시에 소재하지 않는 곳은?

① 광주향교
② 미사리조정경기장
③ 검단산
④ **태릉 CC**

해설
하남시 주요 관광명소 : 이성산성, 동사지, 미사리유적, 미사리조정경기장, 광주향교, 검단산

37 다음 중 화성시에 소재하지 않는 것은?

① 공룡알 화석

② 봉림사

③ 남이장군묘

④ **신갈저수지**

해설

- 화성시 공공건물 : 원불교원광종합병원, 수원대학교, 협성대학교, 수원카톨릭대학교, 발안만세시장, 조암시장, 남양시장, 사강시장, 공룡알화석산지 방문자센터
- 화성시 주요 관광명소 : 융릉과 건릉, 당성, 궁평항, 제부도, 용주사, 남이장군묘, 전곡항, 봉림사

38 판교분기점을 기점으로 하여 구리시, 하남시, 의정부시, 양주시, 고양시, 김포시, 인천광역시를 거쳐 부천시, 시흥시, 군포시, 안양시, 의왕시, 성남시로 순환하는 고속도로는?

① 구리포천고속도로

② **수도권제1순환고속도로**

③ 평택화성수원광명고속도로

④ 영동고속도로

해설

- 판교분기점 구간 : 경부고속도로 – 수도권제1순환고속도로
- 수도권제1순환고속도로 구간 : 김포~시흥~안산~군포~안양~성남~하남~남양주~구리~의정부~양주~고양

39 경부고속도로와 봉담동탄고속도로가 만나는 지점은?

① 서오산IC

② 북오산IC

③ **동탄JC**

④ 오산IC

해설

동탄분기점 구간 : 경부고속도로 – 수도권제2순환(봉담동탄)고속도로

※ 나들목(IC ; Inter Change), 분기점(JC ; Junction)

지리문제(인천광역시)

01 인천광역시 중구청이 소재한 곳은?

① 신흥동
② 운서동
③ **관 동** ✓
④ 신포동

해설
정구 주요 관공서 : 중구청(관동1가), 인천항만공사(신흥동), 남부교육지원청(송학동1가), 인천국제공항공사(운서동), 인천기상대(전동), 인천지방해양수산청(신포동), 국립인천검역소(항동7가), 인천출입국외국인청(신포동), 보건환경연구원(신흥동2가)

02 인천광역시에 소재한 유원지의 위치를 틀리게 연결한 것은?

① 인천대공원 – 남동구 장수동
② 송도유원지 – 연수구 옥련동
③ **자유공원 – 동구 금창동** ✓
④ 수봉공원 – 미추홀구 숭의동

해설
자유공원 소재지 : 중구 송학동1가

03 인천광역시 중구에 위치하지 않는 곳은?

① 인하대병원
② **인천문학월드컵경기장** ✓
③ 제물포고등학교
④ 인천국제공항공사

해설
중구 공공건물 : 중부경찰서(항동2가), 인하대병원(신흥동3가), 인천기독병원(율목동), 영종소방서(운서동), 제물포고등학교(전동), 인천국제공항공사(운서동)

04 인천광역시 차이나타운이 소재하는 구는?

① 계양구
② **중 구** ✓
③ 동 구
④ 서 구

해설
중구 주요 호텔 및 관광명소 : 한국이민사박물관(북성동1가), 베니키아 월미도 더블리스호텔(북성동1가), 호텔월미도(북성동1가), 올림포스호텔(항동1가), 베스트웨스턴 하버파트호텔(항동3가), 그랜드하얏트 인천(운서동), 에어스테이(운서동), 더호텔영종(운서동), 네스트호텔(운서동), 호텔휴인천에어포트(운서동), 인천 파라다이스 시티호텔(운서동), 베스트웨스턴프리미어 인천에어포트(운서동), 인천공항비치호텔(을왕동), 위너스관광호텔(을왕동), 영종스카이리조트(을왕동), 월미테마파크(북성동1가), 마이랜드(북성동1가), 인천차이나타운(북성동2가), 인천중구문화원(신흥동3가), 송월동동화마을(송월동3가), 자유공원(송학동1가), 신포리국제시장(신포동), 용궁사(운남동), 제물포구락부(송학동1가), 을왕리해수욕장(을왕동), 왕산해수욕장(을왕동), 영종도(운남동)

05 인천광역시 동구청이 위치하는 곳은?

① **송림동**
② 창영동
③ 화수동
④ 간석동

해설
동구 주요 관공서 : 동구청(송림동), 인천세무서(창영동), 송림우체국(송림동), 청소년상담복지센터(송림동)

06 인천광역시 작약도가 소재하는 곳은?

① **만석동**
② 송림동
③ 송현동
④ 화평동

해설
동구 주요 호텔 및 관광명소 : 배다리성냥마을박물관(금곡동), 수도국산달동네박물관(송현동), 도깨비시장(창영동), 화도진지(화수동), 작약도(만석동)

07 서해대로의 연결로 옳은 것은?

① 주안동~만수주공사거리
② 남부역삼거리~벽돌막사거리
③ 인천교삼거리~송림삼거리~배다리사거리
④ **유동삼거리~수인사거리~신흥동3가**

해설
① 구월로, ② 석정로, ③ 송림로

08 인천광역시 미추홀구청이 소재하는 곳은?

① **숭의동**
② 용현동
③ 도화동
④ 학익동

해설
미추홀구 주요 관공서 : 미추홀구청(숭의동), 옹진군청(용현동), 인천보훈지청(도화동), 인천지방법원(학익동), 인천지방검찰청(학익동), 선고관리위원회(도화동), 경인방송(학익동), TBN경인교통방송(학익동), 상수도사업본부(도화동), 종합건설본부(도화동), 여성복지관(주안동)

09 인천에서 인하대학교가 소재한 곳은?

① 미추홀구 학익동
② **미추홀구 용현동**
③ 미추홀구 관교동
④ 미추홀구 주안동

해설
미추홀구 공공건물 : 미추홀경찰서(학익동), 청운대학교 인천캠퍼스(도화동), 인천대학교 제물포캠퍼스(도화동), 인하대학교(용현동), 한국폴리텍대학 남인천캠퍼스(주안동), 인하공업전문대학(용현동), 인천고등학교(주안동), 인천사랑병원(주안동), 현대유비스병원(숭의동), 미추홀소방서(주안동)

10 인천광역시 미추홀구에 소재하는 관광명소가 아닌 것은?

① 문학산
② 문학경기장
③ 송암미술관
④ **송도유원지**

해설
미추홀구 주요 호텔 및 관광명소 : 송암미술관(학익동), 더바스텔(주안동), 인천문학경기장(문학동), 인천향교(문학동), 문학산(문학동)

11 인하대역~학익사거리~문학운동장~매소홀로를 잇는 도로는?

① 안남로
② **소성로**
③ 인주대로
④ 미추홀대로

해설
① 안남로 간선도로 구간 : 효성동 뉴서울아파트~동수역
③ 인주대로 간선도로 구간 : 능안삼거리~치야고개 삼거리
④ 미추홀대로 간선도로 구간 : 컨벤시아교 북단~주안역삼거리

12 인천 미추홀구를 지나는 간선도로가 아닌 것은?

① 아암대로
② 인주대로
③ 인천대로
④ **아나지로**

해설
- 계양구 간선도로 : 계양대로, 아나지로, 안남로
- 미추홀구 간선도로 : 미추홀대로, 아암대로, 인주대로, 인천대로, 경인로, 구월로, 석정로, 송림로, 주안로, 소성로, 한나루로

13 인천광역시청이 위치하는 곳은?

① 서 구
② 동 구
③ 남 구
④ **남동구**

해설
남동구 주요 관공서 : 남동구청(만수동), 인천교통공사(간석동), 인천교통정보센터(간석3동), 남인천세무서(간석2동), 인천운전면허시험장(고잔동), 인천광역시청(구월동), 인천광역시교육청(구월동), 인천지방경찰청(구월동), 인천상공회의소(논현동), 남동구청(만수동), 인천시 동부교육지원청(만수1동), 인천문화예술회관(구월동), 한국교통안전공단 인천본부(간석동)

14 남동구에 소재하지 않는 곳은?

① 남동경찰서
② **인하대학교**
③ 인천교통공사
④ 가천의과대학교 길병원

해설
- 남동구 주요 관공서 : 남동구청(만수동), 인천교통공사(간석동), 인천교통정보센터(간석3동), 남인천세무서(간석2동), 인천운전면허시험장(고잔동), 인천광역시청(구월동), 인천광역시교육청(구월동), 인천지방경찰청(구월동), 인천상공회의소(논현동), 남동구청(만수동), 인천시 동부교육지원청(만수1동), 인천문화예술회관(구월동), 한국교통안전공단 인천본부(간석동)
- 남동구 공공건물 : 남동경찰서(구월동), 인천교통공사(간석동), 가천의과학대학교 길병원(구월동), 한국방송통신대학교 인천지역대학(구월동), 남동소방서(구월동), 공단소방서(고잔동)

15 소래포구가 위치하는 곳은?

① 남동구 고잔동
② 남동구 논현동
③ 남동구 남촌동
④ 남동구 도림동

해설
남동구 주요 호텔 및 관광명소 : 베스트웨스턴 인천로얄호텔(간석동), 라마다인천호텔(논현동), 인천대공원(장수동), 소래포구(논현동), 약사사(간석동)

16 호구포로의 연결로 옳은 것은?

① 장수사거리~시흥시~안산시~수원 팔달구 육교사거리
② 고잔동 해안지하차도~동수지하차도
③ 송림삼거리~김포 구래동 변전소사거리
④ 송현사거리~경서삼거리, 검단1교차로~왕길역

해설
① 수인로, ③ 봉수대로, ④ 중봉대로

17 남동대로의 연결로 옳은 것은?

① 도화초등학교 사거리~주원삼거리
② 도화IC~용일사거리~학산사거리
③ 외암사거리~간석오거리역
④ 서창분기점~인천대공원~구산동

해설
① 주안로
② 한나루로
④ 무네미로

18 인천 남동구를 지나는 간선도로가 아닌 것은?

① 무네미로
② 백범로
③ 봉수대로
④ 호구포로

해설
남동구 간선도로 : 남동대로, 무네미로, 백범로, 수인로, 호구포로, 인하로, 청능대로

19 백범로와 경인로가 교차하는 지점은?

① 간석사거리
② 간석오거리
③ 동암역입구사거리
④ 벽돌막사거리

해설
간석오거리(남동구 소재)를 지나는 간선도로
- 백범로 : 장수사거리~서구 가좌동
- 경인로 : 숭의로터리~서울교 북단

20 연수구청이 위치하는 곳은?

① 원인재로
② 용담로
③ 앵고개로
④ 봉재산로

해설
연수구청이 있는 연수구청 사거리는 원인재로와 청능대로가 교차하는 지점이다.
연수구 주요 관공서 : 연수구청(동춘동), 중부지방해양경찰청(송도동), 인천경제자유구역청(송도동), 여성의광장(동춘동)

21 다음 중 연수구에 소재하지 않는 곳은?

① 인천도시역사관
② 홀리데이인 인천송도
③ **인하대학교**
④ 인천시립박물관

해설
연수구 주요 호텔 및 관광명소 : 인천도시역사관(송도동), 라마다송도호텔(동춘동), 쉐라톤그랜드인천호텔(송도동), 홀리데이인 인천송도(송도동), 오라카이 송도파트호텔(송도동), 아암도해안공원(옥련동), 능허대공원(옥련동), 인천상륙작전기념관(옥련동), 인천시립박물관(옥련동), 흥륜사(동춘동), 호불사(옥련동), 청량산(청학동)

22 인천대교의 소재지는 어디인가?

① 중 구
② **연수구**
③ 서 구
④ 미추홀구

해설
구별 주요 교량

소재지	명 칭
서 구	영종대교
연수구	인천대교
중 구	무의대교
강화군	강화대교, 초지대교, 교동대교, 석모대교
옹진군	영흥대교, 선재대교

23 인천광역시 연수구에 소재하지 않는 곳은?

① 인천관광공사
② 인천환경공단
③ **인천종합버스터미널**
④ 나사렛국제병원

해설
연수구 공공건물 : 연수경찰서(연수동), 인천관광공사(송도동), 인천환경공단(동춘동), 도로교통공단 인천지부(옥련동), 인천대학교 송도캠퍼스(송도동), 연세대학교 국제캠퍼스(송도동), 가천대학교 메디컬캠퍼스(연수동), 인천가톨릭대학교 송도국제캠퍼스(송도동), 인천여자고등학교(연수3동), 인천적십자병원(연수동), 나사렛국제병원(동춘동), 인천해양경찰서(옥련동)

24 인천대교고속도로의 구간으로 옳은 것은?

① **공항신도시JC~학익JC**
② 서인천IC(시점)~신월IC
③ 인천(시점)~삼막IC
④ 인천(시점)~안산JC

해설
② 경인고속도로, ③ 제2경인고속도로, ④ 영동고속도로

25 비류대로의 연결로 옳은 것은?

① 가재울사거리~동부인천스틸~도화오거리
② 외암도사거리~부평동 굴다리오거리
③ **옹암교차로~청학동~남동공단~서창2지구~시흥시 하중동**
④ 을왕동 왕산수문~운북동 공항입구 분기점

해설
① 장고개로, ②경원대로, ④ 영종해양북로

26 인천 부평구청이 위치하는 곳은?

① 갈산동
② 청천동
③ 십정동
④ **부평동**

해설
부평구 주요 관공서 : 부평구청(부평동), 인천북부교육지원청(부평동), 안전보건공단 인천본부(구산동), 농업기술센터(십정동)

27 부평경찰서가 위치하는 곳은?

① **청천동**
② 부개동
③ 갈산동
④ 삼산동

해설
부평구 공공건물 : 부평경찰서(청천동), 삼산경찰서(삼산동), 근로복지공단 인천병원(구산동), 인천성모병원(부평동), 부평세림병원(청천동), 북인천우체국(부평1동), 한국폴리텍대학 인천캠퍼스(구산동), 부평고등학교(부평4동), 부평소방서(갈산동)

28 인천나비공원이 위치하는 곳은?

① 계양구 병방동
② **부평구 청천동**
③ 연수구 동춘동
④ 중구 신포동

해설
부평구 주요 호텔 및 관광명소 : 부평공원(부평동), 부평역사박물관(삼산동), 인천나비공원(청천1동), 인천삼산월드 체육관(삼산동), 인천가족공원(부평동)

29 인천시 부평구를 지나는 간선도로가 아닌 것은?

① 부평대로, 동수천로, 마장로
② 부일로, 부평문화로, 부흥로
③ 수변로, 열우물로, 장제로, 주부토로, 평천로
④ **봉수대로, 중봉대로, 서해대로, 인중로, 동산로**

해설
부평구 간선도로 : 부평대로, 동수천로, 마장로, 부일로, 부평문화로, 부흥로, 수변로, 열우물로, 장제로, 주부토로, 평천로

30 부흥로의 연결로 옳은 것은?

① 벽돌막사거리~가재울사거리
② 동수지하차도~김포시 풍무동 유현사거리
③ 북부교육청입구삼거리~신트리공원~작전고가교~계산역
④ **산곡동 마장로 접소지점~부천 소사동 소명삼거리**

해설
① 열우물로, ② 장제로, ③ 주부토로

31 부평역~부평나들목으로 이어지는 도로는?

① **부평대로**
② 남동대로
③ 계양대로
④ 경인로

해설
② 남동대로 구간 : 외암사거리~간석오거리역
③ 계양대로 구간 : 부평나들목~계산삼거리
④ 경인로 구간 : 숭의로터리~서울교 북단

32 부평구 만월산 터널의 구간으로 옳은 것은?

① 부평구 부평6동~남동구 간석3동
② 연수구 청학동~미추홀구 학익동
③ 서구 석남동~부평구 산곡동
④ 삼산삼거리~부개사거리

해설
② 문학터널, ③ 원적산터널, ④ 수변로

33 계양구청이 위치하는 곳은?

① 계산동
② 작전동
③ 목상동
④ 박촌동

해설
계양구 주요 관공서 : 계양구청(계산동), 고용노동부 인천북부지청(계산동), 인천교통연수원(계산동), 북인천세무서(작전동)

34 인천에서 경인교육대학교가 소재한 구는?

① 계양구
② 부평구
③ 서 구
④ 동 구

해설
계양구 공공건물 : 계양경찰서(계산동), 경인교육대학교(계산동), 경인여자대학교(계산동), 한마음병원(작전동), 메디플렉스세종병원(작전동), 계양소방서(계산동)

35 계양구에 소재한 관광지 및 호텔이 아닌 것은?

① 계양산
② 계양산성
③ 부영공원
④ 캐피탈관광호텔

해설
계양구 주요 호텔 및 관광명소 : 호텔카리스(작전동), 반도호텔(작전동), 캐피탈관광호텔(계산동), 계양산(목상동), 계양산성(계산동)

36 계양구를 지나는 간선도로가 아닌 것은?

① 강화대로
② 계양대로
③ 아나지로
④ 안남로

해설
계양구 간선도로 : 계양대로, 아나지로, 안남로

37 인천광역시 서구청이 소재한 곳은?

① 심곡동
② 경서동
③ 석남동
④ 대곡동

해설
서구 주요 관공서 : 서구청(심곡동), 인천광역시 인재개발원(심곡동), 서부교육지원청(공촌동), 서부여성회관(석남동), 인천연구원(심곡동)

38 인천광역시 서구에 소재하는 명소가 아닌 것은?

① 콜롬비아군참전기념비
② 청라중앙호수공원
③ **오조산공원**
④ 인천아시아드주경기장

해설
서구 주요 호텔 및 관광명소 : 검단선사박물관(원당동), 청라중앙호수공원(경서동), 청라지구 생태공원(경서동), 인천아시아드주경기장(연희동), 콜롬비아군참전기념비(가정동)

39 인천국제공항고속도로의 구간으로 옳은 것은?

① **인천(시점)~북로JC**
② 조남JC~송추IC
③ 인천(시점)~서김포통진IC
④ 공항신도시JC~학익JC

해설
② 서울외곽순환고속도로
③ 수도권제2순환고속도로
④ 인천대교고속도로

40 서구 가좌동에서 인천국제공항을 가려고 할 때 통과해야 하는 영종대교 인근의 IC는?

① **북인천IC**
② 부평IC
③ 서인천IC
④ 가좌IC

해설
부평, 서인천, 가좌IC는 경인고속도로와 연결되어 있고, 북인천IC는 인천국제공항으로 가는 영종대교와 연결되어 있다.

41 길주로의 연결로 옳은 것은?

① 삼산동~부천시 도당동
② 경서동~부천시 오정동 박촌교삼거리
③ 서구 원창동~부천시 고강동
④ **서구 석남동~부천시 작동터널**

해설
① 평천로, ② 경명대로, ③ 봉오대로

42 서곶로의 연결로 옳은 것은?

① 수도권 매립지~김포시 고촌읍 수송도로삼거리
② 정서진~청라국제도시~신현 원창동
③ **한신그랜드힐빌리지~서인천교차로~연희사거리~검암역~불로동**
④ 가재울사거리~산곡입구삼거리

해설
① 드림로, ② 로봇랜드로, ④ 원적로

43 인천시 서구를 지나는 간선도로가 아닌 것은?

① 경명대로, 봉오대로
② **경원대로, 비류대로**
③ 길주로, 드림로 장고개로
④ 로봇랜드로, 서곶로, 원적로

해설
서구 간선도로 : 경명대로, 봉오대로, 길주로, 드림로, 로봇랜드로, 서곶로, 원적로, 장고개로

44 경인아라뱃길여객터미널이 위치하는 곳은?

① 중 구
② 연수구
③ 서 구 ✓
④ 미추홀구

45 강화군청이 위치하는 곳은?

① 내가면 고천리
② 교동면 대룡리
③ 길상면 온수리
④ 강화읍 관청리 ✓

해설
강화군 주요 관공서 : 강화군청(강화읍), 강화교육지원청(불은면), 강화군 보건소(강화읍), 강화군 농업기술센터(불은면)

46 강화군에 소재하고 있지 않은 공공건물은?

① 인천대학교 ✓
② 강화경찰서
③ 인천가톨릭대학교
④ 안양대학교

해설
강화군 공공건물 : 강화경찰서(강화읍), 안양대학교 강화캠퍼스(불은면), 인천가톨릭대학교 강화캠퍼스(양도면), 강화소방서(강화읍), 강화병원(강화읍)

47 강화 전등사가 위치하는 곳은?

① 길상면 ✓
② 내가면
③ 화도면
④ 교동면

해설
강화군 주요 호텔 및 관광명소 : 강화로얄워터파크 유스호스텔(길상면), 강화성당(강화읍), 전등사(보물178호)(길상면), 정수사(화도면), 교동향교(교동면), 교동읍성(교동면), 대룡시장(교동면), 보문사(삼산면), 동막해수욕장(화도면)

48 강화군 강화읍과 김포시 월곶면 포내리를 연결하는 다리는?

① 강화대교 ✓
② 강화초지대교
③ 김포대교
④ 일산대교

해설
강화군 주요 교량

교 량	구 간	
	북 단	남 단
강화대교	강화군(강화읍)	김포시(월곶면)
초지대교	강화군(길상면)	김포시(대곶면)
교동대교	강화군(교동도)	강화군(강화도)
영흥대교	옹진군(영흥도)	옹진군(선재도)

49 강화군 교동도에서 강화군 강화도를 연결하는 교량은?

✓ **교동대교**
② 강화초지대교
③ 영흥대교
④ 무의대교

해설
강화군 주요 교량

교 량	구 간	
	북 단	남 단
강화대교	강화군(강화읍)	김포시(월곶면)
초지대교	강화군(길상면)	김포시(대곶면)
교동대교	강화군(교동도)	강화군(강화도)
영흥대교	옹진군(영흥도)	옹진군(선재도)

50 사곶해수욕장이 있는 곳은?

✓ **백령도**
② 덕적도
③ 영흥도
④ 대청도

해설
옹진군 주요 호텔 및 관광명소 : 백령도(백령면), 망향비(연평면), 대청도(대청면), 십리포해수욕장(영흥면), 자월도(자월면), 사곶해변(백령면), 콩돌해안(백령면), 두무진(백령면), 모도(북도면)

MEMO

좋은 책을 만드는 길
독자님과 함께하겠습니다.

도서나 동영상에 궁금한 점, 아쉬운 점, 만족스러운 점이
있으시다면 어떤 의견이라도 말씀해 주세요.
시대고시기획은 독자님의 의견을 모아 더 좋은 책으로 보답하겠습니다.

www.sidaegosi.com

답만 외우는 택시운전자격시험 기출문제 + 모의고사 6회

초 판 발 행	2021년 05월 03일 (인쇄 2021년 03월 03일)
발 행 인	박영일
책 임 편 집	이해욱
편 저	최강호
편 집 진 행	윤진영 · 이강우
표지디자인	조혜령
편집디자인	심혜림 · 정경일
발 행 처	(주)시대고시기획
출 판 등 록	제10-1521호
주 소	서울시 마포구 큰우물로 75 [도화동 538 성지 B/D] 9F
전 화	1600-3600
팩 스	02-701-8823
홈 페 이 지	www.sidaegosi.com
I S B N	979-11-254-4300-1 (13550)
정 가	11,200원